高等职业教育教学改革示范系列教材

印制电路板设计教程

孟祥忠　主　编

電子工業出版社
Publishing House of Electronics Industry
北京·BEIJING

内 容 简 介

本书从实际应用角度出发，设置6个项目，由浅人深全面讲述印制电路板设计的课程内容。内容主要包括Protel DXP 2004的使用、三音电子门铃电路版图设计、电池充电器电路版图设计、硬盘信号控制模块电路版图设计、模型飞机机载测控系统电路版图设计和串行接口电路版图设计，所有项目精选自企业和工程实例，具有很强的代表性。

全书打破传统学科式教材模式，采用基于工作过程的项目教学法，充分融入企业实际设计项目，工学结合，全面训练学生的实践能力和创新能力。

本书可作为高职高专院校应用电子技术专业、微电子技术专业、电气自动化专业、机电一体化专业及相近专业的教材，也可供相关技术人员参考使用。

图书在版编目（CIP）数据

印制电路板设计教程 / 孟祥忠主编．—北京：电子工业出版社，2017.7

ISBN 978-7-121-31901-3

Ⅰ.①印… Ⅱ.①孟… Ⅲ.①印制电路－电路设计－高等学校－教材 Ⅳ.①TN41

中国版本图书馆CIP数据核字（2017）第133690号

策划编辑：王昭松（wangzs@phei.com.cn）
责任编辑：王昭松
印　　刷：北京盛通数码印刷有限公司
装　　订：北京盛通数码印刷有限公司
出版发行：电子工业出版社
　　　　　北京市海淀区万寿路173信箱　邮编 100036
开　　本：787×1 092　1/16　印张：13　字数：332.8千字
版　　次：2017年7月第1版
印　　次：2025年2月第8次印刷
定　　价：42.00元

凡所购买电子工业出版社图书有缺损问题，请向购买书店调换。若书店售缺，请与本社发行部联系，联系及邮购电话：(010)88254888，88258888。

质量投诉请发邮件至zlts@phei.com.cn，盗版侵权举报请发邮件至dbqq@phei.com.cn。

本书咨询联系方式：(010) 88254015；wangzs@phei.com.cn。

前　言

“印制电路板设计教程”这门课程是电类专业的核心课程之一，理论性和系统性较强，为了帮助学生掌握并深刻理解课程中涉及的概念、理论和方法，以及增强解决实际问题的能力，需要从实用角度出发，结合具体的实际项目，使学生掌握电路绘制及电路板的设计过程。

本书第一稿于2009年8月完成，是根据国家高职示范校建设的课程标准及模式，结合企业实际设计项目编写的项目化教材。由于内容实用、表述清晰、可操作性强，得到了师生的一致欢迎。

随着高等职业教育教学改革的不断深入，为突出教材的实用性、先进性和技能性，在本稿的修订过程中，根据职业教育的特点，突出能力培养，对全书进行了一些必要的增减和完善。对于本次修订，继续保持第一稿编写时制定的两个原则：

(1) 让外行的人能够看懂。通过阅读本书能够对设计电路板有一个总体的、全面的了解。

(2) 让内行的人读完之后不觉得肤浅。要体现出电子学发展极为迅速的特点，将电路板设计领域中的一些最新观点、最新成果涵盖其中。

除此之外，我们着重考虑了要力求能够较为全面地反映近5年来电路板设计领域的最新发展。

本书的另一个特点是采用二维码技术，增加了实操视频，做到书网互动、随学随扫。由于文字介绍表述烦琐，故对大部分项目的实操介绍部分都对应配备了操作视频，读者可以形象直观地看清、看懂整个设计流程，可以有效提高学习效果。

本书共设置了6个项目，分别是Protel DXP 2004的使用、三音电子门铃电路版图设计、电池充电器电路版图设计、硬盘信号控制模块电路版图设计、模型飞机机载测控系统电路版图设计和串行接口电路版图设计。所有项目精选自企业和工程实例，具有很强的代表性。

本书由大连职业技术学院的孟祥忠任主编，由于编者水平有限，书中难免还会存在一些疏漏和错误，殷切希望广大读者给予批评和指正。

编　者

2017年4月

目　录

项目1 Protel DXP 2004 的使用

随着科学技术的发展，电子产品的集成度和复杂性不断提高，电子电路的设计也愈加复杂。为了提高电子产品的设计效率，电子设计自动化（Electronic Design Automation，简称EDA）技术应运而生。与此同时，一些用于电子产品辅助设计的计算机应用软件也得到了广泛的应用。Protel 是其中突出的代表软件之一。Protel 系列软件是 Altium 公司开发的一套用于电子电路设计的应用软件，它以先进的技术、丰富的功能，以及方便的操作获得了广泛的应用。

1.1 Protel 简介

1.1.1 Protel 的发展史

Protel 系列软件是建立在 IBM 系列 PC 兼容环境下的 EDA 辅助开发工具软件，并且是世界上第一套将 EDA 环境引入 Windows 环境的 EDA 开发工具，以其良好的集成性和可扩展性深受广大电子设计爱好者的喜爱。

20 世纪 80 年代末 90 年代初，微软公司开发了第一代视窗系统（Windows 系统）。Protel 公司以其强大的研发能力相继推出了 Protel For Windows 1.0、Protel For Windows 1.5 等版本，开创了 EDA 客户机/服务器模式，以方便实现各种 EDA 工具软件的相互连接。从这时起，Protel 成为新一代电路原理图工业标准。Protel 的这些版本的可视化功能给用户设计电子线路带来了很大的方便，设计者再也不用记一些烦琐的命令，也让用户减少了设计电路所花费的时间。

20 世纪 90 年代中期，Windows 95 开始出现，Protel 公司也紧跟潮流，于 1996 年推出了基于 Windows 95 的 3. X 版本。3. X 版本的 Protel 是 16 位和 32 位的混合型软件，但是自动布线功能平平，软件运行不太稳定。

1998 年，Protel 公司推出了 For Windows 95/NT 的全新的 Protel 98。Protel 98 将电路原理图设计、印制电路板设计、自动布线和电路图模拟仿真等集成一体，以其出众的自动布线能力获得了业内人士的一致好评。

1999 年，Protel 公司又推出了新一代的电子线路设计系统——Protel 99 和 Protel 99se 版。Protel 99 是基于 Windows 95/Windows NT/Windows 98/Windows 2000 的纯 32 位电路设计制版系统。Protel 99 提供一个集成的设计环境，包括原理图设计和 PCB 布线工具，集成的设计文档管理，支持通过网络进行工作组协同设计功能。

进入 21 世纪后，电子信息行业的发展突飞猛进。2002 年，Protel 公司成功地整合了多家重量级的电路软件公司，正式更名为 Altium，成为全世界名列前茅的电路设计软件公司。2002 年下半年，Altium 公司推出 Protel DXP，该版本耗时 2 年多，在功能、规模方面都比 Protel 99se 有了极大的飞跃，尤其在仿真与布线方面有了较大的提高。2004 年年初，Altium 公司推出了新版本的 Protel 软件——Protel DXP 2004。与以前的版本相比，无论是界面，还是功能，Protel DXP 2004 都有了很大的改进。它以全新的设计理念拓展了 Protel 软件的原设计领域，保证了从电路原理图设计开始直到印制电路板生产制造和文件输出的无缝连接，是第一套完整的板卡级设计系统，真正实现了多个复杂设计功能在单个应用程序中的集成。

1.1.2 Protel DXP 2004 的主要特点

Protel DXP 2004 是一款基于 Windows NT/Windows 2000/Windows XP 操作系统的全 32 位电子设计系统软件，是 Altium 公司板卡级设计软件。Protel DXP 2004 以项目的概念为中心，便于整个设计的所有文档的同步和整个项目的数据完整性。它拓宽了板级设计的传统界限，集成了 FPGA 设计功能，从而允许工程师能将系统设计中的 FPGA 与 PCB 设计集成在一起。Protel DXP 2004 以强大的设计输入功能为特点，在 FPGA 和板级设计中，同时支持原理图输入和 HDL 硬件描述输入模式；同时支持基于 VHDL 的设计仿真、混合信号电路仿真、布局前/后信号完整性分析。Protel DXP 2004 的布局布线采用完全规则驱动模式，并且在 PCB 布线中采用了无网格的 Situs TM 拓扑逻辑自动布线功能；同时，将完整的 CAM 输出功能的编辑结合在一起。

Protel DXP 2004 的特点如下：

(1) 支持多国语言（中文、英文、德文、法文、日文）。

(2) 完全兼容 Protel 98/Protel 99/Protel 99se/Protel DXP，并提供对 Protel 99se 下创建的 DDB 文件的导入功能。

(3) 可定制且完整集成的设计环境。增强的用户界面，在每个编辑环境中保持一致性，可固定、浮动及弹出面板，完全可定制工具条和外观。拥有强大的过滤和对象定位功能，可同时选择和编辑多个对象。

(4) 支持多种输入模式和通用的输入/输出特性。支持电路图和 FPGA 应用程序的设计输入，提供丰富的 Xilinx 和 Altera 器件库。支持多页分级电路图输入，页数或分级深度不受限制。拥有全面的集成库，包括电路图符号、PCB 封装、Spice 模型和信号完整性模型。支持直接 OrCAD® V9 & V7 原理图导入/导出。

(5) 提供完善的混合信号仿真、布线前后的信号完整性分析功能。提供真正的 SPICE 3f 5/XSpice 混合电路仿真，电路设计的无缝集成使用户可以直接从电路图仿真，而不需要网表输出/输入。提供全面的信号分析，包括 AC、小信号、瞬态过程、噪声和 DC 转换等。提供用于测试零件变化和公差影响的完善的参数扫描和 Monte Carlo 分析模式，可同时显示 4 个所测得图像的集成波形。在板卡最终设计和布线完成之前，可从原电路图上运行初步阻抗和反射仿真。信号完整性参数（如过冲击、下冲、阻抗和信号斜率要求等）均按标准 PCB 设置。

(6) 提供真正的多通道设计支持。支持最多 32 个信号层、16 个平面层和 16 个机械层设计。完全支持盲/埋孔；支持 PCB 与 FPGA 项目双向同步；支持原理图和 PCB 双向同步和更新；提供对高密度封装（如 BGA）的交互布线功能。

(7) 拥有强大的文件输出功能。支持的输出类型有原理图和 PCB 制图、制造文件(Fabrication files)、网络表输出文件、BOM 表、仿真报表等。

1.1.3 Protel DXP 2004 的运行环境

Protel DXP 2004 在用户界面上比 Protel 99 版本有了很大的改进，更加个性化，并带有很多特效，因此对系统配置的要求比较高。

安装并运行 Protel DXP 2004，最低的系统配置要求为：

(1) Windows 2000 专业版。

(2) Pentium PC，500MHz。

(3) 620MB 硬盘空间。

(4) 128MB 内存。

(5) 1024×768 屏幕分辨率、16 位色、8MB 显存。

为了能够发挥软件的最佳性能，推荐的系统配置要求为：

(1) Windows XP。

(2) Pentium PC，1.2GHz 或更高处理器。

(3) 620MB 硬盘空间。

(4) 512MB 内存。

(5) 1280×1024 屏幕分辨率、32 位色、32MB 显存。

1.1.4 Protel DXP 2004 的安装与卸载

1. Protel DXP 2004 的安装步骤

(1) 进入 Windows 操作系统，双击 Protel DXP 2004 安装软件程序中的 Setup.exe 安装文件，这时会弹出如图 1.1 所示的安装向导界面。

(2) 单击“Next”按钮，出现如图 1.2 所示的界面。该界面详述了 Protel DXP 2004 版本的授权协议，选择“I accept the license agreement”单选钮。

图 1.1　安装向导界面

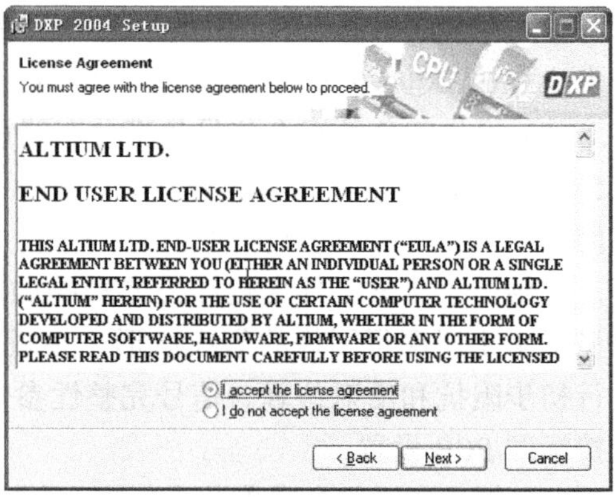

图 1.2　选择最终用户授权协议

（3）单击“Next”按钮，出现如图 1.3 所示的界面，这里要求输入用户的相关信息，如用户名（Full Name）和组织名称（Organization），并对 Protel DXP 2004 安装后的使用权限进行简要的设置。

（4）单击“Next”按钮，出现如图 1.4 所示的界面，要求选择安装路径。默认的安装路径是“C:\Program Files\Altium 2004”，单击“Browse”按钮，可以重新选择 Protel DXP 2004 的安装路径。

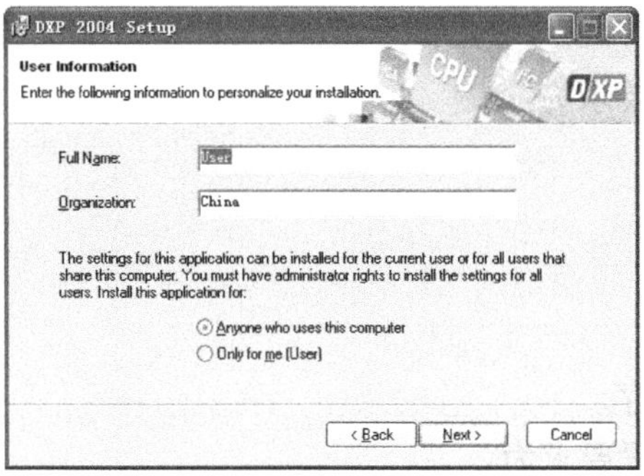

图 1.3　输入用户的相关信息

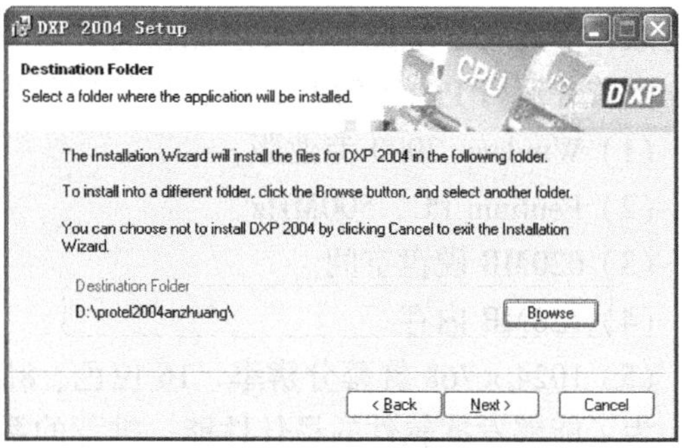

图 1.4　选择安装路径

（5）单击“Next”按钮，出现如图 1.5 所示的界面。系统提示准备进行安装。如果用户需要修改安装配置，则可以单击“Back”按钮，重新进行安装配置。

（6）单击“Next”按钮，系统开始安装软件，同时显示 Protel DXP 2004 的安装进度，如图 1.6 所示。

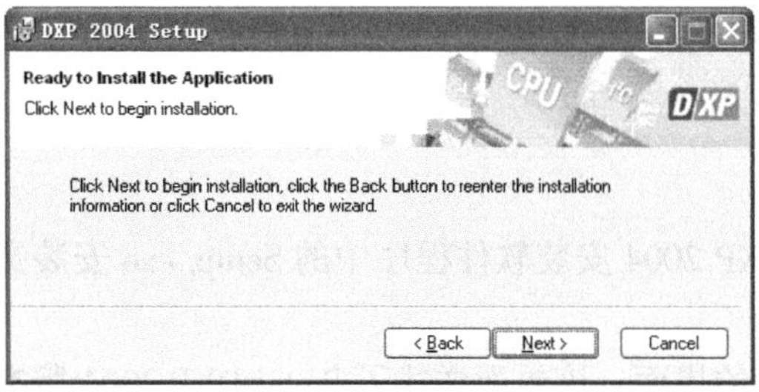

图 1.5　系统提示准备进行安装

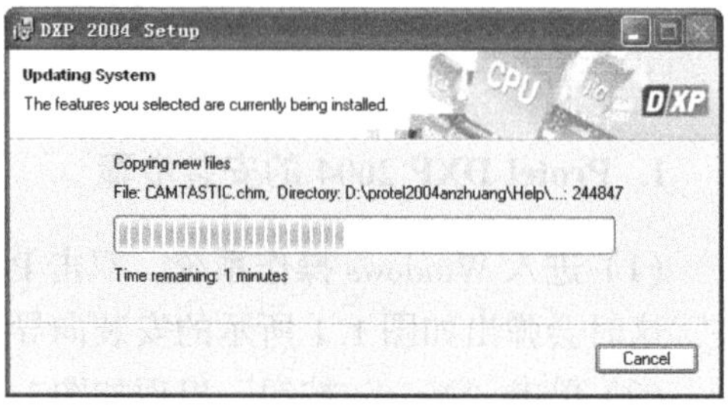

图 1.6　开始安装软件并显示安装进度

(7) 安装完成之后，出现如图 1.7 所示的界面，单击“Finish”按钮，完成 Protel DXP 2004 的安装。

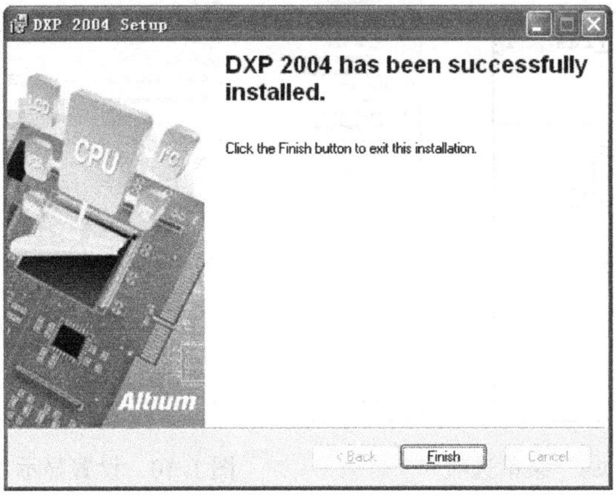

图 1.7　完成安装

2. 软件汉化

由于 Protel DXP 2004 支持多种语言，其中包括汉语，所以只要在软件中进行相关设置就可以对软件汉化了。

(1) 软件刚安装完时，默认的界面是英文的，如图 1.8 所示。

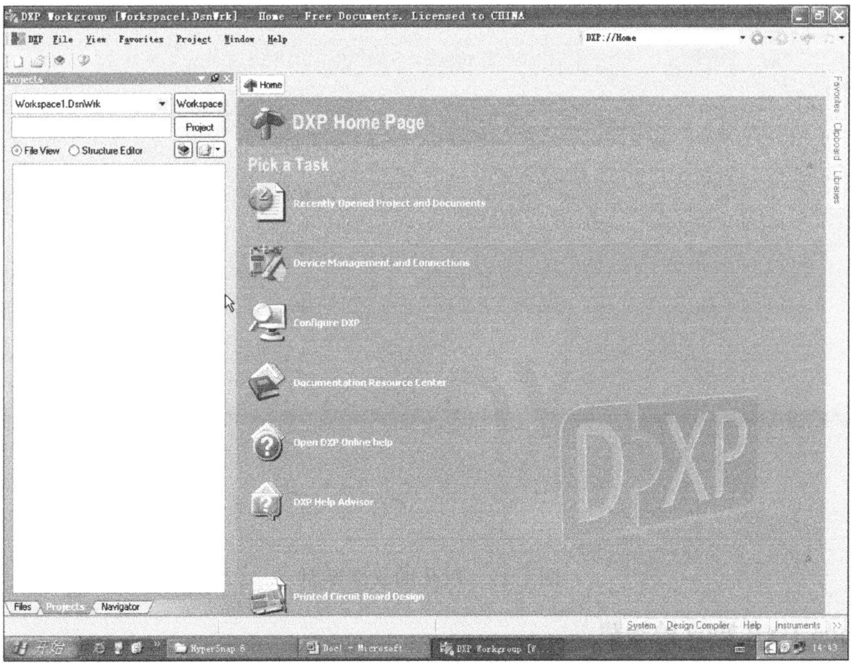

图 1.8　英文界面

(2) 选择“DXP”→“Preferences”菜单选项，如图 1.9 所示。

(3) 弹出“Preferences”对话框，在“Localization”选项组中，选中“Use localized resources”复选框，如图 1.10 所示。

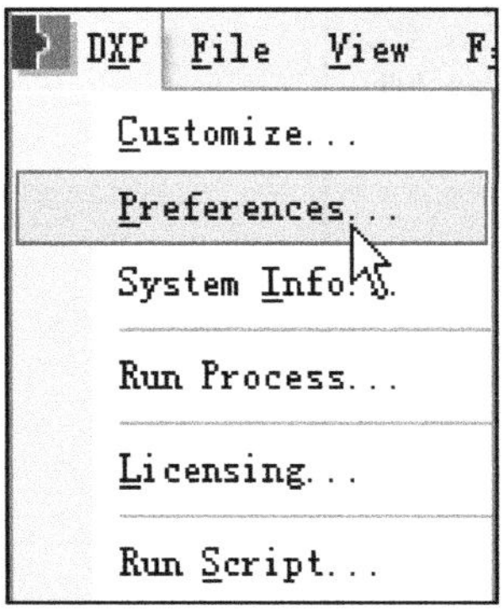

图 1.9　选择“Preferences”菜单选项

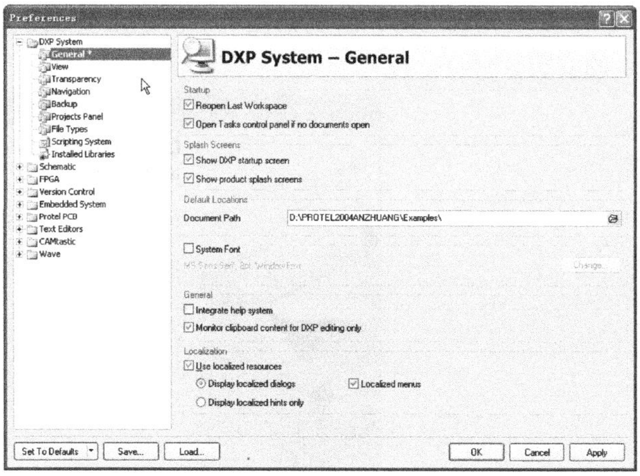

图 1.10　设置显示本地语言

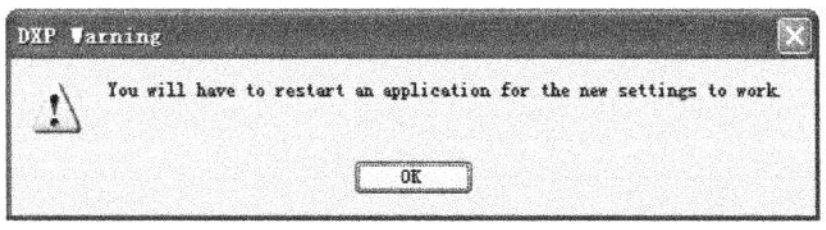

图 1.11　提示启用新的设置

（4）单击“OK”按钮，系统弹出如图 1.11 所示的提示框。

（5）单击“OK”按钮，结束汉化设置。关闭软件，重新开启软件，汉化的软件界面如图1.12 所示。

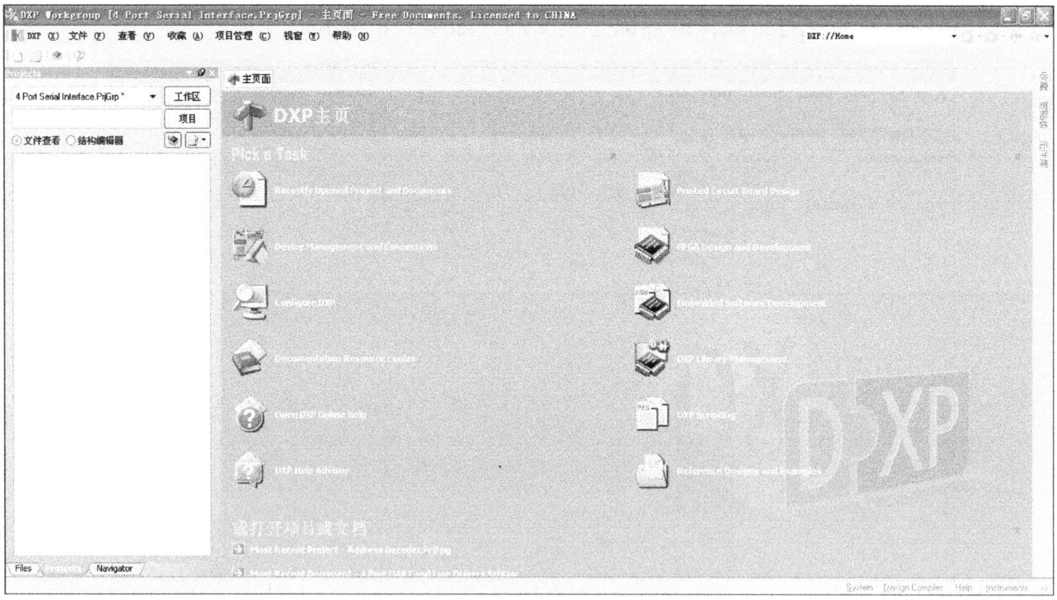

图 1.12　汉化的软件界面

3. Protel DXP 2004 的卸载

（1）选择“开始”→“控制面板”，弹出“控制面板”窗口，如图 1.13 所示。

（2）单击“控制面板”窗口中的“添加/删除程序”图标，出现如图 1.14 所示的“添加或删除程序”窗口，该窗口中列出了所有的应用程序，选择“DXP 2004”，如图 1.14 所示。

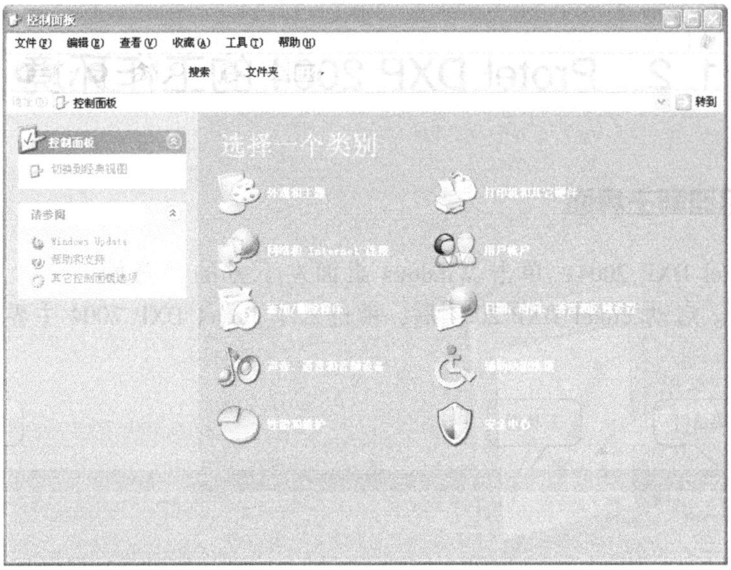

图 1.13 “控制面板”窗口

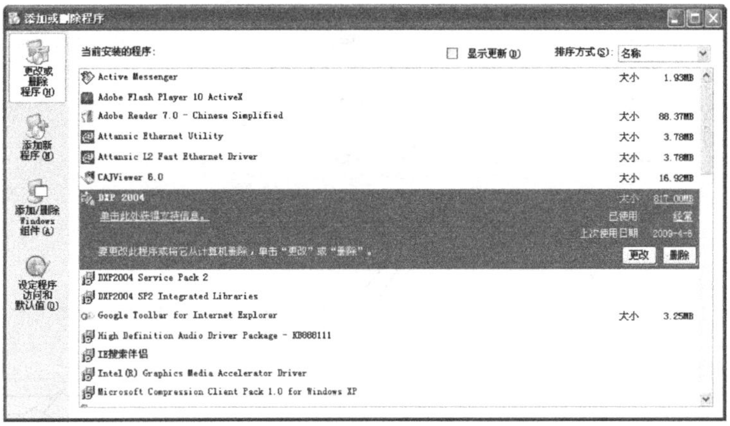

图 1.14 “添加或删除程序”窗口

(3) 单击“删除”按钮，弹出如图 1.15 所示的提示框。

(4) 单击“是”按钮，确认要卸载 DXP 2004，此时显示如图 1.16 所示的卸载进度信息，几分钟后，DXP 2004 卸载完毕。

(5) 如果安装了 Protel 的升级补丁，可以采用同样的方法卸载。

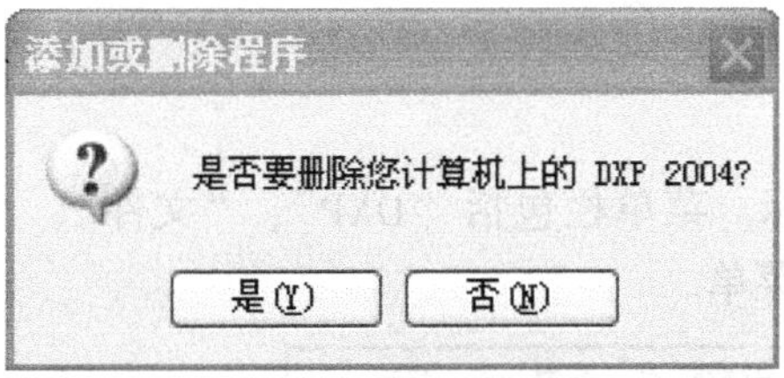

图 1.15 “添加或删除程序”提示框

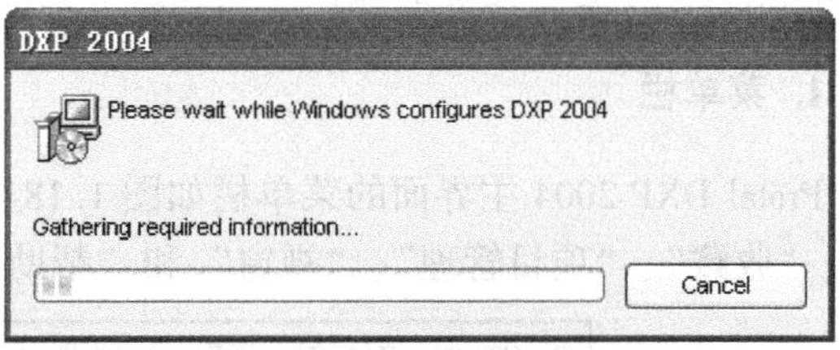

图 1.16 卸载进度信息

1.2　Protel DXP 2004 的工作环境

1.2.1　启动和主界面

要启动 Protel DXP 2004，单击 Windows 桌面左下方的“开始”→“所有程序”→“DXP 2004”项。启动 Protel DXP 2004 后，就进入了 Protel DXP 2004 主界面，如图 1.17 所示。

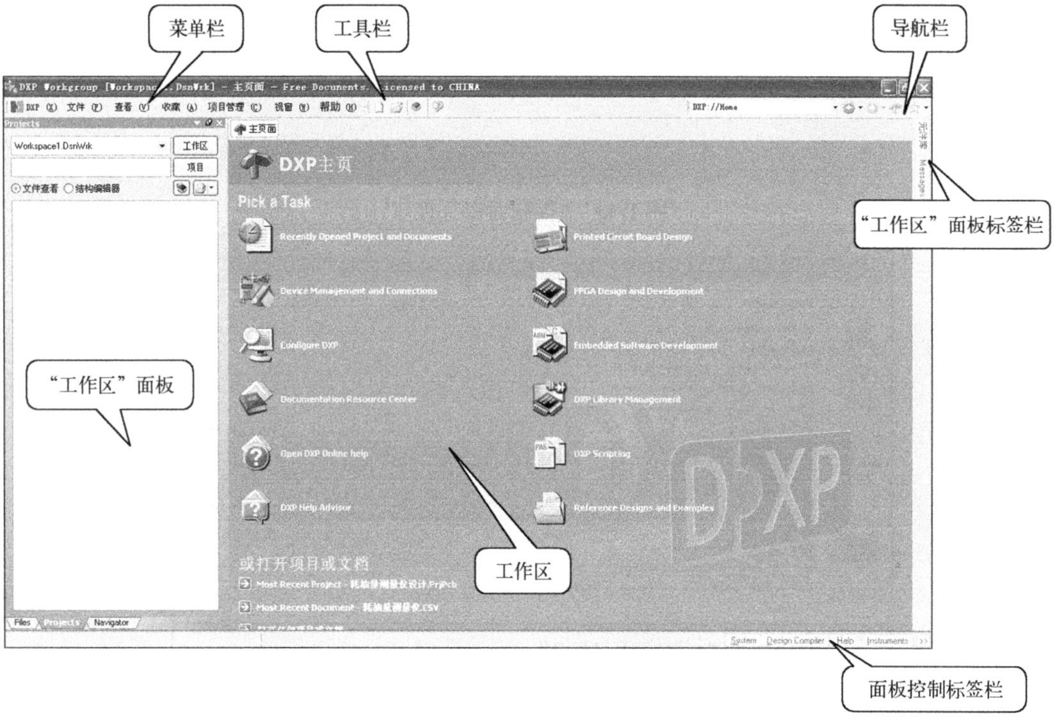

图 1.17　Protel DXP 2004 主界面

1.2.2　Protel DXP 2004 的设计环境

作为标准的 Windows 应用程序，Protel DXP 2004 提供了一个友好的主界面，它以图形界面的风格提供了各种便捷的操作。主界面中包含了以下要素。

1. 菜单栏

Protel DXP 2004 主界面的菜单栏如图 1.18 所示。菜单栏包括“DXP”、“文件”、“查看”、“收藏”、“项目管理”、“视窗”和“帮助”菜单。

图 1.18　菜单栏

(1)"DXP"菜单。该菜单显示Protel DXP 2004的一些软件信息，同时提供一些用户配置选项。设计者可以通过该菜单进行相关参数的设置，查询信息，自动改变其他菜单和工具栏的设置操作。通过单击主界面左上角的 DXP (X) 图标，可打开如图1.19所示的"DXP"菜单。

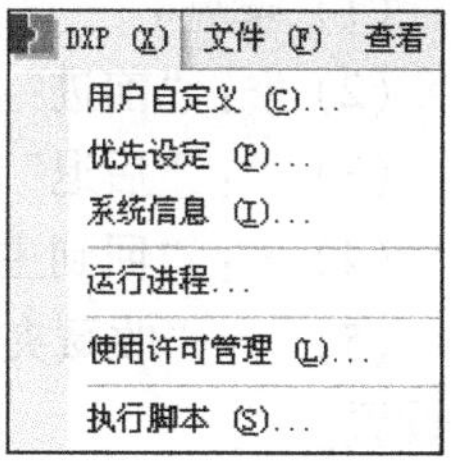

图1.19 "DXP"菜单

"DXP"菜单有以下6个选项。

①"用户自定义"选项：用于供用户自定义Protel DXP 2004的工作环境，如添加、删除、修改菜单栏和工具栏上的按钮，以及创建和修改快捷键等。

②"优先设定"选项：设置系统启动时的参数，包括是否打开上一次编辑的最后一个项目、屏幕的显示方式、默认的文件路径等。

③"系统信息"选项：设置系统信息。该选项中包括了所安装的各功能模块的服务情况。要想查看任意一项服务安装和运行的情况，可以双击该服务图标，将显示该项服务的属性和进程运行的信息。

④"运行进程"选项：显示正在运行的进程。

⑤"使用许可管理"选项：对使用许可管理进行设置。它显示了Protel DXP 2004的授权使用许可协议，包括使用的方式、使用到期日期等。

⑥"执行脚本"选项：用于选择和运行脚本文件。

(2)"文件"菜单。主要用来完成项目和文件的基本操作，包括常用的文件功能，如打开文件、新建文件等；也可以用来打开项目文件、保存项目文件，显示最近使用过的文件和项目、项目组及退出Protel DXP 2004等。

(3)"查看"菜单。主要用于工具栏、工作面板、状态栏、桌面布局及命令行等的管理，并控制各种可视窗口面板的打开和关闭。

(4)"收藏"菜单。用于存储多个不同的页面，可以快捷访问这些页面。

(5)"项目管理"菜单。提供对项目文件的管理。主要用于对项目进行编译、分析、版本控制及添加/删除项目文件等。

(6)"视窗"菜单。主要用于在多窗口操作时对多个窗口的管理。

(7)"帮助"菜单。提供各种帮助信息。

2. 工具栏

工具栏提供了以下4个基本按钮。

(1) ：打开任意的文档，快捷键为"Ctrl + N"。

(2) ：打开已经存在的文档，快捷键为"Ctrl + O"。

(3) ：打开设备视图窗口。

(4) ：打开帮助向导，快捷键为"Shift + F1"。

3. 导航栏

当用户在工作区中打开了多个窗口时，可利用导航栏提供的切换功能在各个窗口间进行切换。导航栏包括以下5个基本部分。

（1）DXP://Home：地址栏，显示当前打开窗口的位置。

（2）：“前进”按钮，单击该按钮将切换到前一个窗口。

（3）：“后退”按钮，单击该按钮将切换到下一个窗口。

（4）：“回到主页面”按钮，单击该按钮将返回到主页面。

（5）：“收藏夹选项”按钮，该按钮的功能与“收藏”菜单的功能相同，可进行收藏夹设置。

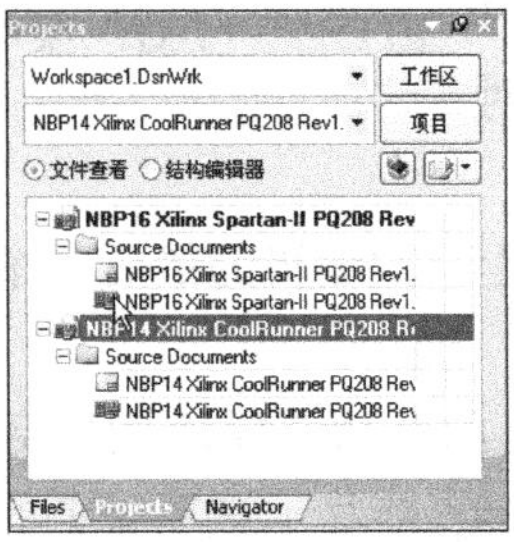

图 1.20 “工作区”面板

4. “工作区”面板

“工作区”面板位于主界面的左侧，如图 1.20 所示。“工作区”面板主要用于为设计者提供系统操作的向导。软件启动后，系统会自动激活默认的文件夹面板，为设计者新建和打开各种文件和项目提供方便。如果有打开的项目文件，系统也会自动激活“项目”面板，以便能够迅速进行当前项目的编辑操作。

5. 工作区

工作区是用户编辑各种文档的区域。在用户没有打开任何编辑器的情况下，工作窗口以快速启动图标的方式列出了最常用的任务，主要分三类：选择任务、打开项目或文件和快速启动帮助功能，通过或按钮可以查看或关闭所有任务类。图 1.21 为默认的主页面。主页面上各图标的功能说明见表 1.1。

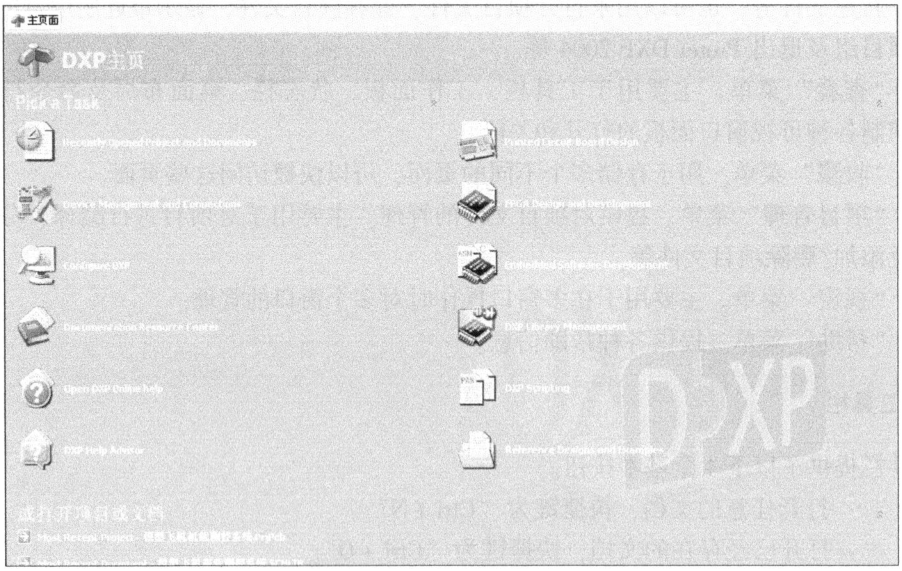

图 1.21 默认的主页面

表 1.1 主页面上各图标的功能说明

序 号	图 标	功 能 说 明
1		最近打开的设计项目和设计文档

续表

序 号	图 标	功 能 说 明
2		器件管理和连接。单击该选项将打开器件查看窗口，与选择“查看”→“器件视图”菜单选项的功能相同
3		配置 DXP 系统。可以显示系统的相关信息、配置系统使用的许可文件、运行 Protel 进程等
4		帮助文档资源中心。包括各种帮助文档资源，如 PCB 设计帮助文件、FPGA 设计帮助文件、嵌入式系统设计帮助文件、库文件管理帮助文件等
5		打开 DXP 在线帮助系统
6		DXP 帮助查询，单击该选项将出现帮助查询对话框，可以在“输入你的问题”框中输入要查询的帮助，单击“查找”按钮，查询的相关内容会显示在“查询结果”列表框中
7		PCB 设计相关选项。包括新建 PCB 设计项目、从设计模板中新建 PCB 设计项目、新建 PCB 文档、PCB 设计文档帮助等
8		FPGA 项目设计和开发选项。包括新建 FPGA 设计项目、从设计模板中新建 FPGA 设计项目、新建 FPGA 文档、FPGA 设计文档帮助等
9		嵌入式软件设计开发相关选项
10		DXP 库文件管理。可以安装、新建库文件及查看文件帮助等
11		DXP 脚本编辑管理。可以新建脚本文件和查看脚本文件帮助等
12		查看参考设计实例。提供一些电路设计实例，包括 FPGA 设计、PCB 项目设计、脚本设计实例等

6. 面板标签

面板标签为快速打开工作面板提供了简单的操作方式，Protel DXP 2004 在主界面的不同地方设置了对应于不同工作面板的面板标签。用户可以单击需要的面板标签以激活操作所需要的工作面板。

1.3 设置 Protel DXP 2004 的系统参数

对于刚接触 Protel DXP 2004 的用户来说，了解 Protel DXP 2004 的系统参数设置是学习该软件的重要一步，因为只有设置好 Protel DXP 2004 的系统参数，才能满足设计一块正确且实用的印制电路板的要求。

用户可以通过“DXP”菜单进行设置。单击“DXP”→“优先设定”菜单选项，如图 1.22 所示，弹出如图 1.23 所示的对话框。

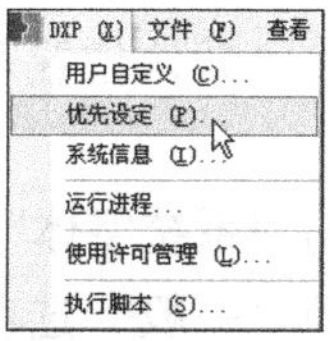

图 1.22 系统下拉菜单

从图 1.23 中可以看出，该对话框包含 9 个选项卡，可以分别设置常规参数、外观参数、透明度参数、产品管理系统选项、备选选项及项目选项等。

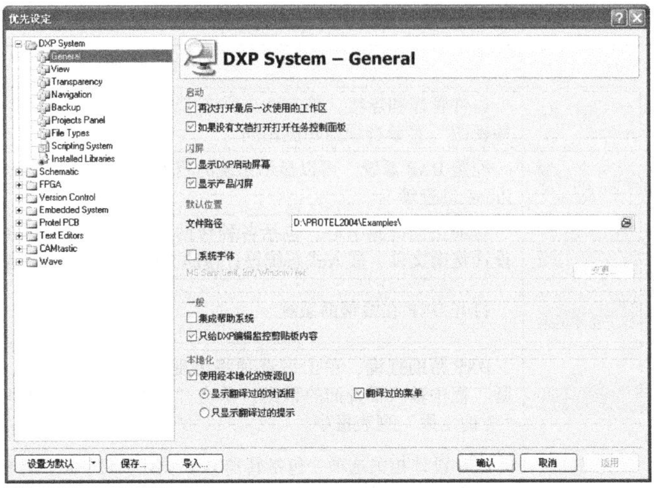

图 1.23 “优先设定”对话框

1. “General”选项卡

该选项卡主要用来设置常规参数，即系统或编辑器启动时的一些特性，包括 6 个选项组。

(1)“启动”选项组。

“再次打开最后一次使用的工作区”复选框：用于选择在 Protel DXP 2004 系统启动时是否自动打开上一次打开的项目组。

“如果没有文档打开打开任务控制面板”复选框：用于选择在没有打开文档的条件下打开任务控制面板。

(2)“闪屏”选项组。该选项组主要用于设置系统和各编辑器启动时是否显示启动画面。

①“显示 DXP 启动屏幕”复选框：用来选择 Protel DXP 2004 启动时是否显示启动画面。选中该复选框，则每次启动 Protel DXP 2004 时将显示启动画面。该画面以动画形式显示系统版本信息，可提示用户当前系统正处于装载状态；若不选中该复选框，则启动 Protel DXP 2004 时系统将越过启动画面。

②“显示产品闪屏”复选框：选择服务器程序（包括原理图编辑系统模块、PCB 文件及布线系统模块、类神经网络自动布线及推挤系统模块等）启动时，是否显示产品信息画面。若选中该复选框，则上述服务程序启动时，将在设计工作区的左下方快速显示版本画面，指示当前服务器正处于装载状态；否则将跳过这一画面。

(3)“默认位置”选项组。用于设置默认的文件路径（创建、打开或保存文件的默认路径）。

(4)“系统字体”选项组。用户可在该选项组中设置系统的字体。

(5)“一般”选项组。“集成帮助系统”复选框用于设置帮助系统的一体化。

(6)“本地化”选项组。该选项组用来设置是否显示经本地化的资源，即是否显示汉化后的软件界面。

2. “View”选项卡

该选项卡主要用来设置系统的外观参数，即桌面显示参数，包括6个选项组，如图1.24所示。

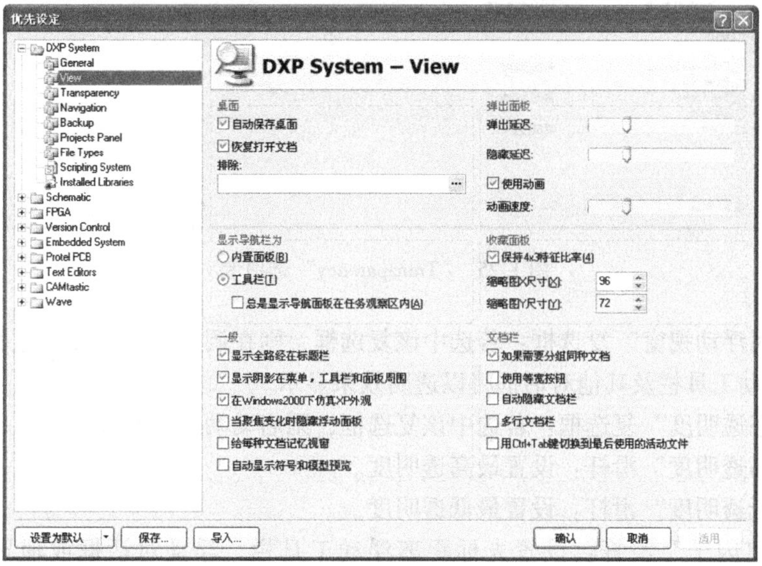

图1.24 “View”选项卡

(1)“桌面”选项组。用来设置Protel DXP 2004运行的桌面显示情况。若选中“自动保存桌面”复选框，系统会在退出Protel DXP 2004时自动保存桌面显示的情况，包括面板的位置、可见性、工具栏等显示情况。若选中“恢复打开文档”复选框，则系统将恢复打开文档。

(2)“弹出面板”选项组。该选项组可以设置弹出式面板的弹出及消隐过程等待时间，还可以选择是否使用动画效果。

“弹出延迟”滑杆：改变调节面板显示时的等待时间。

“隐藏延迟”滑杆：调节面板消隐时的等待时间。

“使用动画”复选框：设置面板显示或消隐时是否使用动画效果，若不想让面板显示或消隐时等待，则应当清除该复选框。

“动画速度”滑杆：调节动作的速度。

(3)“显示导航栏为”选项组。该选项组用来设置显示导航栏。

(4)“收藏面板”选项组。该选项组用来设置面板的尺寸。

(5)“一般”选项组。该选项组用来设置外观的参数。

(6)“文档栏”选项组。该选项组用来设置文档栏。

3. “Transparency”选项卡

该选项用来设置Protel DXP 2004浮动窗口的透明情况，如图1.25所示。设置浮动窗口为透明之后，在交互编辑时，浮动窗口将在编辑区之上。

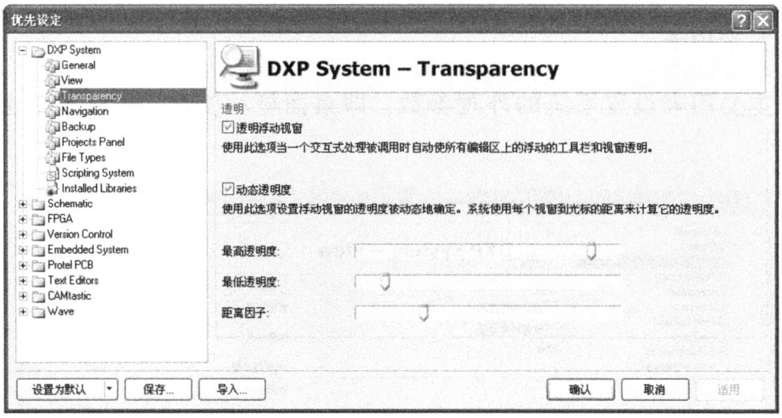

图 1.25 “Transparency”选项卡

(1)“透明浮动视窗”复选框：若选中该复选框，则在调用一个交互式过程时，编辑器工作区上的浮动工具栏及其他对话框将以透明效果显示。

(2)“动态透明度”复选框：若选中该复选框，则启动动态透明效果。

(3)“最高透明度”滑杆：设置最高透明度。

(4)“最低透明度”滑杆：设置最低透明度。

(5)“距离因子”滑杆：设置光标距离浮动工具栏、浮动对话框或辅导面板的透明效果。

4.“Navigation”选项卡

该选项卡用来设置当观察文档不同点和加亮编译器消息时在导航中使用。

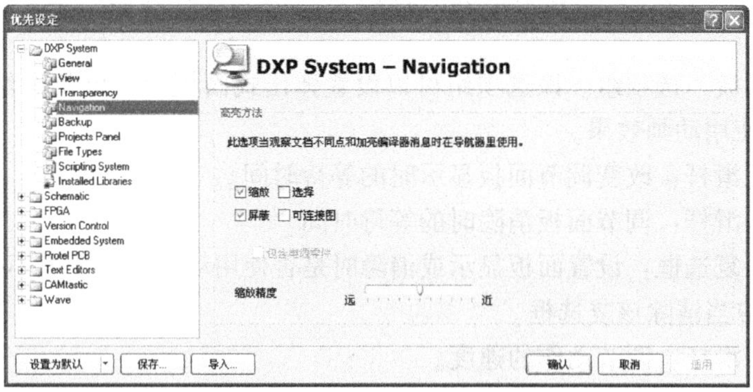

图 1.26 “Navigation”选项卡

5.“Backup”选项卡

该选项卡用来设置文件备份参数，如图 1.27 所示。

(1)“自动保存每( )分钟”复选框：选中该复选框，则启动自动保存功能。可在一定的时间内自动保存当前编辑的文档，在其后面的文本框中可以设置时间间隔，最长的时间间隔为 120min。

(2)“应保持版本数”：用来设置自动保存文档的版本数，最多可保存 10 个版本。

(3)“路径”：用来输入文件的自动保存目录，也可以单击按钮选择目录。

6. “Projects Panel” 选项卡

该选项卡用来设置各个项目所包含的工具面板，如图 1.28 所示。

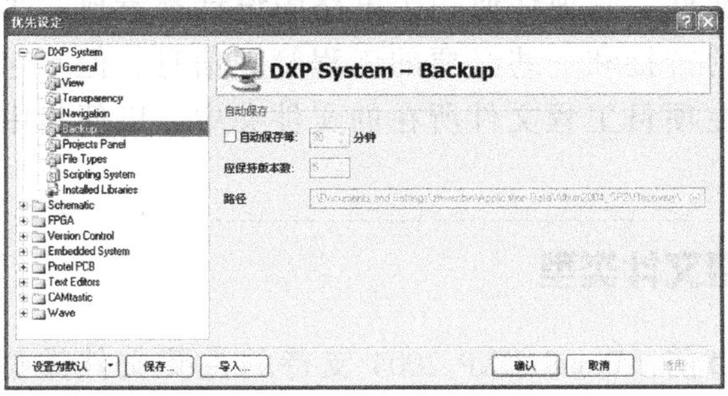

图 1.27 “Backup” 选项卡

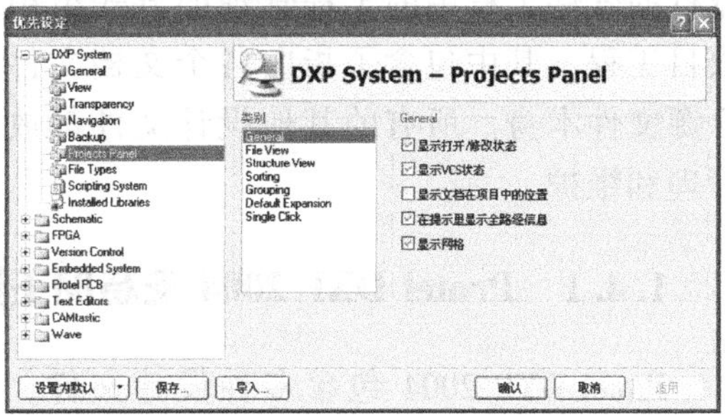

图 1.28 “Projects Panel” 选项卡

7. “File Types” 选项卡

该选项卡用来设置系统支持的文件类型，如图 1.29 所示。

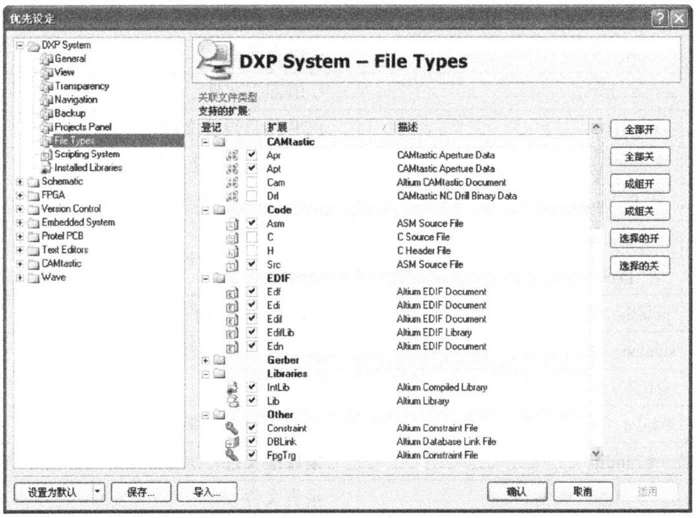

图 1.29 “File Types” 选项卡

8. “Scripting System” 选项卡

该选项卡用来显示所安装的脚本系统，也可以在选项卡中进行操作以载入需要的脚本系统。

9. “Installed Libraries” 选项卡

该选项卡用来显示所记载的库文件，也可以在选项卡中进行操作以载入需要的库文件。

1.4 Protel DXP 2004 的文件管理

Protel DXP 2004 的文件管理主要包括文件的创建、保存及关闭等功能。它采用目前流行的软件工程中的工程管理的方式组织文件，它把任何一个电路图设计都看成一个项目工程，其中包含了指向各个文档文件的链接和一些必要的工程管理信息，但不包含源文件本身。所有的其他设计文件都放在项目工程文件所在的文件夹中，以便集中管理和维护。

1.4.1 Protel DXP 2004 支持的主要文件类型

Protel DXP 2004 包含多种设计文件。目前，Protel DXP 2004 支持的主要文件类型如表 1.2 所示。

表 1.2 Protel DXP 2004 支持的主要文件类型

文件类型（默认文件名．后缀名）	文件类型说明
*. PriGrp	设计项目文件
*. pcbdoc、 *. pcb	PCB 设计文件
*. vhd、 *. vhdl	FPGA 设计文件
*. cpp、 *. c	C 语言源文件
*. h	C 语言头文件
*. PrjPcb	PCB 项目设计文件
*. PrjFpg	FPGA 项目设计文件
*. PrjEmb	嵌入式项目设计文件
*. PrjCor	核心项目文件
*. PrjScr	脚本项目文件
*. pcblib、 *. lib	PCB 元件库文件
*. schdoc、 *. sch	SCH 原理图文件
*. schlib、 *. lib	原理图库文件
*. schdot、 *. dot	原理图设计模板文件
*. intlib	集成库文件
*. rep、 *. log、 *. rpt	报告文件
*. v	Verilog 文件
*. mdl、 *. nsx	混合信号仿真文件
*. tcl、 *. pas、 *. bas	Script 脚本文件
*. asm、 *. src	汇编语言文件
*. Constraint	规则限制文件
*. cam、 *. drr、 *. pik	辅助制造工艺文件
*. DsnWrk	设计项目组文件
*. max	OrCAD 布局文件
*. asc	PADS PCB 文件
*. dsn	Specctra 设计文件

续表

文件类型（默认文件名．后缀名）	文件类型说明
*.ddb	Protel 99se 设计数据库文件
*.OLB	Orcad Capture 库文件
*.OutJob	输出任务文件
*.DbLink	数据库链接文件
*.DRC	电路检查校验报告文件
*.Net	网络报表文件
*.PCB3D	PCB 3D 文件

1.4.2 文件的创建

Protel DXP 2004 可以创建的设计项目类型有 6 种，这里以创建 PCB 设计项目为例加以说明，其他项目的创建方法与之类似。

(1) 在 Protel DXP 2004 主界面中，选择“文件”→“创建”→“项目”菜单选项，将弹出如图 1.30 所示的“项目”子菜单。

(2) 单击“PCB 项目”菜单选项创建 PCB 设计项目，“工作区”面板将切换到“项目”面板，系统自动创建名为“PCB_Project1.PrjPCB”的 PCB 设计项目，如图 1.31 所示。

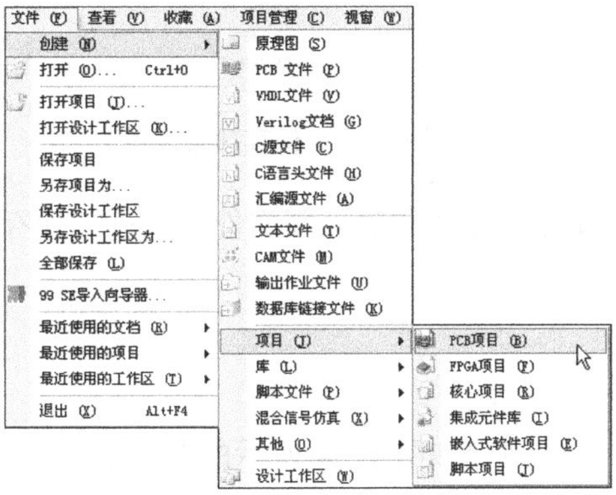

图 1.30 “项目”子菜单

图 1.31 创建新的 PCB 项目

提示：除了可以创建项目文件外，还可以直接创建原理图、PCB 文件等各种设计文件。但是，此时的文件不是以项目来表示的，而是一个单独的设计文件。

1.4.3 文件的保存

当用户新建一个设计项目时，该项目文件的默认文件名为：*** Project1. Prj ***，其中 *** 表示创建的项目类型，不同的项目其字符串不同。项目创建完成之后，就要执行文件保存操作来实现项目文件的保存。实现项目文件的保存有以下两种方法。

1. 方法 1

(1) 执行“文件”→“项目保存”菜单命令后，弹出“Save [PCB_Project1. PrjPCB] As…”

对话框。

(2) 在“保存在”下拉列表中设置文件要保存的路径，然后在“文件名”文本框中输入保存项目的名称。这里把项目名称定为“1x_Project1”，如图 1.32 所示。

(3) 单击“保存”按钮，就可以实现对新建的空白项目按照设置的项目名称和路径进行保存。

2. 方法 2

(1) 在“工作区”面板上选中新创建的设计项目 PCB_Project1. PrjPCB，单击鼠标右键，弹出对设计项目操作的快捷菜单，选择“保存项目”，如图 1.33 所示。

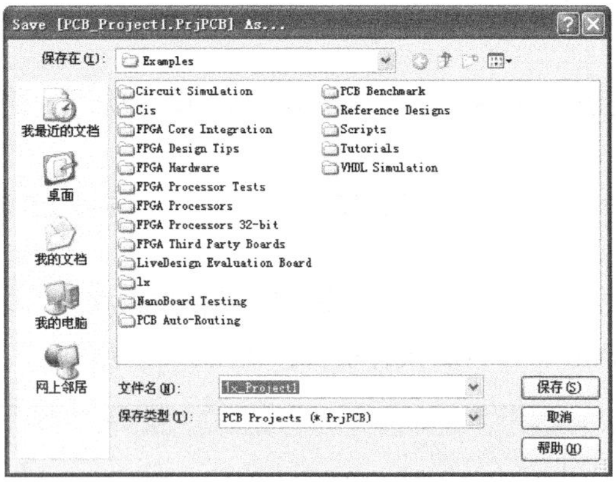

图 1.32　保存项目

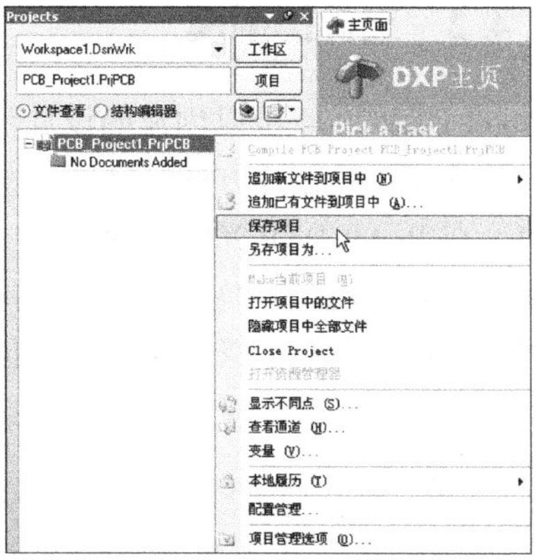

图 1.33　保存项目菜单

(2) 同样可弹出如图 1.32 所示的对话框，选择存储路径和输入新文件名后进行保存。

1.4.4　文件的打开

文件打开操作就是打开已经存在的设计项目或其他文件。

(1) 执行“文件”→“打开”菜单命令后，系统弹出如图 1.34 所示的对话框。

图 1.34　“Choose Document to Open (打开文档)”对话框

(2) 用户根据需要从项目或文件列表中选择要打开的设计文件或项目文件。

(3) 单击“打开”按钮就可以打开各种设计文件或项目文件。

1.4.5 文件的关闭

文件关闭即关闭当前已经打开的设计文件或项目文件。

(1) 在“工作区”面板中选择要关闭的文件，单击右键，系统将弹出一个文件操作快捷菜单，如图1.35所示。

(2) 执行“Close Project”菜单命令就可关闭项目文件。

提示：关闭文件的另一种方法是，将鼠标光标放到打开的文件的标签上，然后单击右键，系统将会弹出如图1.36所示的菜单。若要关闭单个文件，则选择“Close …”（…为文件名）；若要关闭整个项目，则选择“关闭全部文件”。

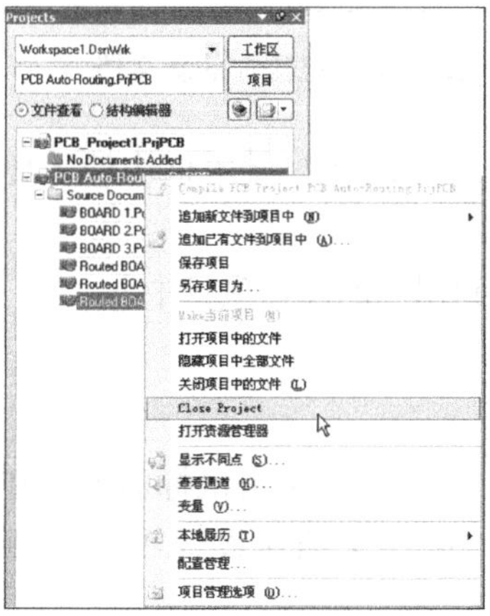

图1.35 执行“Close Project”菜单命令

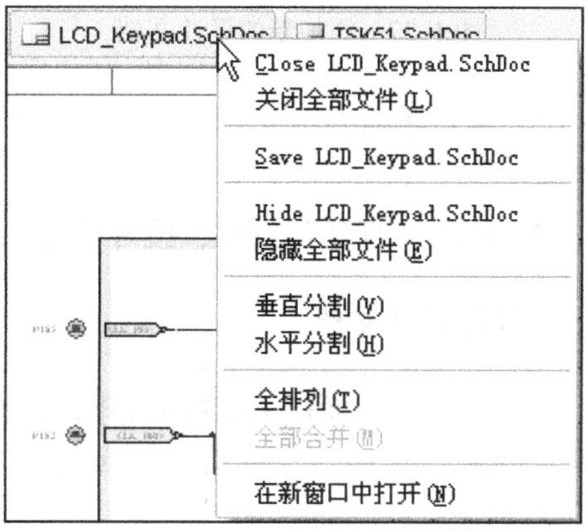

图1.36 对象文件操作快捷菜单

1.4.6 在设计项目中添加和删除文档

对创建的lx_Project1.PrjPCB设计项目，可以向设计项目中添加和删除文档。这里所说的添加和删除文档只是添加和删除该文档与设计项目的关联信息，并没有真正删除该文档。如果要彻底删除该文档，只能到该文档所在的目录下对其进行删除。

1. 将新的设计文档添加到项目中

在“工作区”面板中选择设计项目lx_Project1.PrjPCB，然后单击鼠标右键，在弹出的对设计项目操作的快捷菜单中，选择“追加新文件到项目中”→“Schematic”菜单命令，即可向设计项目中添加新的SCH设计文档，如图1.37所示。系统自动将SCH设计文档命名为“Sheet1.SchDoc”，如图1.38所示，用保存项目的方法保存文档。

2. 将一个已有的设计文档添加到项目中

(1) 如果要添加已有的文件到项目中，则可以在如图1.37所示的快捷菜单中执行“追加已有文件到项目中”菜单命令，系统将弹出“Choose Documents to Adds to Project”对话框，如图1.39 所示。

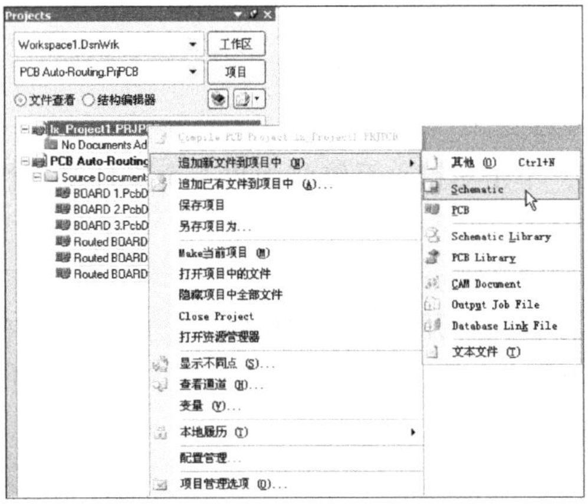

图 1.37　添加新的设计文档

图 1.38　已添加的新文档

(2) 从系统列表中选中要添加的文件，或者直接在“文件名”文本框中输入要添加的文件名。

(3) 单击“打开”按钮，就可以将选中的文件添加到用户的设计项目中。

3. 删除设计文档

在“工作区”面板中选择要删除的设计文档 Sheet1. SchDoc，单击鼠标右键，在弹出的菜单中选择“从项目中删除”菜单命令，即可将 SCH 设计文档从设计项目中删除，如图 1.40 所示。

提示：“从项目中删除”只能删除该文件与该项目的关系，并不删除文件的数据。如果要彻底删除该文件，则应到保存该文件的目录中去删除。

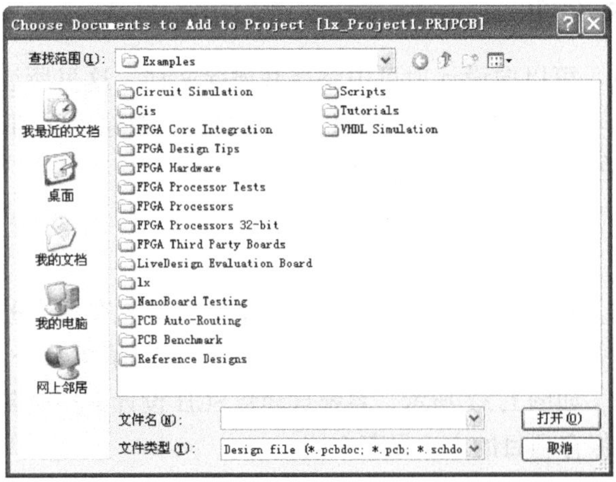

图 1.39　“Choose Document to Add to Project”对话框

图 1.40　删除设计文档

1.5 印制电路板（PCB）设计的工作流程

1.5.1 电路设计的基本流程

一般来说，一个产品的电路设计的最终表现为印制电路板。为了获得印制电路板，达到预期的电气性能，整个设计可以分为以下 7 个主要步骤。

(1) 系统的总体设计和功能模块划分。按照系统工程的设计规范，首先对系统进行总体设计和功能模块划分。它包括系统的需求分析、系统总体设计、系统功能划分等。所完成的功能是对系统的详细分析，即该系统完成什么样的功能、可以分成几个模块进行独立设计、各个模块之间如何交换信息等。

详细的系统总体设计和有效的系统功能划分是不可缺少的，能够大大减少后续的设计缺陷和错误，减少系统测试和系统维护的成本和开销，也便于以后系统的便捷升级。

(2) 电路原理图设计。对系统的总体功能和模块划分后，就可以进行各个模块的电路原理图设计。

电路原理图设计简称 SCH 原理图设计，是最终印制电路板设计的基础。只有设计好电路原理图，才能很好地进行下一步电路板的设计工作。

(3) 生成网络表。网络表是原理图设计与印制电路板设计之间的一座桥梁。网络表可以从原理图中获得，也可以从印制电路板中提取。

(4) 印制电路板设计。印制电路板简称 PCB，它是电路设计的最终目标。PCB 的设计建立在电路原理图设计之上，较为简单的电路系统设计可以跳过电路原理图设计这一步，直接进行 PCB 布局布线设计，但是复杂的电路系统则不能跨过电路原理图设计，建议将电路原理图和印制电路板设计结合起来综合开发。

(5) 信号的仿真和完整性分析。对于用户设计的 SCH 原理图和 PCB 的性能，Protel 提供了完整的信号仿真和完整性分析系统，用软件模拟的方法对电路原理图进行仿真，对 PCB 参数进行检查测试，以便检查设计错误和设计指标。

(6) 生成印制电路板报表并打印印制电路版图。设计了印制电路板后，还需要生成印制电路板报表，并打印印制电路版图。

(7) 生成 NC 钻孔文件和光绘文件。在制造 PCB 之前，还需要生成 NC 钻孔文件和光绘文件。

1.5.2 原理图设计的流程

(1) 启动原理图编辑器。

(2) 构图，设置原理图图纸大小及版面。必须全面认识所要绘制的电路的结构，在设计原理图之前，根据实际电路的复杂程度来设置图纸的大小。设置图纸的过程实际上是一个建立工作平面的过程，用户可以设置图纸的大小、方向，网格大小及标题栏等。

(3) 元件布局。用户根据实际电路需要，从元件库中提取所需的元件放置到工作平面上。用户可以根据元件之间的走线等联系，对元件的位置进行适当调整、修改，并对元件的编号、封装进行定义和设定等，为下一步工作打好基础。

(4) 线路连接。用户利用 Protel 提供的各种工具、指令进行走线，将工作平面上的元件用具有电气意义的导线、符号连接起来，构成一个完整的原理图。

(5) 放置一些说明性文字、图形或图片。其主要目的是突出显示该电路原理图的主题，使电路原理图鲜明活泼，提高可读性。

(6) 保存文档并打印输出。此操作是对设计完的原理图进行存盘、打印，也是对设计的图形文件输出管理的过程。

1.5.3 PCB 设计的流程

PCB 设计是将原始 PCB 变为供组装用的 PCB 的过程，布局和布线属于设计阶段的工作，由设计者完成。腐蚀、钻孔和裁剪等是 PCB 的工艺加工，由专门的工厂完成。PCB 设计的任务是针对具体的电路设计生成一套供 PCB 工艺加工的图，其一般流程如下。

(1) 准备原理图和 SPICE netlist。这是电路板设计的前期工作，主要完成电路原理图的绘制，生成 SPICE netlist。在有些情况下，可以直接设计 PCB 图。

(2) 规划电路板。在绘制 PCB 图之前，用户应有一个初步的规划，如采用板材的尺寸，各元件的封装形式及安装位置，采用几层电路板等。这是一项极其重要的工作，目的是确定电路板设计的框架。

(3) 设置参数。设置参数包括设置元件的布置参数、板层参数和布线参数等。一般来说，有些参数用其默认值即可，这些参数在第一次设置后几乎无须修改。

(4) 装入 SPICE netlist 及元件封装。SPICE netlist 是电路板自动布线的灵魂，也是电路原理图设计系统与印制电路板设计系统的接口。只有在装入 SPICE netlist 之后，才能完成电路板的自动布线。

(5) 布局元件。布局元件由 Protel DXP 2004 自动完成。规划电路板并装入 SPICE netlist 后，可由程序自动装入元件，并将元件布置在电路板边框内。Protel DXP 2004 也允许用户手工布局，布局合理后才能进行下一步的布线工作。Situs 拓扑算法有很高的布通率，更接近人工布线的效果。只要合理设置有关参数并布局元件，Protel DXP 2004 自动布线的成功率几乎是 100%。

(6) 自动布线。Protel DXP 2004 采用了 Altium 公司最新的 Situs 布线技术，通过生成拓扑路径图的方式来解决自动布线时遇到的困难。

(7) 手工调整。自动布线结束后，往往存在令人不满意的地方，需要手工调整。

(8) 保存及输出文件。完成电路板布线后，保存完成的 PCB 图文件。然后，利用图形输出设备（如打印机等）输出电路图的布线图，以便后续维护和修改。

1.6 PCB 的基础知识

由于原理图的设计目标主要是印制电路板的设计，所以在学习具体的原理图设计和 PCB 设计之前，掌握基本的 PCB 知识很重要。

1.6.1 印制电路板结构

一般来说，印制电路板的结构分为单面板、双面板和多层板3种。

(1) 单面板。单面板是一种一面有覆铜，另一面没有覆铜的电路板。用户只能在覆铜的一面布线并放置元件。单面板由于其成本低，不用打过孔而被广泛应用。但是，由于单面板布线只能在一面上进行，所以设计较复杂电路时，采用单面板设计往往比双面板或多层板困难得多。

(2) 双面板。双面板就是两面都有覆铜的电路板。它包括顶层（Top Layer）和底层（Bottom Layer）两层，顶层一般为元件面，底层一般为焊锡层面，其双面都可以布线。双面板的电路一般比单面板的电路复杂，但布线比较容易，是制作电路板比较理想的选择。

(3) 多层板。多层板是包含了多个工作层的电路板。除了顶层、底层以外，还包括中间层、内部电源或接地层等。随着电子技术的高速发展，电子产品越来越精密，电路板也就越来越复杂，多层电路板的应用也越来越广泛。多层电路板一般指3层及以上的电路板。

1.6.2 元件封装

设计完印制电路板后，通常将它拿到专门制作电路板的单位制成电路板。取回制好的电路板后，要将元件焊接上去。如何保证元件的引脚和印制电路板上的焊盘一致呢？这就要依靠元件封装。

元件封装指的是元件焊接到电路板上的外观和焊盘的位置。既然元件封装只是元件的外观和焊盘的位置，那么元件封装仅仅是一个概念，因此，不同的元件可以共用同一个元件封装；另外，同一种元件也可以有不同的封装，如RES代表电阻，它的封装形式可以采用AXIAL-0.4、C1608-0603、CR2012-0805等，因此在取用焊接元件时，不仅要知道元件的名称，还要知道元件的封装形式。元件的封装可以在设计原理图时指定，也可以在载入网络表时指定。

1. 元件封装的分类

最常见的元件封装有DIP封装和芯片载体封装两种。DIP封装属于针脚式封装，芯片载体封装属于SMT（Surface Mounted Technology，表面贴装技术）封装。

(1) DIP封装。DIP（Dual In-line Package）封装是双列直插式封装，如图1.41所示。DIP封装在元件焊接时要先将元件的针脚插入焊盘导通孔，然后再焊锡。由于针脚式元件封装的焊盘和过孔贯穿整个电路板，所以在其焊盘的属性对话框中，PCB层的属性必须为Multi Layer（多层）。

(2) 芯片载体封装。其元件封装的焊盘只限于表面层，在其焊盘的属性对话框中，层属性必须设为单一表面，如Top layer或Bottom layer。图1.42和图1.43都属于SMT封装。

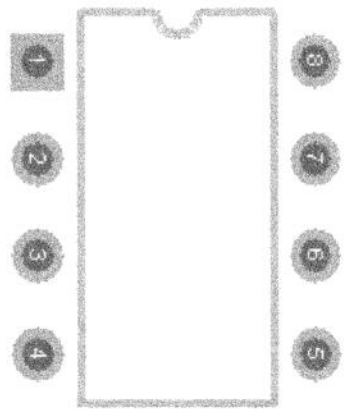

图 1.41　DIP 封装

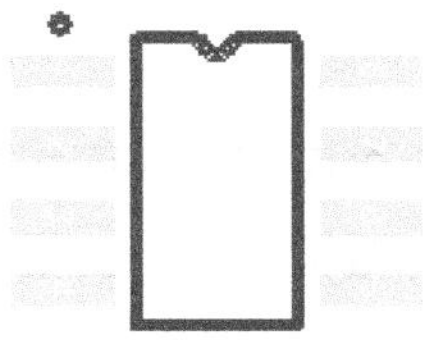

图 1.42　SOP 封装

图 1.43　PLCC 封装

2. 元件封装的编号

元件封装的编号一般为元件类型 + 焊盘距离（焊盘数） + 元件外形尺寸。可以根据元件封装的编号来判别元件封装的规格。

例如，AXIAL-0.4 表示此元件封装为轴状，两个焊盘的间距为 400mil（约 10mm）；DIP16 表示双排引脚的元件封装，两排共 16 个引脚；RB.2/.4 表示极性电容类元件封装，引脚间距为 200mil，元件直径为 400mil。

1.6.3　铜模导线

铜模导线也称铜模布线，简称导线，用于连接各个焊盘，是印制电路板最重要的部分。印制电路板的设计都是围绕如何布置导线来进行的。

与导线有关的另外一种线，常称为飞线，即预拉线，是用来指引布线的一种连线。

飞线只是一种形式上的连线。它只在形式上表示出各个焊盘间的连接关系，并没有电气的连接意义。导线则是根据飞线指示的焊盘间的连接关系而布置的，是具有电气连接意义的连接线路。

1.6.4　层

印制电路板中的“层”不是虚拟的，而是印制板材料本身实实在在的铜箔层。由于电子线路的元件密集安装、抗干扰和布线等特殊要求，一些较新的电子产品中所用的印制板不仅上下两面可供布线，在板的中间还设有能被特殊加工的夹层铜箔。例如，计算机主板所用的印制板材料大多在 4 层以上。上下位置的表面层和中间各层需要连通的地方用“过孔”来沟通。

1.6.5　焊盘和过孔

（1）焊盘（Pad）。焊盘的作用是放置焊锡、连接导线和元件引脚。焊盘是 PCB 设计中最重要的概念之一。选择元件的焊盘类型要综合考虑该元件的形状、大小、布置形式、振动、受力方向等因素。Protel 在封装库中给出了多种不同形状的焊盘，如圆形、方形等。用户还可以自己进行编辑，例如，对发热且受力较大、电流较大的焊盘，可设计成“泪滴状”。

（2）过孔（Via）。为了连通各层之间的线路，在各层需要连通的导线的交汇处钻上一个公共孔，这就是过孔。过孔有 3 种，即从顶层通到底层的穿透式过孔、从顶层通到内层或从内层通到底层的盲过孔、内层间的隐藏过孔。

一般而言，设计线路时对过孔的处理有以下原则：

① 尽量少用过孔，一旦选用了过孔，务必处理好它与周边各实体的间隙，特别是容易被忽视的中间各层与过孔不相连的线与过孔的间隙。

② 需要的载流量越大，所需的过孔尺寸就越大，如电源层和地层与其他层连接所用的过孔就要大些。

1.6.6　丝印层

为了方便电路的安装和维修，在印制电路板的上、下两个表面印上所需要的标志图案和位置代号等，如元件标号和标称值、元件的外廓形状和厂家标志、生产日期等，这称为丝印层。

项目 2

三音电子门铃电路版图设计

2.1 设计任务

三音电子门铃电路原理图如图 2.1 所示。S1 ～ S3 可分别控制注入振荡器 Q1 基极的电流强弱变化。按 S1 时，声音先升高后降低；按 S2 时，声音直接发出后降低；按 S3 时，声音直接发出后直接结束，产生平直效果。画出原理图并设计 PCB。

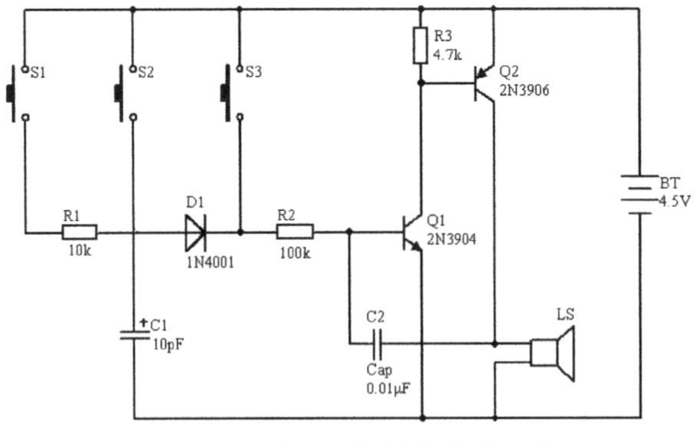

图 2.1　三音电子门铃电路原理图

2.2 新建工程

（1）启动 Protel DXP 2004。

(2) 在 Protel DXP 2004 主界面中，选择“文件”→“创建”→“项目”→“PCB 项目”菜单命令，新建一个工程文件，如图 2.2 所示。

(3) 选择“文件”→“另存项目为”菜单命令，保存工程文件，如图 2.3 所示。

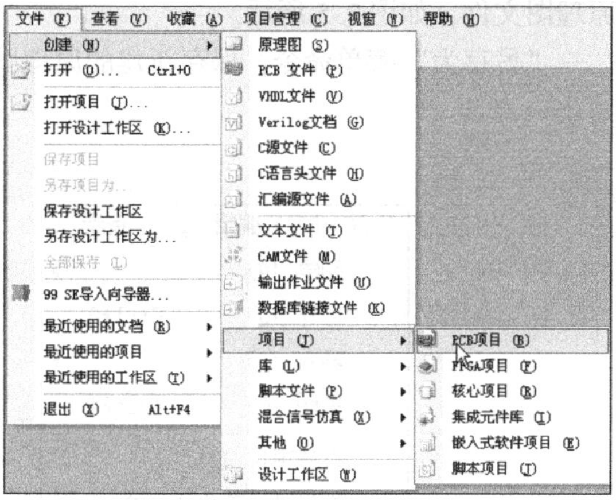

图 2.2　新建一个工程文件

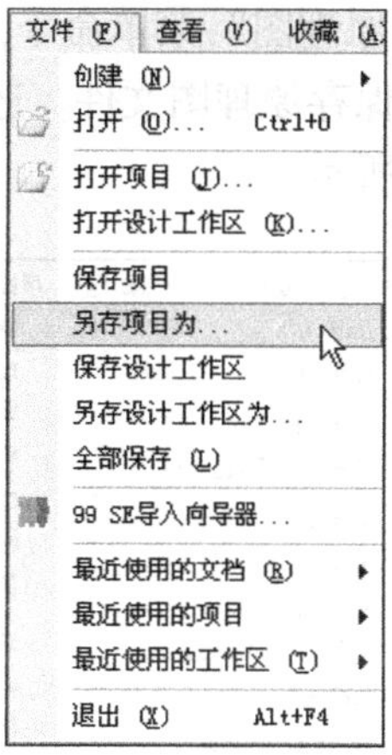

图 2.3　保存工程文件

(4) 执行以上命令后将弹出如图 2.4 所示的对话框。在“文件名”文本框中输入工程文件名“三音电子门铃设计”，然后单击“保存”按钮，将文件保存在“d:\pcb\pcb 实例”文件夹下。(也可以自己设定保存位置，最后是单独建立一个文件夹。)

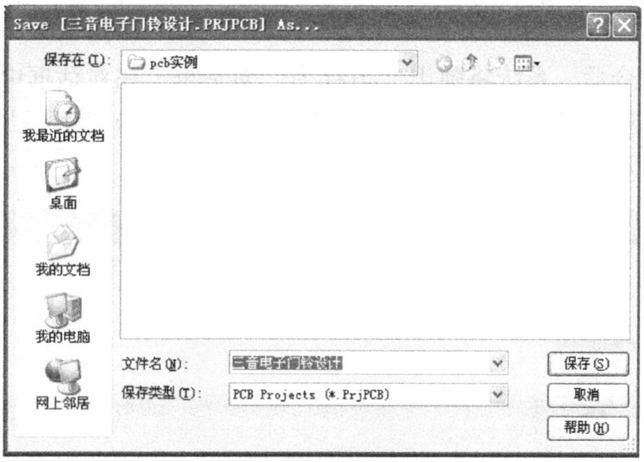

图 2.4　保存工程文件对话框

2.3　原理图设计

原理图设计是整个电路设计的基础，它决定了后面工作的进度。设计一个原理图的工作主要有：设置图纸大小，规划总体布局，在图纸上放置元器件，修改元器件标号、标称值，对元器件进行合理布局、布线，检查电气规则，生成报表，保存及打印输出。

2.3.1 新建原理图文件

(1) 新建原理图文件。在刚建立的工程文件中添加原理图文件，选择“文件”→“创建”→“原理图”菜单命令，新建一个原理图文件，如图 2.5 所示。

(2) 保存原理图文件。选择“文件”→“另存为”菜单命令，保存新建的原理图文件，如图 2.6 所示。

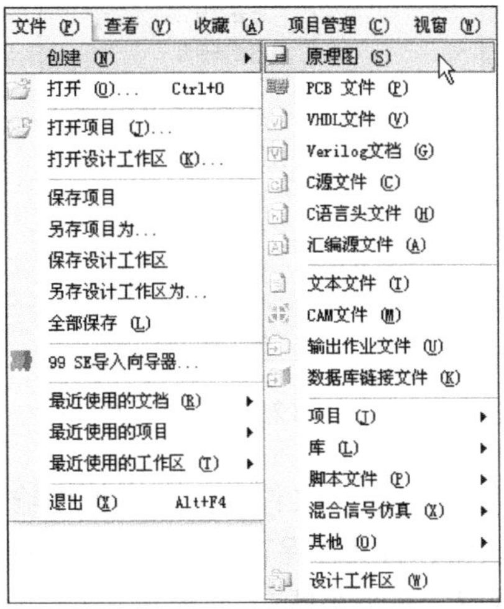

图 2.5 新建一个原理图文件

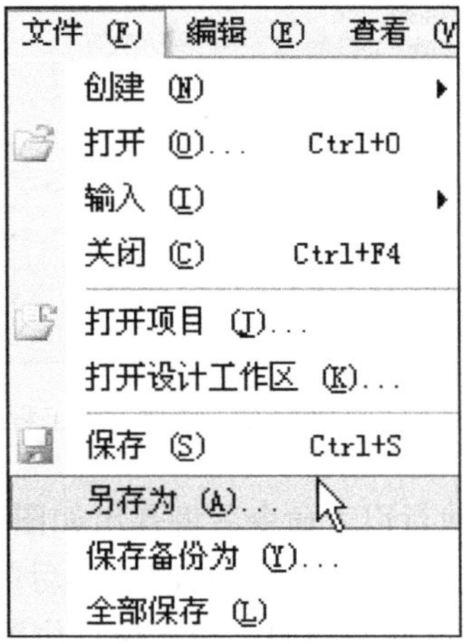

图 2.6 保存原理图文件

(3) 执行以上命令后，系统将弹出“另存为”对话框，在对话框中输入文件名“三音电子门铃设计”，并选择保存路径为“d:\pcb \pcb 实例”，单击“保存”按钮，保存该原理图文件，如图 2.7 所示。

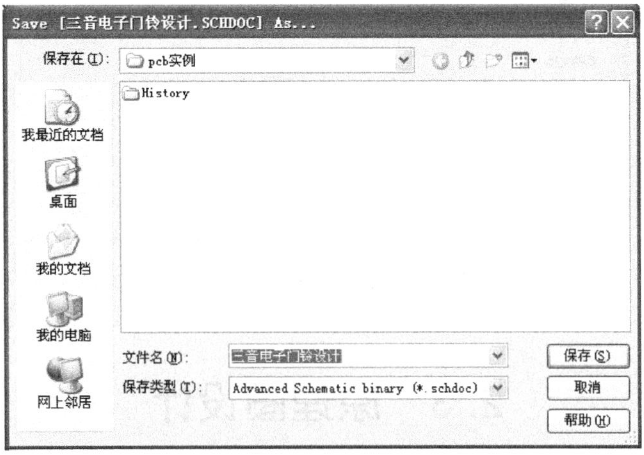

图 2.7 保存原理图文件对话框

至此，完成了工程文件和原理图文件的新建与保存工作，工程文件结构和原理图编辑环境如图 2.8 所示。

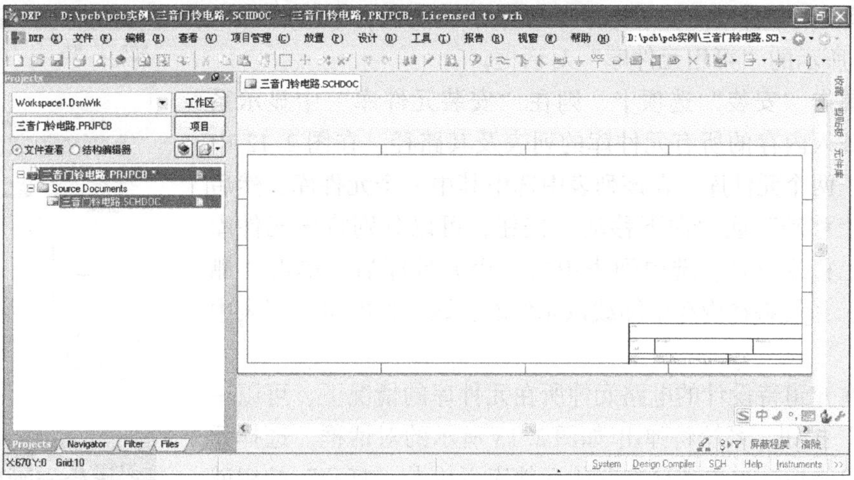

图 2.8　工程文件结构和原理图编辑环境

2.3.2　加载元件库

创建原理图文件后，在开始绘制电路原理图前，要把原理图中所需的元件库装入系统。本系统将各种元器件按一定的方式进行了分类，分别打包成各个元件库。如果一次载入太多的元件库，则会占用较多的系统资源，同时也会降低应用程序的执行效率。因此，只装入必要的元件库即可。装载元件库的过程如下所述。

视频：加载元件库

(1) 在原理图工作区中，选择“设计”→“浏览元件库”菜单命令，如图 2.9 所示，或直接单击图 2.8 右上侧的“工作区”面板标签栏中的“元件库”，如图 2.10 所示，打开“元件库”面板，如图 2.11 所示。

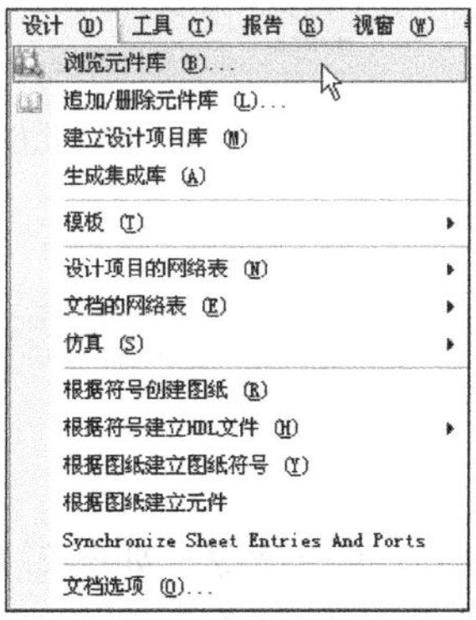

图 2.9　选择“浏览元件库”菜单命令

图 2.10　“工作区”面板标签栏

> **小技巧：**弹出“元件库”面板后，在工作区中单击鼠标，该面板会自动隐藏，如果想让该面板保留在该工作区里，可以单击该面板右上角的 按钮，使它变成 ；再次单击可以回到原来状态。

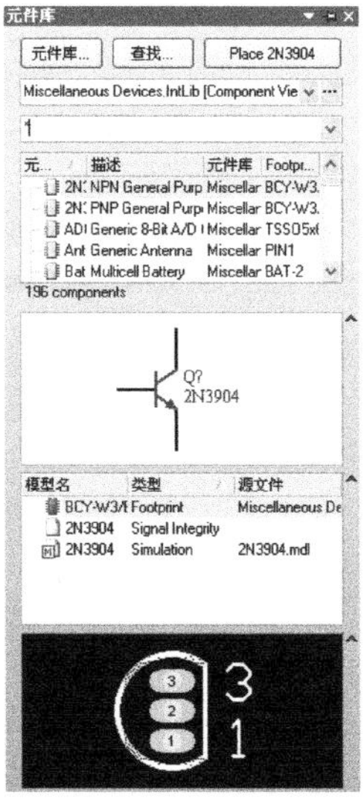

图 2.11 “元件库”面板

(2) 单击“元件库”面板的“元件库”按钮，系统将弹出如图 2.12 所示的“可用元件库”对话框。

(3) 单击“安装”选项卡，则在“安装元件库”中显示系统中已经载入内存的所有元件库的列表及其路径，在图 2.12 中已经安装了两个元件库。在该列表中选中其中一个元件库，然后单击“向上移动”或“向下移动”按钮，可以分别将该元件库在列表中上移或下移。选中列表中的一个元件库后，单击“删除”按钮，系统将在内存中卸载该元件库，该元件库将在列表中消失。

(4) 在知道待设计的电路元件所在元件库的情况下，可以单击“安装”按钮，系统将弹出 如图 2.13 所示的对话框，选择元件库所在目录后，单击需要加载的元件库再单击“打开”按钮就完成了元件库加载工作，本例需要的元件库是 C:\Program Files\Altium2004 SP2\Library 的元件库 Miscellaneous Devices。重复该步骤可以加载多个元件库。加载完后，单击“关闭”按钮完成所有元件库加载工作。本例加载最常用的两个元件库：Miscellaneous Devices 和 Miscellaneous Connectors，如图 2.12 所示。

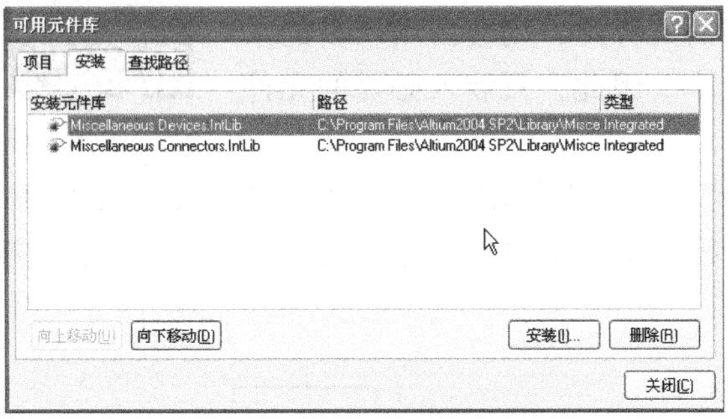

图 2.12 “可用元件库”对话框

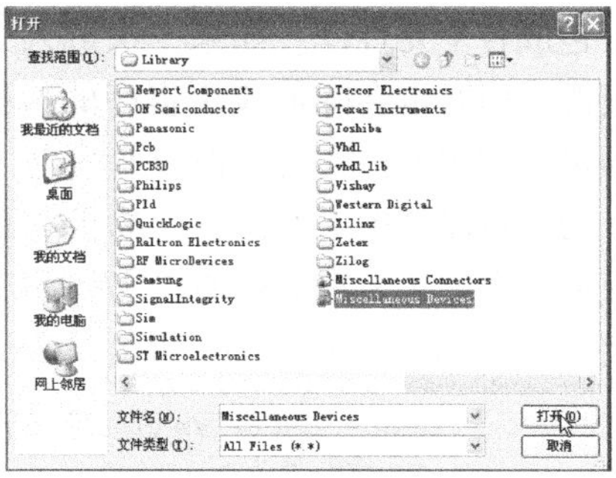

图 2.13 加载元件库

视频：设置图纸规格

2.3.3 设置图纸规格

1. 设置图纸大小

(1) 选择“设计”→“文档选项”菜单命令，如图 2.14 所示；或直接双击原理图工作区边框，或在原理图工作区右击，在弹出的菜单中选择“选项”→“文档选项”，如图 2.15 所示。

(2) 执行上述命令后，系统将弹出如图 2.16 所示的“文档选项”对话框。

(3) 在“图纸选项”选项卡中，如果用户采用标准图纸样式，则可以在该选项卡的“标准风格”下拉列表中选择相应的标准图纸尺寸。本例选择 A4。

(4) 如果用户采用自定义图纸样式，则要选中“自定义风格”选项组中的“使用自定义风格”复选框。此时，自定义图纸样式将被激活，而标准图纸样式呈灰色。在自定义风格中可以设置图纸的任意大小（本例不用）。

图2.14　选择“文档选项”菜单命令方式1

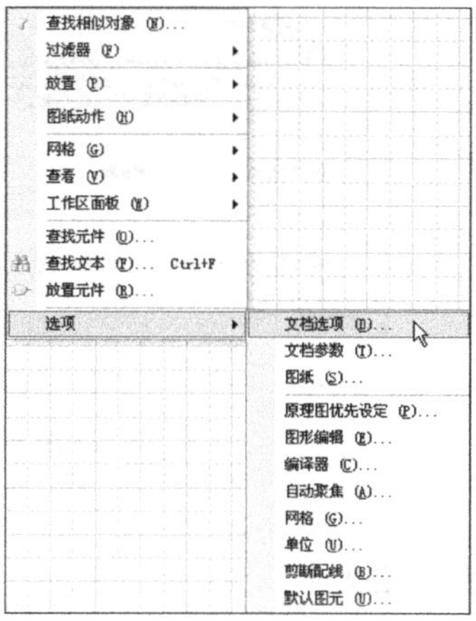

图2.15　选择“文档选项”菜单命令方式2

图2.16　“文档选项”对话框

2. 设置图纸方向

在图2.16中，可以对图纸的方向进行设置，图纸的方向分为横向（Landscape）和纵向（Portrait）两种。在“选项”选项组中的“方向”下拉列表中可以对其进行选择。本例选择横向（Landscape）。

2.3.4　设置原理图编辑器系统参数

1. 选择单位

在“文档选项”对话框的“单位”选项卡中，有英制和公制两种单位供选择，如图2.17所示。选中需要的单位类型的复选框，即可完成单位选择，本例选择“使用英制单位”复选框。

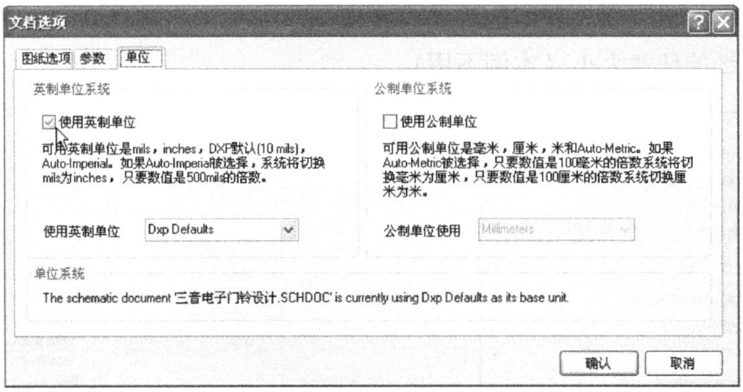

图 2.17 “单位”选项卡

2. 设置栅格大小

（1）在图 2.16 中，选择“网格”选项组中的“捕获”复选框。该复选框用于设置光标的移动间距，选中该复选框表示光标移动时将以此处设置的值作为基本单位移动，系统默认值为 10mil。若不选该复选框，则光标移动时将以 1mil 作为基本单位移动。本例采用默认值。

注意： mil 为英制单位，1 英寸 = 1000mil = 2.54 厘米。

（2）选择“网格”选项组中的“可视”复选框，选中该选项表示网格可视，否则为不可视，其后的数字表示图纸网格间距大小，系统默认为 10mil，本例采用默认值。

（3）若选中“电气网格”选项组的“有效”复选框，则在绘制导线时，系统将以网格范围后所设置的值为半径，以光标所在位置为中心，向四周搜索电气节点。若在该范围内存在电气节点，光标将自动移动到该节点上去。本例采用默认值。

3. 设置图纸选项的其他属性（如图 2.16 所示）

（1）“图纸明细表”。该复选项用于切换是否在图纸上显示标题，若选中则显示标题，如图 2.18 所示，否则不显示。该选项右边的下拉列表中有两种标题栏格式，即“Standard”（标准）格式和“ANSI”（美国国家标准）格式。

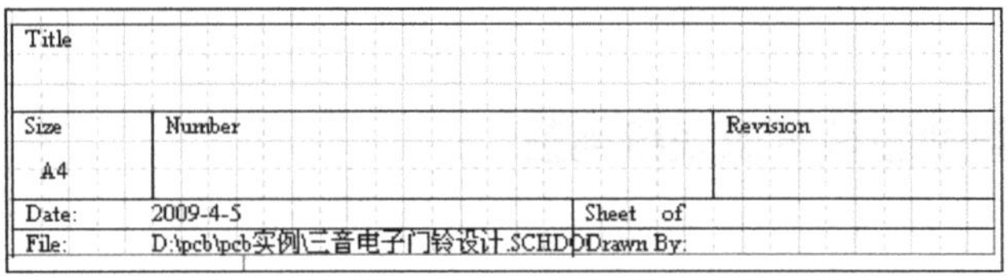

图 2.18 标题

（2）“显示参考区”。该复选框用来设定是否显示索引区。

（3）“显示边界”。该复选框用来设定是否显示边框线。

（4）“显示模板图形”。该复选框用来设定是否显示模板内的图形、文字及专用字串等。

一般是在希望显示自定义的标题区块或公司商标之类才选中该项。

(5)“边缘色”。该选项用来设定边框线的颜色，系统默认为黑色。在右边的颜色框中用鼠标左键单击，系统就会弹出“选择颜色”对话框，可以通过它来选择新的边缘色。

(6)“图纸颜色”。该选项用来设定边框线的颜色，系统默认为白色。在右边的颜色框中用鼠标左键单击，系统就会弹出“选择颜色”对话框，可以通过它来选择新的图纸颜色。

4. 编辑界面的放大、缩小与移动

为了方便用户观察，经常需要对图纸进行放大、缩小或移动操作。按 PageUp 键，可以光标所在位置为中心进行界面放大；按 PageDown 键，可以光标所在位置为中心进行界面缩小。选择“查看”→“放大”菜单命令，可放大图纸，选择“查看”→“缩小”菜单命令，可缩小图纸，如图2.19 所示。

按↑、↓、←、→键，可以上、下、左、右移动图纸，单击鼠标右键不放，光标变成“手形”，移动鼠标即可移动图纸。

2.3.5　放置元件

视频：放置元件

加载完元件库后，需要把用到的元件放置到原理图编辑器中，本例用到的元器件有：三极管 2N3904、2N3906、电容 Cap、Cap Pol2、二极管 Diode 1N4001、电阻 Res2、喇叭 Speaker、电池 Battery、按键 SW－PB。下面以放置 2N3904 为例进行介绍。

(1) 打开“元件库”面板，选定元件所在元件库 Miscellaneous Devices. IntLib。在元件列表中选择该元件，或在元件库列表下的文本框中输入该元件名，如图 2.20 所示。

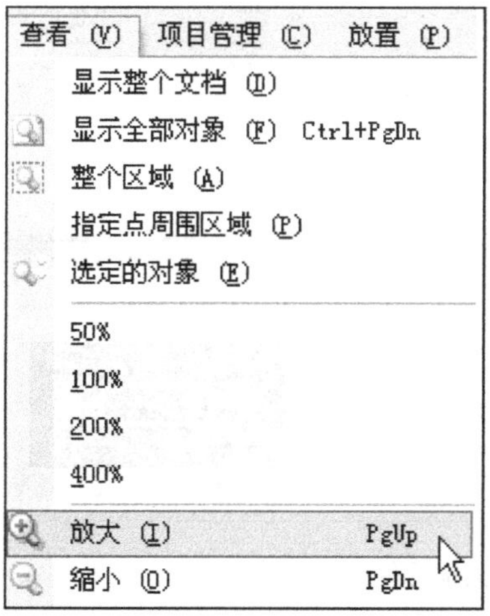

图 2.19　缩放图纸菜单命令

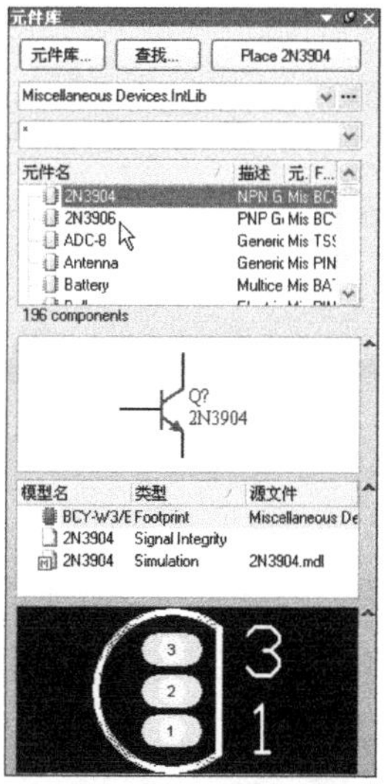

图 2.20　选择元件

(2) 在该列表中选中 2N3904 后，单击“Place 2N3904”按钮或双击该元件，系统将在原理图工作区中显示随鼠标光标移动的 2N3904，如图 2.21 所示。

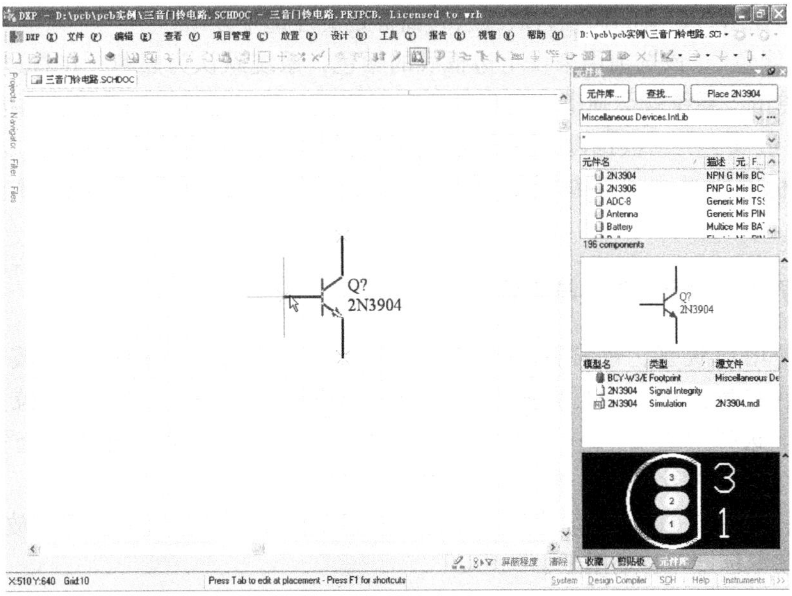

图 2.21　显示随鼠标光标移动的 2N3904

（3）移动鼠标，选择合适位置单击鼠标左键即可放置该元件。放置元件后，还可以继续选择合适位置单击鼠标左键放置同样的元件。若不需要再放置了，则可以单击右键结束。

用同样的方法可以放置其他元件，结果如图 2.22 所示。

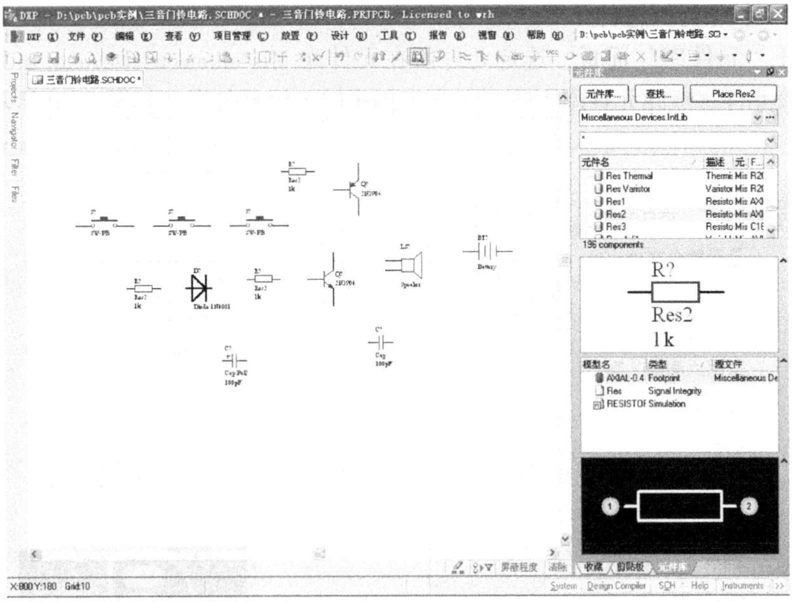

图 2.22　放置其他元件

2.3.6　元件布局

放置好元件后，需要对其进行合理布局，以便连线和读图。元件布局主要有以下操作。

1. 移动元件

用鼠标左键按住元件不放，移动鼠标到合适的位置，放开鼠标左键即可完成操作。

2. 翻转元件

（1）用鼠标左键按住元件不放，按键盘空格键可以实现元件90°翻转，移动鼠标光标到合适的位置，放开鼠标左键即可完成操作。

（2）用鼠标左键按住元件不放，按键盘 X 键可以实现元件水平翻转，移动鼠标光标到合适的位置，放开鼠标左键即可完成操作。

（3）用鼠标左键按住元件不放，按键盘 Y 键可以实现元件垂直翻转，移动鼠标光标到合适的位置，放开鼠标左键即可完成操作。

3. 选择元件

（1）选择单个元件。用鼠标左击即可。

（2）选择多个元件。

① 在合适的位置单击鼠标左键后不放，然后移动鼠标，拉出一个框，则框住的元件就处于选中状态。

② 选择“编辑”→“选择”菜单命令，如图2.23所示。“选择”子菜单有下列命令。

区域内对象：用鼠标框住的框内的对象为选中。

区域外对象：用鼠标框住的框外的对象为选中。

全部对象：全部选中。

连接：执行该命令后，鼠标变成十字形，然后在某条导线上单击，选中与该导线相连的所有对象。

③ 按住 Shift 键不放，然后分别单击各个元件即可选择各个元件。

4. 取消选择

（1）在空白处单击鼠标左键即可取消所有的选择状态。

（2）执行“编辑”→“取消选择”菜单命令，如图2.24所示，“取消选择”子菜单也有几个选项。

5. 删除元件

当放错或多放了元件时，需要把它删除。

（1）左击该元件，该元件处于选中状态，如图2.25所示，然后按 Delete 键或单击图标 ，或执行“编辑”→“清除”菜单命令，如图2.26所示，就可以实现删除该元件。如果选中的是多个元件，用同样的方法可以同时删除多个元件。

（2）执行“编辑”→“删除”菜单命令后，鼠标变成十字形，这时在元件上单击即可删除该元件，如果继续单击其他元件，则可以继续删除其他元件，右击可退出删除状态。

操作完成后，电路如图2.27所示。

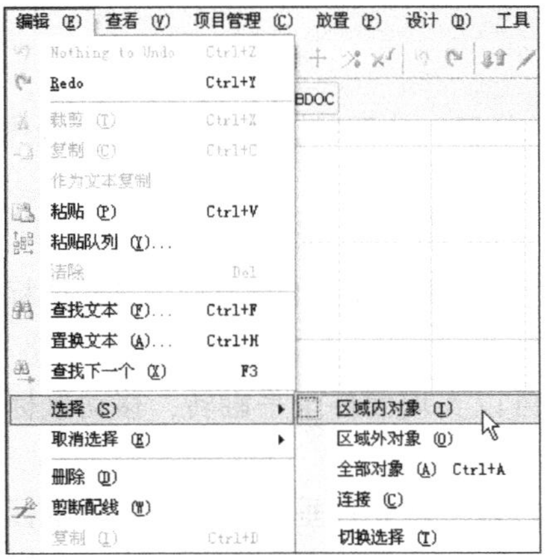

图 2.23　选择菜单命令

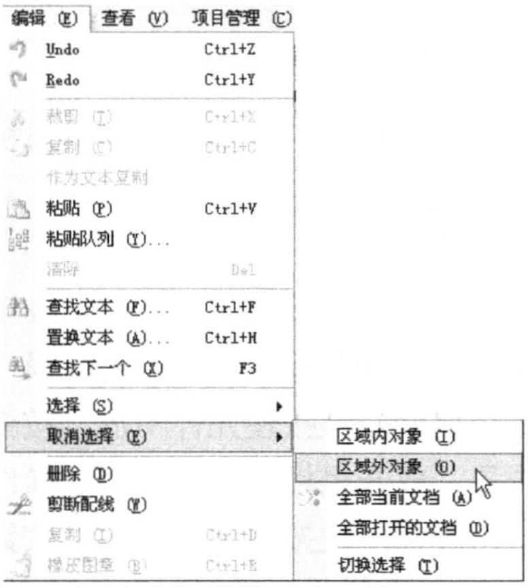

图 2.24　“取消选择”子菜单

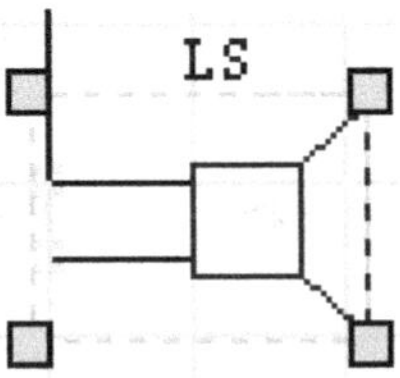

图 2.25　选中元件状态

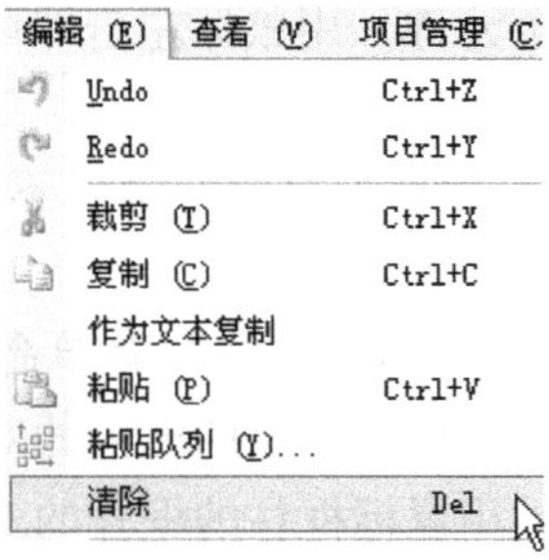

图 2.26　选择“清除”菜单命令

视频：元件布局

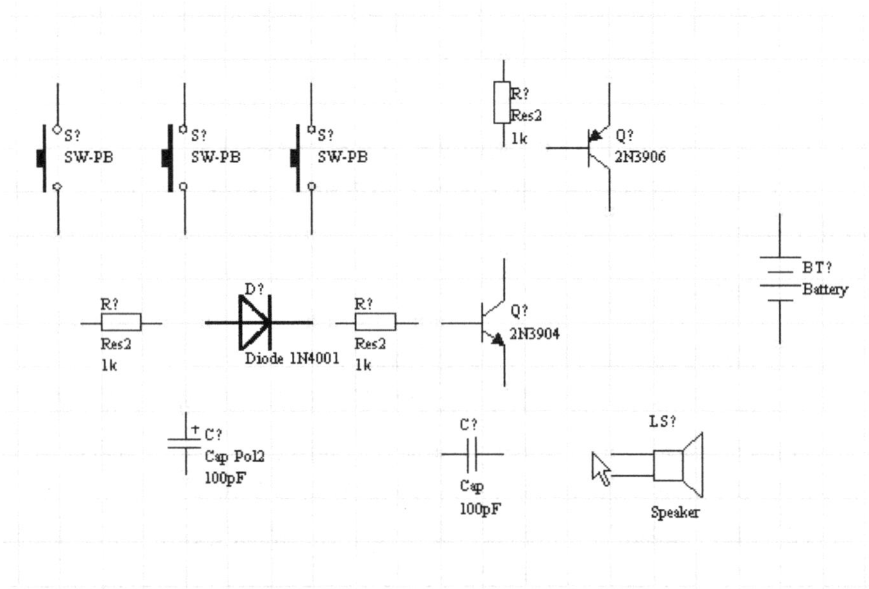

图 2.27　布局好元件后的界面

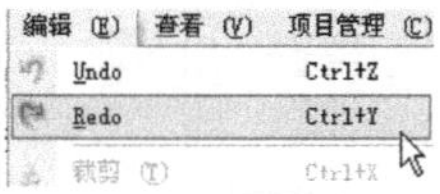

图2.28　“Undo”与“Redo”菜单命令

注意：（1）当不小心进行误操作后，可以通过选择如图2.28所示的“Undo（撤销）”和“Redo（恢复）”菜单命令来恢复。选择“编辑”→“Undo”菜单命令或单击图标，或按Ctrl+Z键可执行撤销操作。选择“编辑”→“Redo”菜单指令或单击图标，或按Ctrl+Y键可执行恢复操作。

（2）Protel DXP 2004提供了很多工具栏可以实现快速操作，具体打开和关闭工具栏的操作是使用“查看”→“工具栏”菜单命令，如图2.29所示。在“工具栏”子菜单的选项左侧单击选中（出现“✓”）或再次单击（取消），便可打开或关闭工具栏。

例如，打开的“配线”和“实用工具”工具栏如图2.30所示。

只要把鼠标光标移到工具栏中的某个工具上不动，就会出现对这个工具的功能的提示。也可以将这些工具栏移到菜单下面，而不独立显示，如图2.31所示。

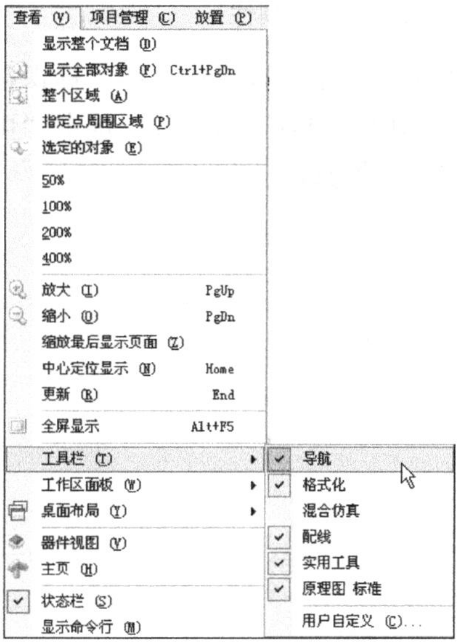

图2.29　“工具栏”子菜单

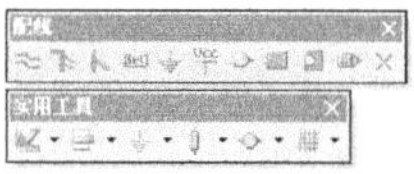

图2.30　“配线”与“实用工具”工具栏

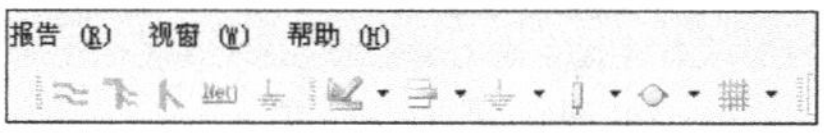

图2.31　部分工具栏

2.3.7　设置元件属性

在原理图中需要对元件的标号、标称值等进行修改，下面说明修改过程。

视频：设置元件属性

（1）用鼠标左键双击电阻，出现如图2.32所示的“元件属性”对话框，将“属性”选项组的“标识符”框中的文字改为R1，选中“可视”复选框，对“注释”框中的内容不做修改，将“可视”复选框改为不选中状态，即在原理图里不显示。将“Value”（标称值）框中的数值改为10k，然后单击“确认”按钮，即可完成对电阻属性的修改。

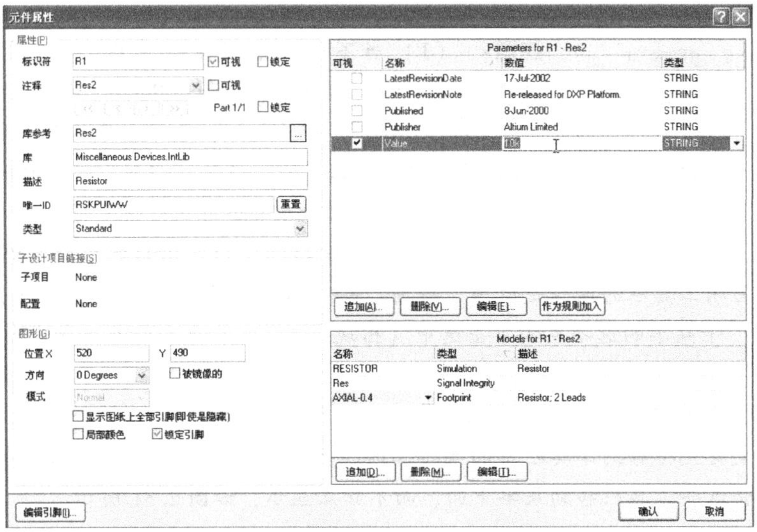

图 2.32　在“元件属性”对话框中修改电阻属性

(2) 左键双击三极管，出现如图 2.33 所示的“元件属性”对话框。将“标识符”框中的文字改为 Q1，选中“可视”复选框，对“注释”框中的内容不做修改，选中“可视”复选框，然后单击“确认”按钮，即可完成对三极管属性的修改。

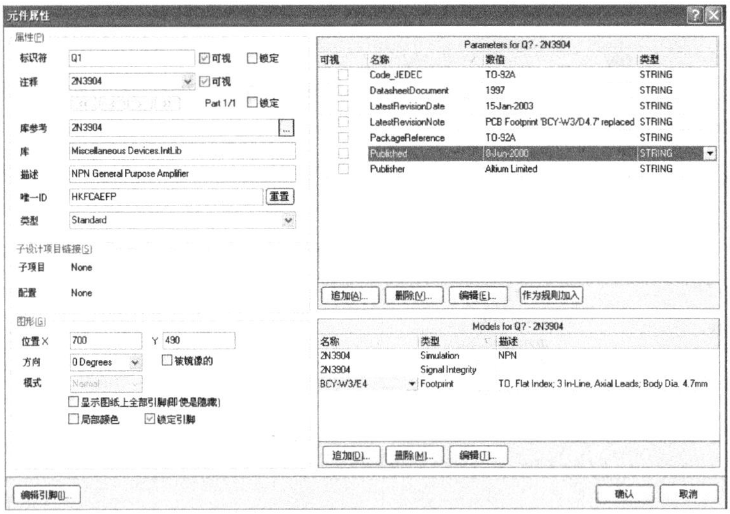

图 2.33　修改三极管属性

按同样的方法修改其他元件属性，得到如图 2.34 所示的原理图。

下面介绍“元件属性”对话框的主要选项。

1. “属性”选项组

(1) “标识符”。元件在原理图中的标识，用于区分原理图上不同的元件。右边的“可视”复选框用来设定该项是否在原理图图纸中显示。最右边的“锁定”用来锁定该项，若选中则锁定，在锁定状态下无法编辑该项。

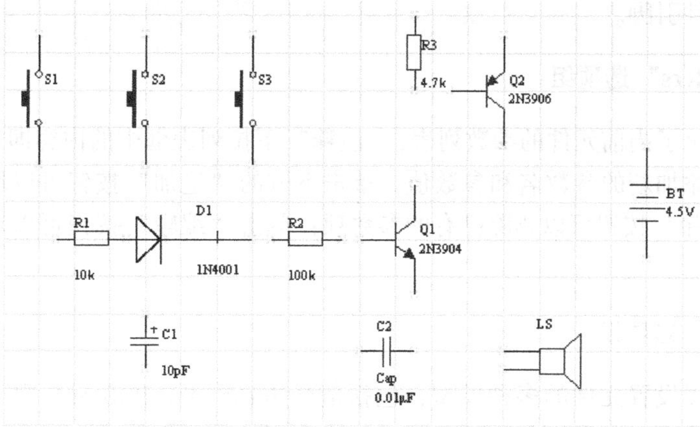

图2.34　修改完元件属性的电路原理图

(2)“注释”。对元件的注释、说明，一般是对元件类型、型号等的设置。右边的“可视”复选框用来设定该项是否在原理图图纸中显示。“≪”、“<”、“>”、“≫”4个按钮，在使用多组件的元件时，用来选择元件的第几个组件（具体内容见后面章节）。最右边的“锁定”用来锁定该项，若选中则锁定，在锁定状态下无法编辑该项。

(3)“库参考”。指示该元件在元件库中的名称。

(4)“库”。指示当前元件所在元件库的名称。

(5)“描述”。描述当前元件的功能。

(6)“唯一ID”。系统给当前元件配置的识别码，在设计文档中是唯一的。

(7)“类型”。指示元件类型，可以从下拉列表中选择。Standard/Standard（NO BOM）表示元件具有标准的电气属性，并且出现/不出现在材料报表中；Mechanical表示元件没有电气属性，但出现在材料报表中；Graphical表示元件不会用于电气错误的检查和同步；Tie Net（in BOM）表示元件短接了两个或多个不同的网络，并且出现在材料报表中。

2.“子设计项目链接”选项组

该选项组显示目标元件是否存在底层设计项目文件，底层设计项目可以是一个可编程的逻辑元件或一张子原理图文件。

3.“图形”选项组

(1)“位置”。X和Y值用来指示元件左上方在图纸中的横坐标、纵坐标，用户可以通过设置X、Y值来改变元件的位置。

(2)“方向”。用来设定元件的旋转角度，可以从下拉列表中选取0°、90°、180°、270°中的一种。右边的“被镜像的”用来选择是否关于X轴对称翻转，选中该项时，元件以其中心轴线为轴左右翻转。

(3)“显示图纸上全部引脚（即使是隐藏）”。选中该项，可查看元件的全部引脚。

(4)“局部颜色”。用来设置元件颜色，选中该项后可以对填充颜色、线条颜色、引脚颜色进行设置。

(5)“锁定引脚”。元件编辑完成后，为了防止引脚属性遭到非法修改或误操作，常选中此项来锁定元件引脚。

4. "Parameters"选项组

该选项组显示了当前元件的参数列表，"注释"下拉列表框中的内容即来源于此。用户还可以根据需要添加新的参数名和参数值。单击下方的"追加"按钮可以增加一个新的参数项，单击"删除"按钮可以删除已有的参数项；单击"编辑"按钮可以对选中的参数项进行修改。

5. "Models"选项组

该选项组可以设置元件的多种模型，包括信号仿真模型、PCB 封装模型及信号完整性模型。具体内容将在后文详细介绍。

视频：放置导线

2.3.8 连接线路

修改完元件属性后，就可进行连线了。

(1) 选择"放置"→"导线"菜单命令，如图 2.35 所示；或依次按 P 键和 W 键执行连线操作（在英文输入法下）；或单击鼠标右键，再选择"放置"→"导线"菜单命令；此外也可以单击原理图工作界面中的≈按钮。

(2) 执行以上命令后，鼠标变为带米字的十字形光标，将光标移到所需位置，光标所带米字变成红色后，单击鼠标左键确定导线的起点，如图 2.36 所示。

(3) 确定导线的起点后，移动鼠标开始画导线，移动鼠标到合适位置，单击鼠标左键确定该导线的终点，如图 2.37 所示。

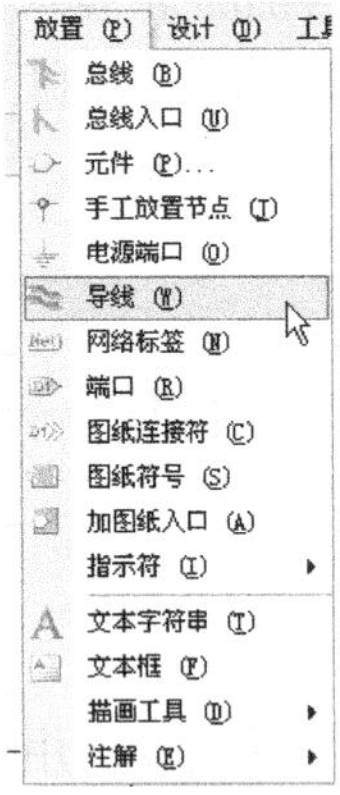

图 2.35 放置导线菜单命令

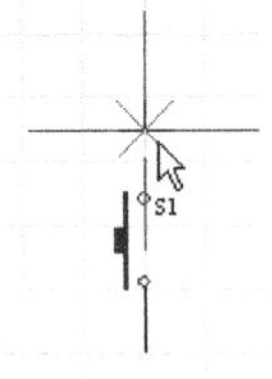

图 2.36 确定导线的起点

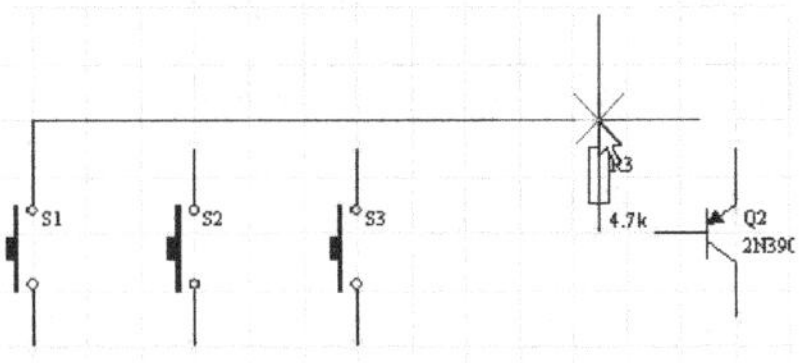

图 2.37 确定导线的终点

完成一条导线的绘制后，程序仍处于绘制导线状态，重复以上步骤可以继续绘制其他导线。绘制完后，右击或按 Esc 键退出连线命令，十字光标消失。

> **注意：**本系统除了可以绘制直线型导线外，还可以绘制 45°拐角和任意角度的倾斜直线，其绘制方法是，在激活画导线命令的状态下，按 Shift + Space 键，系统将随鼠标移动在导线拐角处绘制出相应的导线。

(4) 删除连线。有时画错了连线，需要删除，其删除方法和前面删除元件的方法一样。连完线的原理图如图 2. 38 所示。

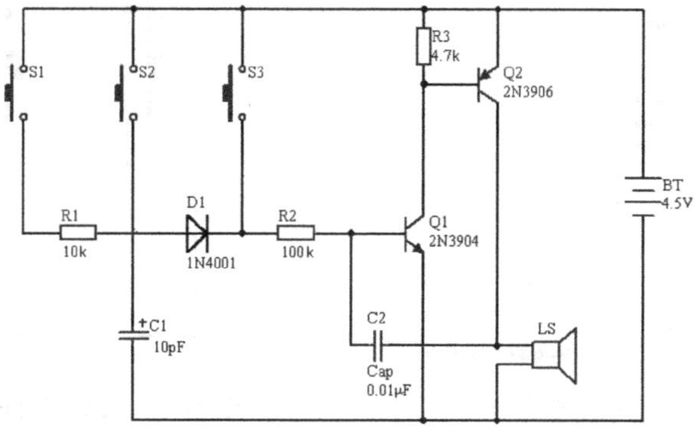

图 2. 38　连完线的原理图

注意： 四条支路的节点在连接好线后会消失。修正的方法是在连接好线后手动放置节点，即按如图 2. 39 所示选择“放置”→“手工设置节点”菜单命令；按如图 2. 40 所示，手工放置节点。双击节点，在“节点”对话框中设置其尺寸和颜色，如图 2. 41 所示。

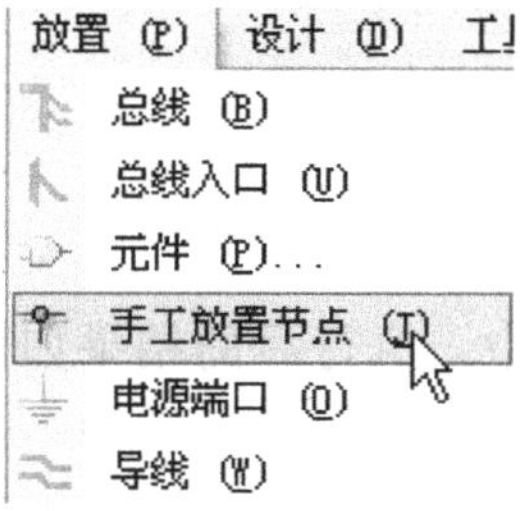

图 2. 39　手工放置节点菜单命令

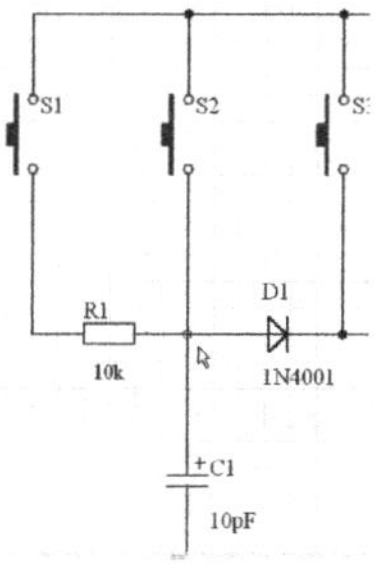

图 2. 40　手工放置节点

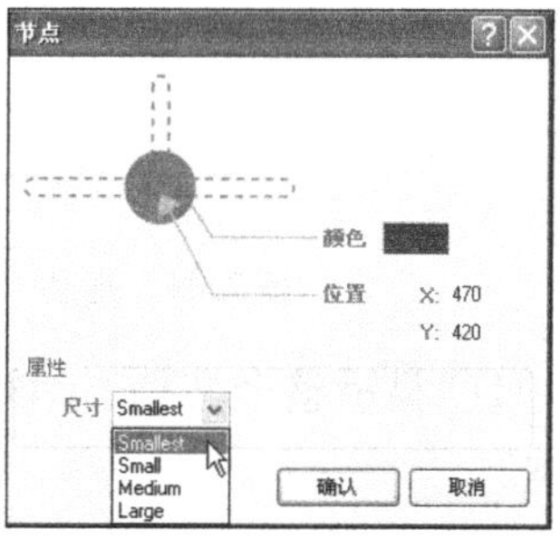

图 2. 41　“节点”对话框

(5) 移动与拖动元件。

① 移动元件。选择“编辑”→“移动”→“移动”菜单命令，如图 2. 42 所示。光标变成十字形，在要移动的元件上单击，然后移动鼠标，就可以移动对应的元件（连线不会跟着移动），如图 2. 43 所示。右击可以取消移动状态。

② 拖动元件。选择“编辑”→“移动”→“拖动”菜单命令。光标变成十字形，在要拖动的元件上单击，然后移动鼠标，就可以拖动对应的元件（连线会跟着移动），如图 2. 44 所示。右击可以取消拖动状态。

注意： 直接用鼠标左击元件不放后移动鼠标，其结果是移动还是拖动操作，与优选设置有关，具体内容在后面介绍。

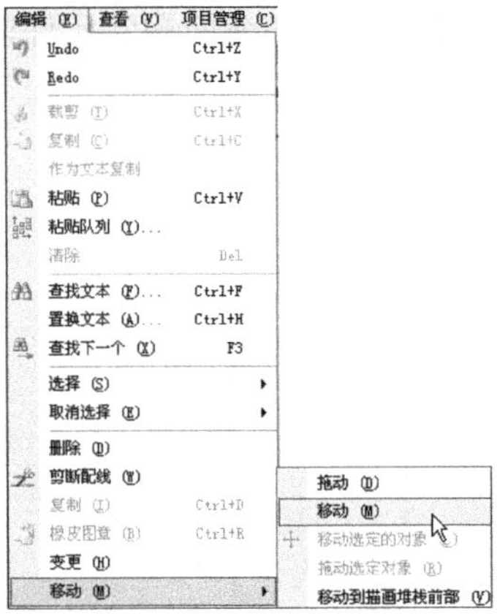

图 2.42　拖动菜单命令

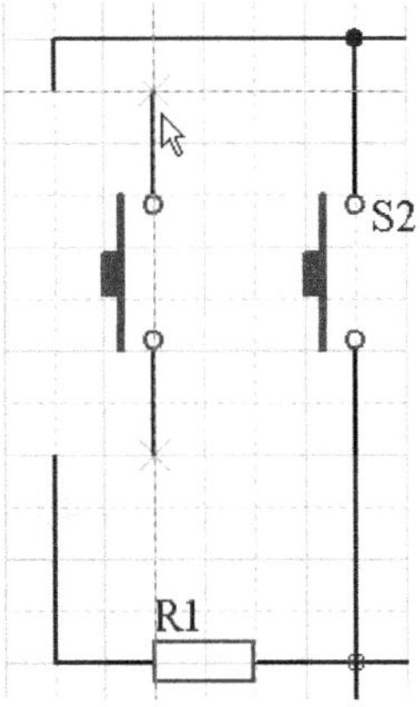

图 2.43　移动元件的结果

(6) 图纸查看方式。如图 2.45 所示，“查看”菜单中有以下选项。

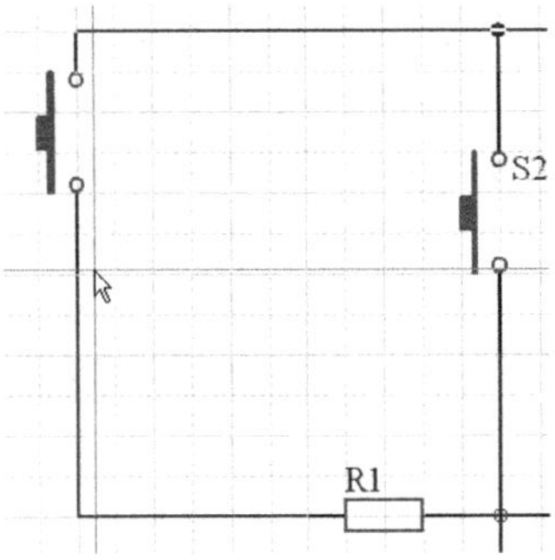

图 2.44　拖动元件的结果

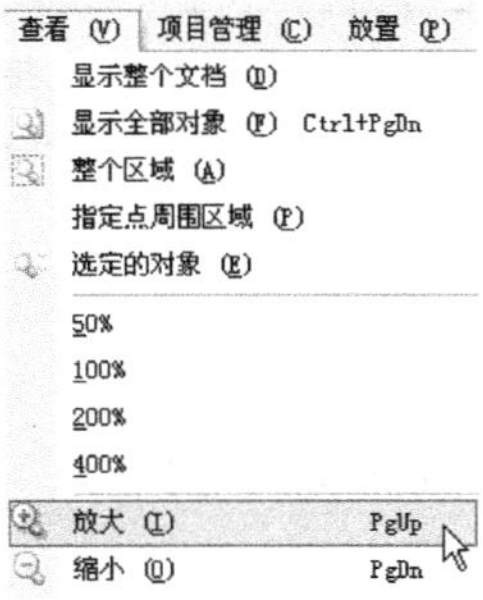

图 2.45　“查看”菜单

①“显示整个文档”。该命令把整张原理图缩放在窗口中，执行后的结果如图 2.46 所示。

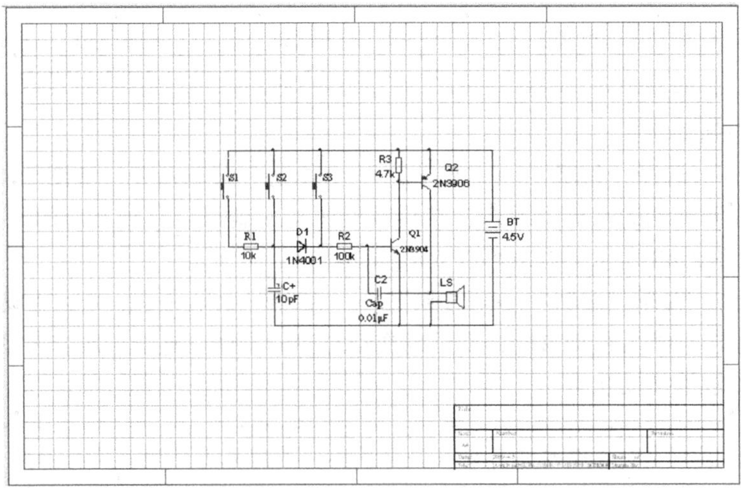

图 2.46　查看整个文档结果

②“显示全部对象”。（也可以直接单击图标）该命令使得绘图区中的图形填满工作区，如图2. 47 所示。

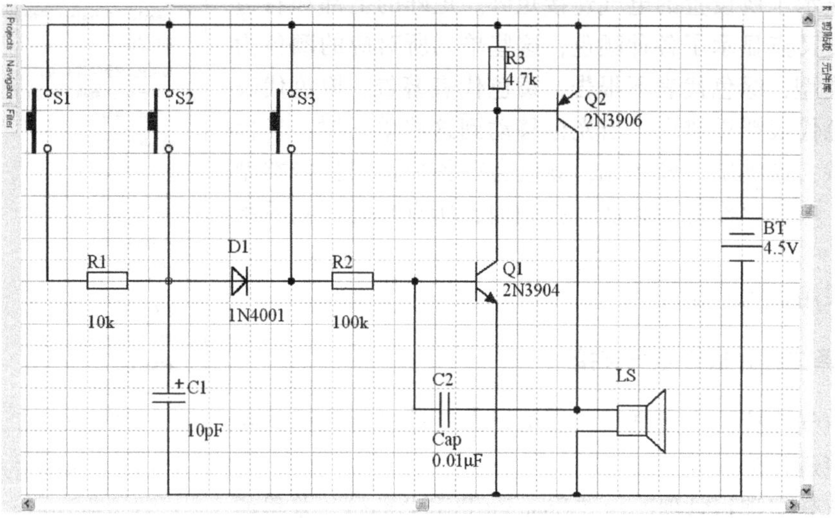

图 2. 47　显示全部对象的结果

③“整个区域”。（也可以直接单击图标）。该命令用来放大用户设定的区域。执行该命令后，光标变成十字形，在合适位置单击以确定区域起点，然后移动鼠标到另外一个位置再单击以确定区域终点，以这两点为对角线确定一个矩形区域的范围。

④ 选定的对象。该命令可以放大所选择的对象。

按 Home 键，可以从原来光标下的图纸位置，移位到工作中心位置显示。

按 End 键，对绘图区的图形进行更新，恢复正确的显示状态。

2. 3. 9　编译原理图

视频：编译原理图并生成网络表

绘制完原理图后，需要对原理图进行编译并对其连接进行检查，检查无误后方能进入 PCB 的设计阶段。通过电气连接检查，可以检查原理图中是否有电气特性不一致的情况，系统会按照用户的设置及问题的严重性分别以 Error（错误）或 Warning（警告）等信息来提醒用户。

1. 设置电气连接检查规则

编译工程是 Protel 设计的一个重要环节。编译前，要对系统的电气连接检查规则进行设置，编译时，系统将根据用户的设置检查整个项目。编译结束后，系统将会提供网络构成、原理图层次、设计错误类型等报告信息。

（1）选择“项目管理”→“项目管理选项”菜单命令，如图 2. 48 所示。

（2）执行该命令后，系统将弹出如图 2. 49 所示的对话框。

（3）在该对话框的“Error Reporting（错误报告）”选项卡中可以设置设计草图的错误报告类型。在“违规类型描述”列表中罗列了网络构成、原理图层次、设计错误类型等信息。在“报告模式”列表中可以设置违反规则的严重程度，即可以设置错误报告类型：无报告、警告、错误和致命错误。

（4）打开“Connection Matrix”（连接矩阵）选项卡。该选项卡中显示了所设置的电气连接矩阵。矩阵的上部和右边所对应的交叉点显示了各种颜色，这些单元所对应的颜色为连接错误类型，绿色代表不报告，黄色代表警告，橙色代表错误，红色代表严重错误。当光标移动到这些单元时，光标变为小手状，连续单击该单元，颜色会在各种错误报告类型之间切换。单击“设置为默认”按钮时，所有单元回到系统默认状态。

本例采用默认设置。

图 2.48 “项目管理选项”菜单命令

2. 编译工程并检查电气连接

完成电气连接检查规则后，就可以对工程进行编译并对其电气连接进行检查了。

（1）选择“项目管理”→“Compile PCB Project”菜单命令，如图 2.50 所示。

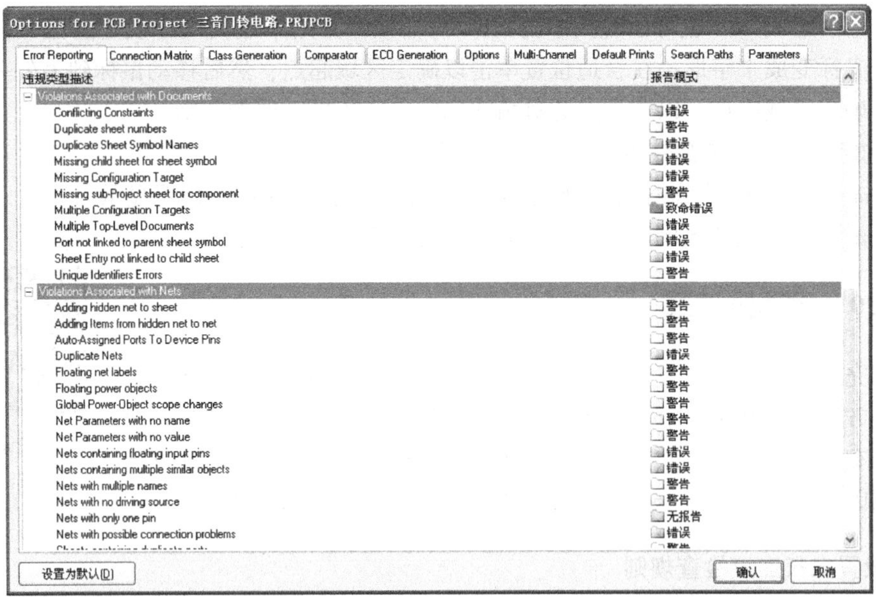

图 2.49 项目管理选项

（2）执行该命令后，系统弹出“Messages”对话框。如果电路没错，该对话框应该是空白的（或不弹出对话框）。如果给出错误报告，则需要检查电路并确认所有导线和连接的正确性。

（3）双击“Messages”对话框中显示的错误，系统将弹出“Compile Errors”对话框，在该对话框中将显示错误信息，根

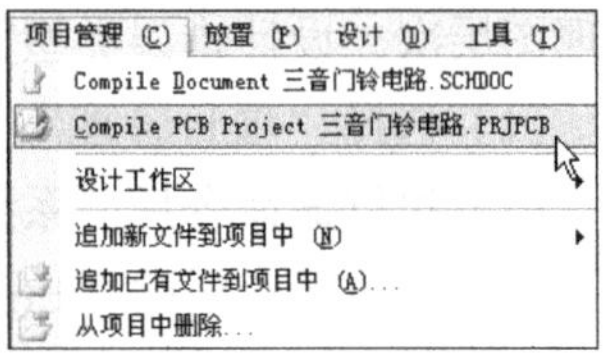

图 2.50 编译工程菜单命令

据这些错误信息就可以方便地对原理图进行修改，一直到没有错误产生为止。

2.3.10　生成报表

1. 生成元件报表

Protel 通过元件报表的方式为元件的组织和管理提供了极大的便利，它主要包括元件的名称、标识、封装等内容。下面介绍元件报表的生成过程。

(1) 在原理图编辑界面中，选择"报告"→"Bill of Materials"菜单命令，如图 2.51 所示。

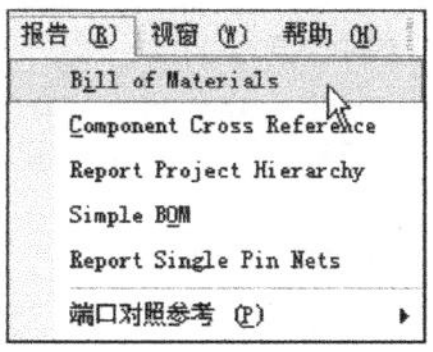

图 2.51　生成元件报表菜单命令

(2) 执行该命令后，系统将弹出如图 2.52 所示的对话框。

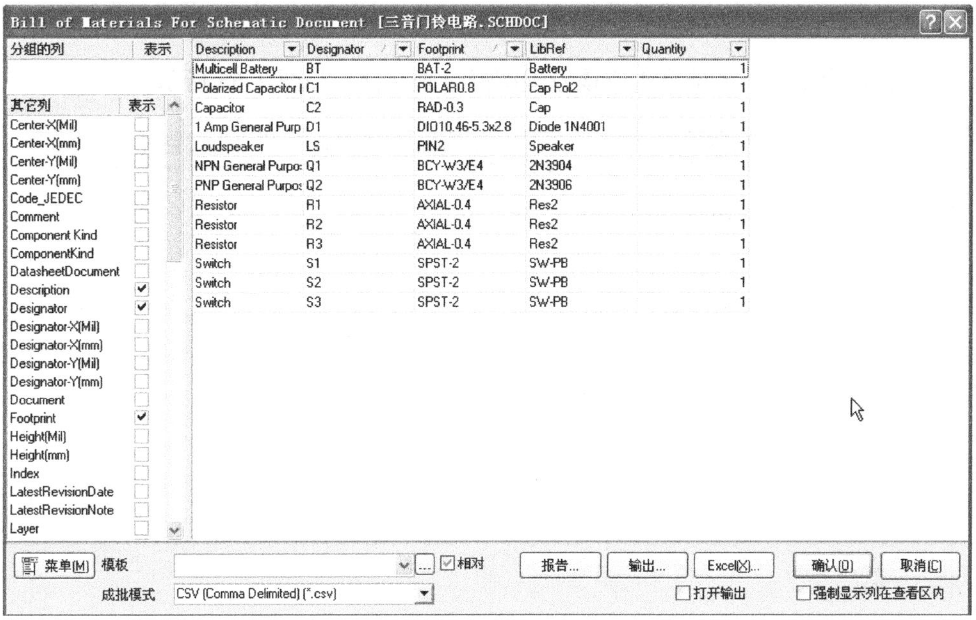

图 2.52　生成元件报表

(3) 在该对话框中单击"输出"按钮，系统将弹出如图 2.53 所示的对话框。在该对话框中选择保存文件的目录和保存类型。本例选择 XLS 类型。也可以在图 2.52 中单击"Excel"按钮，以 Excel 的格式保存元件清单。

2. 生成网络表

生成原理图网络表文件是设计 PCB 的必要步骤，在原理图所产生的各种报表中，以网络表最为重要，其主要内容为原理图中各元件的数据及元件之间的网络连接的数据。由于网络表是纯文本文件，所以用户可以利用一般的文本编辑器自行建立或修改已经保存过的网络表。用手工方式编辑网络表时，必须以纯文本格式进行保存。下面介绍原理图网络表文件的生成过程。

(1) 选择“设计”→“设计项目的网络表”→“Protel”菜单命令，如图 2.54 所示。

图 2.53　保存输出元件报表

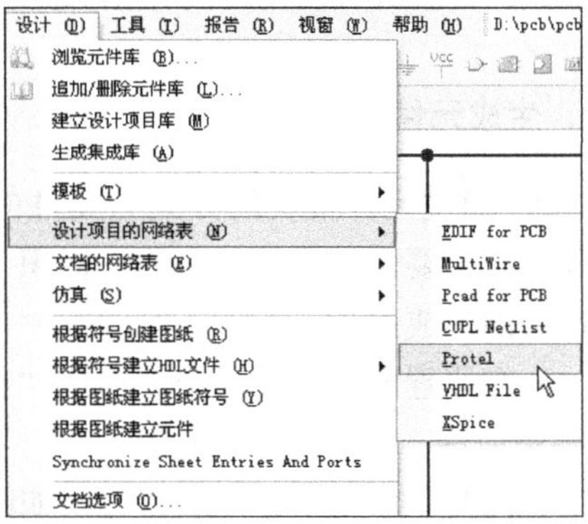

图 2.54　生成网络表菜单命令

(2) 执行该命令后，系统将生成该原理图网络表文件，如图 2.55 所示。

图 2.55　网络表文件

(3) 在生成的原理图网络表文件中可以看到原理图中的元件及其连接状况。本项目原理图网络表文件的内容，如图 2.56 所示。

网络表文件分为两部分：前一部分方括号内描述元件属性参数，包括元件的标号、封装和文本注释；后一部分描述原理图中的电气连接，其标志为圆括号，包括网络名和按字母顺序列出的与该网络标号连接的元件引脚号。

```
[
BT
BAT-2
4.5V

]
[
C1
POLAR0.8
Cap Pol2

]
[
C2
RAD-0.3
Cap

]
[
D1
DIO10.46-5.3x2.8
1N4001

]
[
LS
PIN2
Speaker

]
[
Q1
BCY-W3/E4
2N3904

]
[
Q2
BCY-W3/E4
2N3906

]
[
R1
AXIAL-0.4
Res2

]
[
R2
AXIAL-0.4
Res2

]
[
R3
AXIAL-0.4
Res2

]
[
S1
SPST-2
SW-PB

]
[
S2
SPST-2
SW-PB

]
[
S3
SPST-2
SW-PB

]
(
NetBT_1
BT-1
Q2-1
R3-1
S1-2
S2-2
S3-2
)
(
NetBT_2
BT-2
C1-2
LS-2
Q1-1
)
(
NetC1_1
C1-1
D1-1
R1-2
S2-1
)
(
NetC2_1
C2-1
Q1-2
R2-2
)
(
NetC2_2
C2-2
LS-1
Q2-3
)
(
NetD1_2
D1-2
R2-1
S3-1
)
(
NetQ1_3
Q1-3
Q2-2
R3-2
)
(
NetR1_1
R1-1
S1-1
)
```

图 2.56　网络表文件内容

2.4　PCB 设计

视频：创建 PCB 文件并规划电路板

2.4.1　新建 PCB 文件

在本工程文件中新建 PCB 文件：如图 2.57 所示，选择“文件”→“创建”→“PCB 文件”菜单命令，建立一个 PCB 文件。

如图 2.58 所示，选择“文件”→“另存为”菜单命令，保存新建的 PCB 文件。

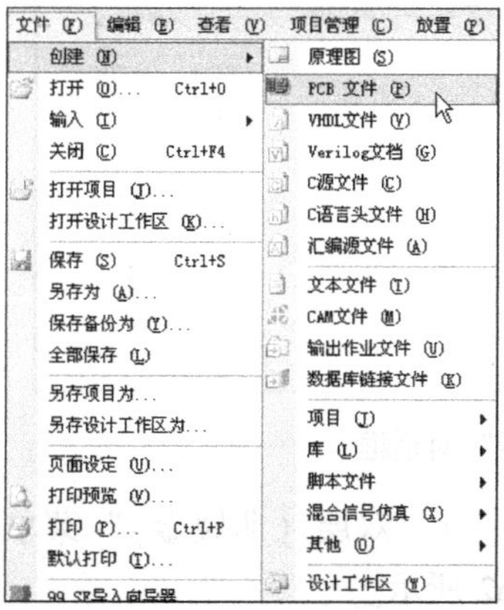

图 2.57　新建 PCB 文件菜单命令

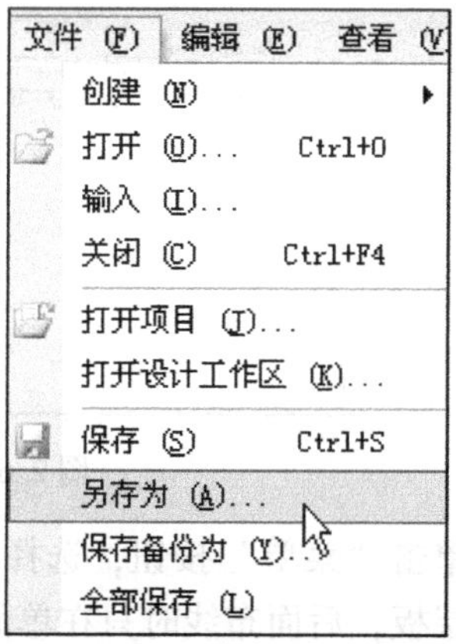

图 2.58　保存 PCB 文件菜单命令

执行以上命令后，系统将弹出如图 2.59 所示的对话框。在“文件名”框中输入“三音电子门铃设计”，并选择保存路径为 d:\pcb\pcb 实例后，单击“保存”按钮，保存该 PCB 文件。

图 2.59　保存 PCB 文件

2.4.2　加载封装库

因为已经在原理图中加了封装库，所以不需要另外再加。

2.4.3　设置 PCB 编辑系统参数

1. 选择结构模板

(1) 单击“设计”→“层堆栈管理器”命令，如图 2.60 所示。

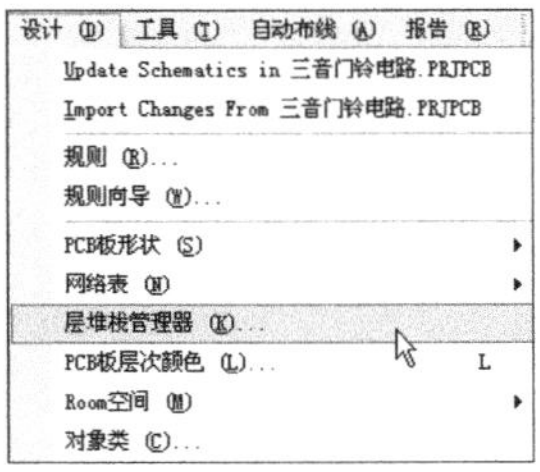

图 2.60　设置层堆栈管理器菜单命令

(2) 执行以上命令后，弹出“图层堆栈管理器”对话框，如图2.61 所示。

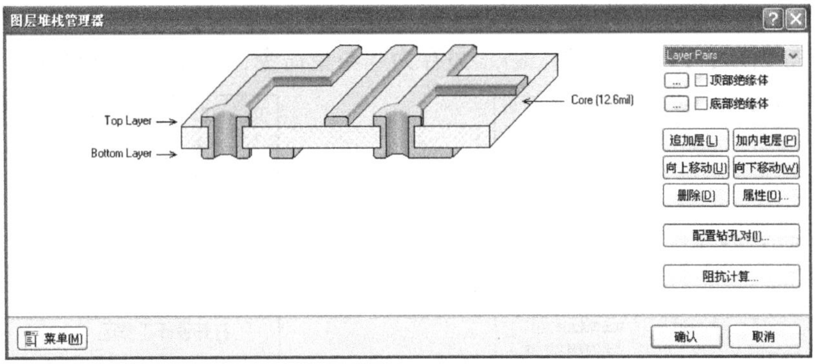

图 2.61　“图层堆栈管理器”对话框

(3) 单击“菜单”按钮，选择“图层堆栈范例”→“双层（非镀金）”菜单命令（本例采用单层板，后面布线时只在单面布线），如图 2.62 所示。

2. 设置环境参数

(1) 选择“设计”→“PCB 选择项”菜单命令，如图 2.63 所示。

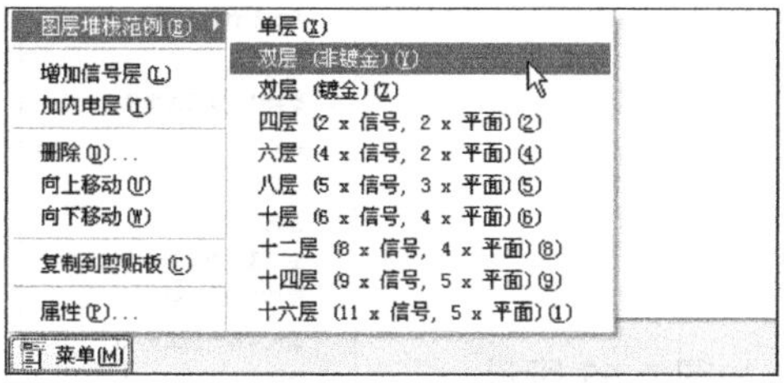

图 2.62　图层堆栈范例菜单命令

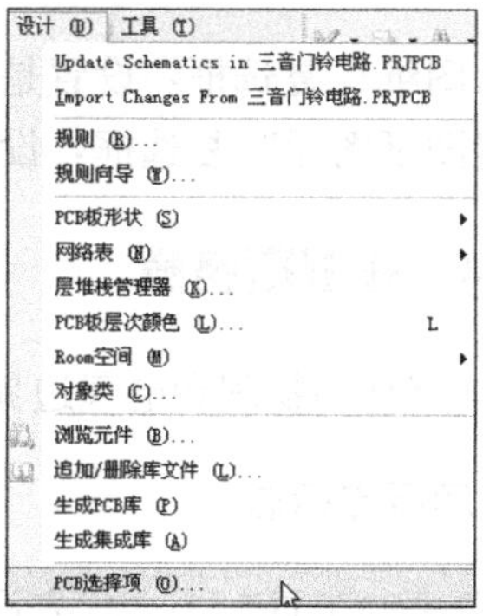

图 2.63　PCB 选择项菜单命令

(2) 执行以上命令后，将弹出如图 2.64 所示的“PCB 选择项”对话框，本例采用默认值。

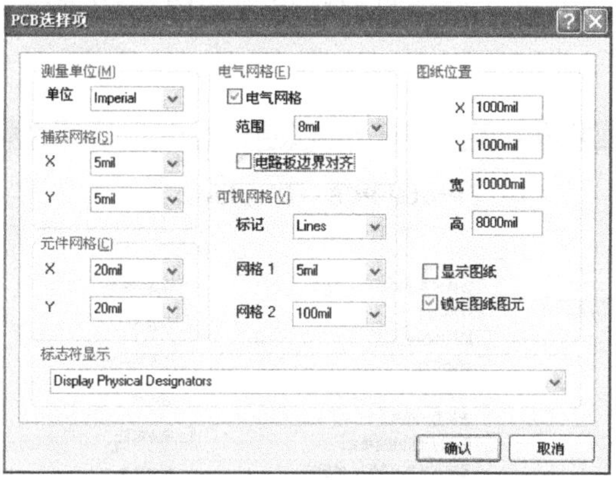

图 2.64　“PCB 选择项”对话框

该对话框中各选项的说明如下。

① 测量单位：选择 PCB 的测量单位，有英制和公制两种。

② 捕获网格：设置 PCB 中光标移动对象时的最小距离。可以直接输入数值，也可以单击右侧的按钮，在下拉列表中选择。

③ 元件网格：设置 PCB 中元件移动的最小距离。可以直接输入数值，也可以单击右侧的按钮，在下拉列表中选择。

④ 电气网格：与原理图的功能一样。

⑤ 可视网格：主要包含以下几项。

“标记”：用来设置可视栅格的类型，有 Lines（线型）和 Dots（点型）两个选项。

“网格 1”：第一可视网格。

“网格 2”：第二可视网格。

可视网格可以用做放置和移动对象的可视参考，一般可以分别设置栅距为细栅距和粗栅距。

⑥ 图纸位置：设置图纸的大小和位置。

“X”/“Y”输入栏：用来设置 PCB 图纸左下角定点的横、纵坐标。

“显示图纸”复选框：设置是否显示 PCB 的图纸。

“锁定图纸图元”复选框：设置是否锁定 PCB 的图纸结构。

2.4.4 规划电路板

设定电路板的物理和电气边界。

1. 显示原点标志

(1) 单击“工具”→“优先设定”菜单命令，如图 2.65 所示。

(2) 执行以上命令后，将弹出如图 2.66 所示的“优先设定”对话框。

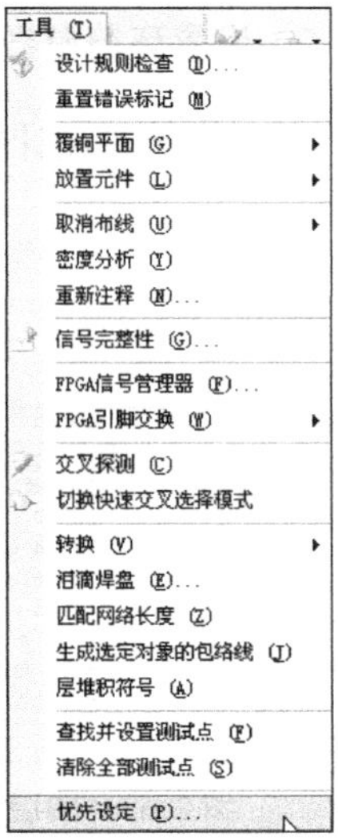

图 2.65 优先设定菜单命令

在该对话框中，选中“表示”选项组中的“原点标记”复选框，然后单击“确认”按钮，在 PCB 设计界面将出现如图 2.67 所示的原点标记，即坐标为 (0.0)。

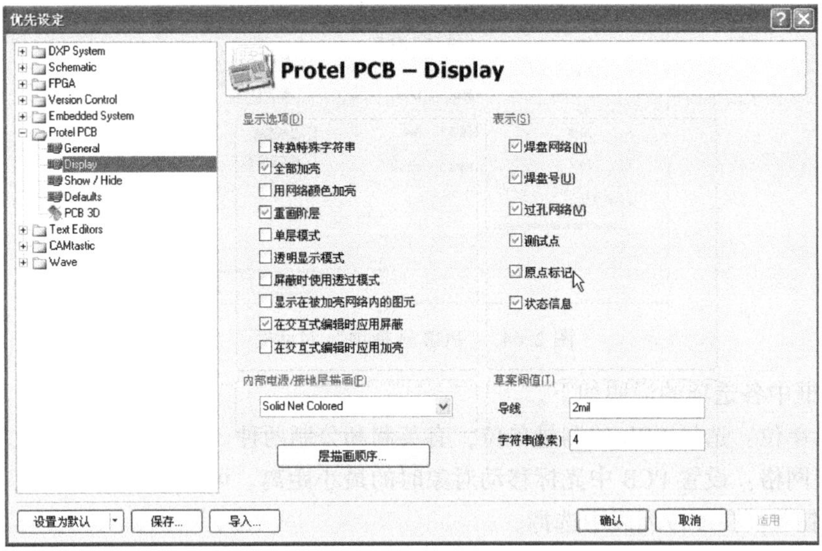

图 2.66 “优先设定”对话框

2. 重设原点标记

单击“实用工具”，在下拉列表中单击“设定原点”图标⊠，如图 2.68 所示，光标将变为带十字的状态，在界面合适处（一般在左下角的栅格上）单击鼠标左键，则设定好新的坐标原点。

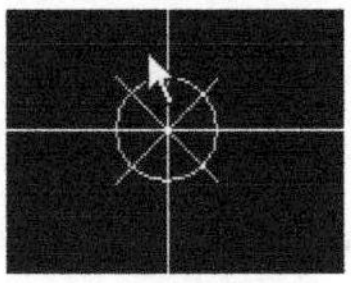

图 2.67　原点标记

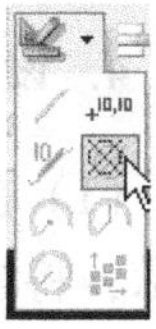

图 2.68　单击“设定原点”图标

3. 设定物理边界

（1）单击“Mechanical 1”标签，选择第一个机械层来确定物理边界，如图 2.69 所示。

图 2.69　单击“Mechanical 1”标签

（2）单击“设计”→“PCB 形状”→“重定义 PCB 形状”菜单命令，如图 2.70 所示。

（3）执行以上命令后，鼠标光标变为带十字形状，将光标移动到坐标原点，单击鼠标左键，确定板边起点，移动鼠标依次确定各板边，从而形成一个四边形的电路板。本例设置 1500mil × 1500mil 的电路板，如图 2.71 所示。

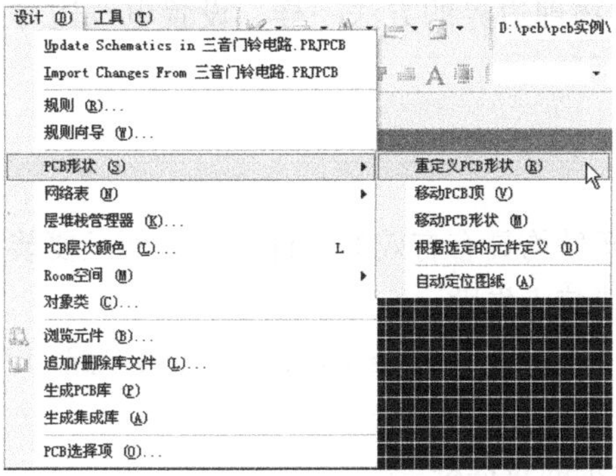

图 2.70　重定义 PCB 形状菜单命令

图 2.71　本例设置的电路板

（4）单击“放置”→“直线”菜单命令，如图 2.72 所示，或单击“实用工具”中的按钮，或分别按键盘 P 键和 L 键，激活绘制导线命令，在 Mechanical 1 中绘制电路板矩形边框，绘制好的电路板边框如图 2.73 所示。

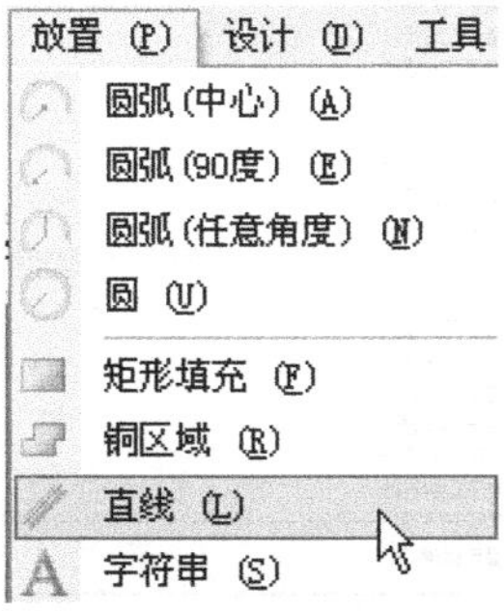

图 2.72　放置直线菜单命令

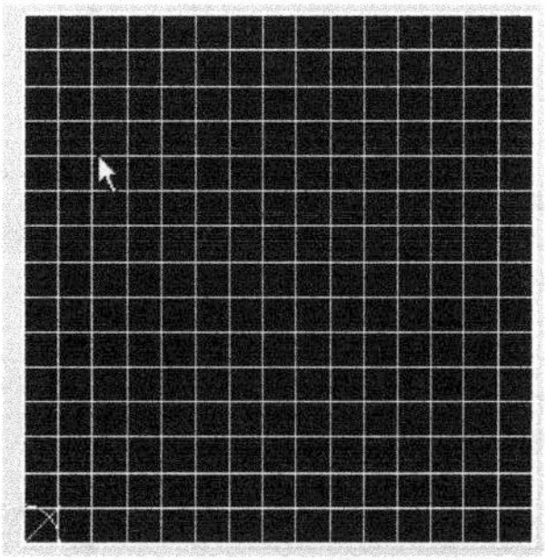

图 2.73　绘制好的电路板边框

视频：设置电气边界和加载网络表

4. 设置电气边界

（1）在 PCB 工作界面下方单击“Keep-Out Layer”标签，如图 2.74 所示，将当前工作层设置为“Keep-Out Layer”层。

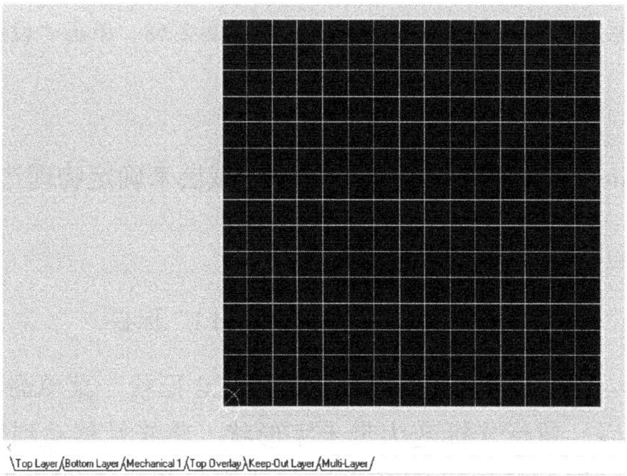

图 2.74　将当前工作层设置为“Keep-Out Layer”层

（2）进入“Keep-Out Layer”层后，与设置物理边界的方法一样，设置电气边界，绘制结果如图 2.74 所示。

2.4.5　加载网络表

在装入网络表和元件封装前，应确保所有元件均具有有效的元件封装，而且要装入该电路所需的元件库，不然会导致网络表和元件封装装入失败。

（1）在 PCB 工作界面中，选择“设计”→“Import Changes From 三音门铃电路. PRJPCB”菜单命令，如图 2.75 所示。

（2）执行以上命令后，将出现如图 2.76 所示的对话框。

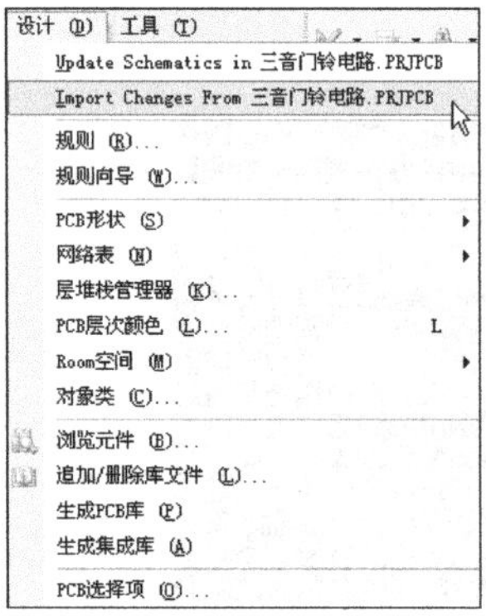

图 2.75　加载网络表菜单命令

图 2.76　“工程变化订单”对话框

(3) 在该对话框中单击“使变化生效”按钮，确定所有元件装入，并检查是否有网络表和元件封装不能装入，确认没问题后单击“执行变化”按钮，装入网络表和元件封装，如图 2.77 所示。

图 2.77　执行变化后的工程变化订单

(4) 单击“变化报告”按钮，可以查看装入的元件封装和网络表，此时系统将弹出“报告预览”对话框，如图 2.78 所示。

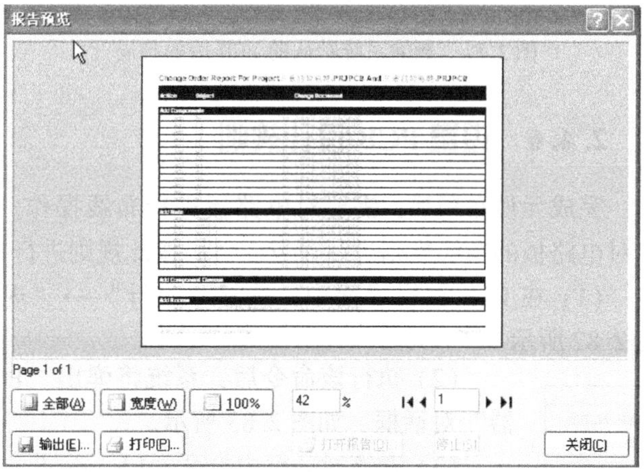

图 2.78　“报告预览”对话框

(5) 单击“关闭”按钮，PCB 工作界面如图 2.79 所示。

此时，元件之间有很多“飞线”，代表对应的两点是需要直接连接的，但还没有真正连接。

(6) 选中系统默认的 PCB 后的布局，如图 2.80 所示，然后单击按钮。

(7) 单击按钮后，鼠标变成十字形状，将光标放入系统默认的 PCB 中，然后单击鼠标，确定删除该 PCB，删除系统默认的 PCB 后的布局如图 2.81 所示。

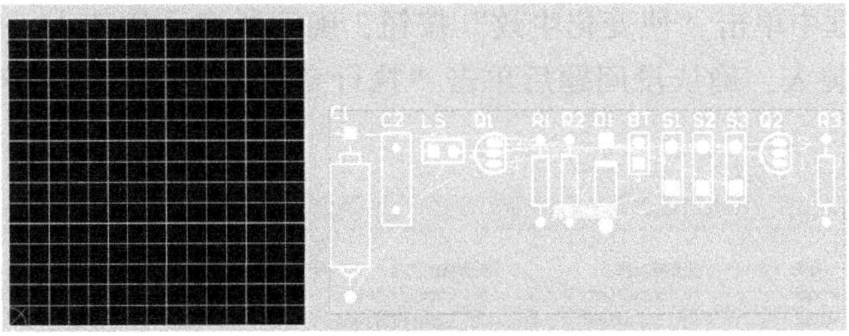

图 2. 79　PCB 工作界面

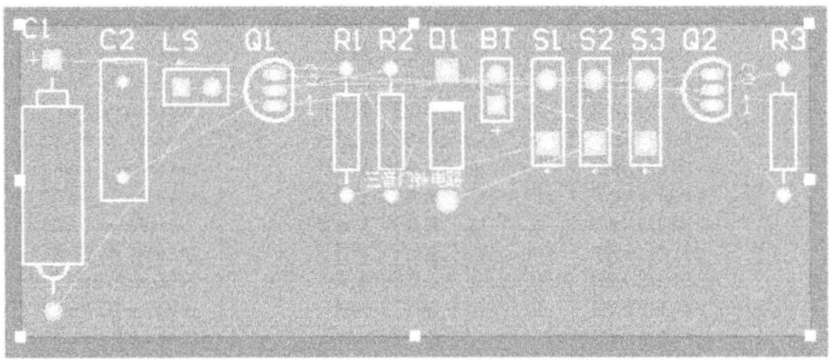

图 2. 80　选中系统默认的 PCB 后的布局

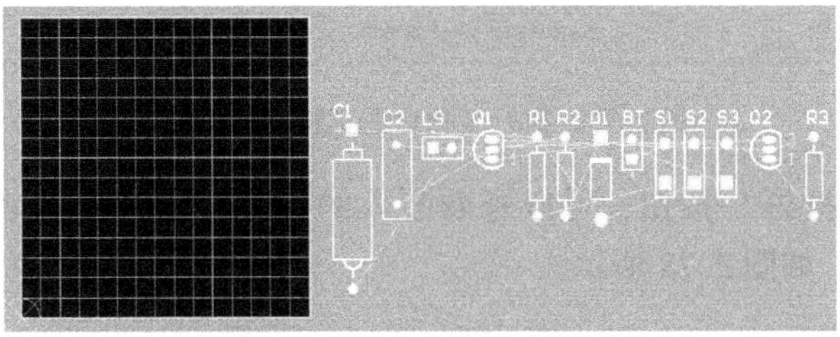

图 2. 81　删除系统默认的 PCB 后的布局

视频：设置 PCB 设计规则

2. 4. 6　设置 PCB 设计规则

完成元件布局后，需要对电路板进行布线操作。通常，在布线前需要对电路板的布线规则进行设置，然后按此规则进行布线。

(1) 在 PCB 编辑界面中，选择“设计”→“规则”菜单命令，如图 2. 82 所示。

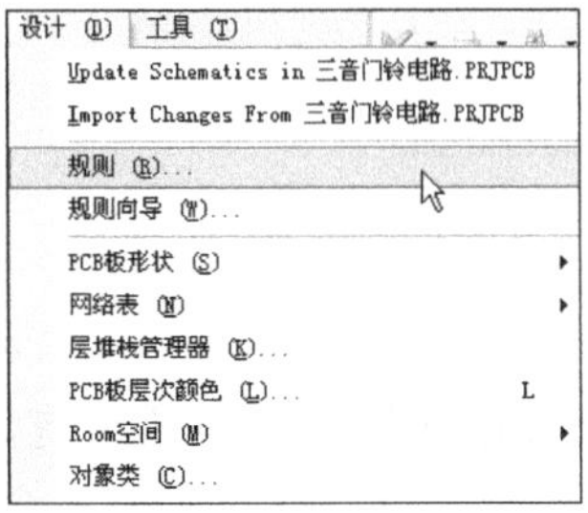

图 2. 82　设计规则菜单命令

(2) 执行该命令后，系统将弹出“PCB 规则和约束编辑器”对话框，如图 2. 83 所示。

(3) 在该对话框中打开“Electrical”（电气特性设置）中的“Clearance”（安全间距设置）选项，如图 2. 84 所示，将“最小间距”设置为 10mil。

(4) 打开“Routing”(布线规则设置) 中的“Width”(布线宽度设置) 选项，如图 2. 85所示。在对话框的“约束”中将“最小宽度”设置为 10mil，“优选尺寸”设置为 30mil，“最大宽度”设置为 100mil。

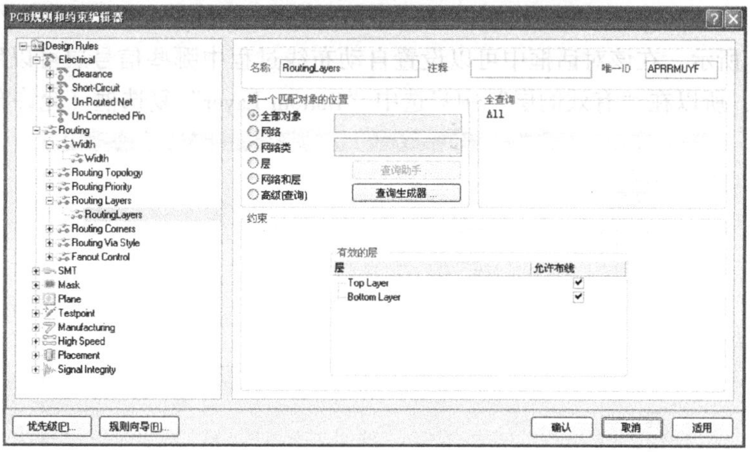

图 2.83　“PCB 规则和约束编辑器”对话框

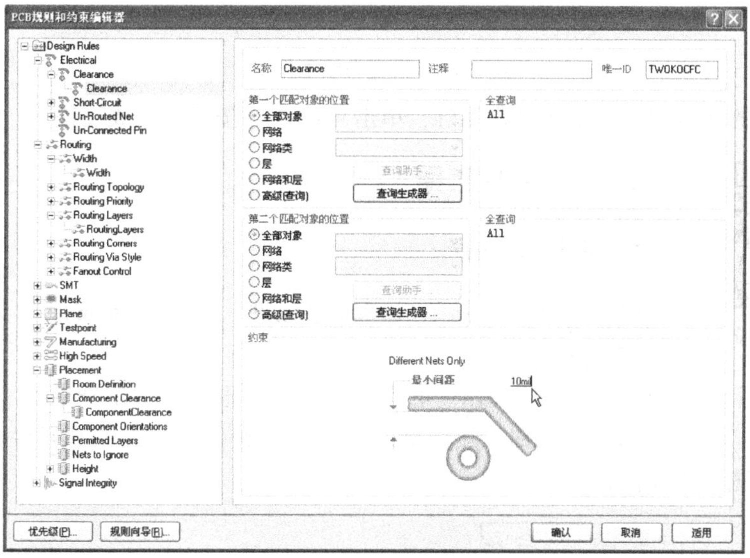

图 2.84　设置安全间距

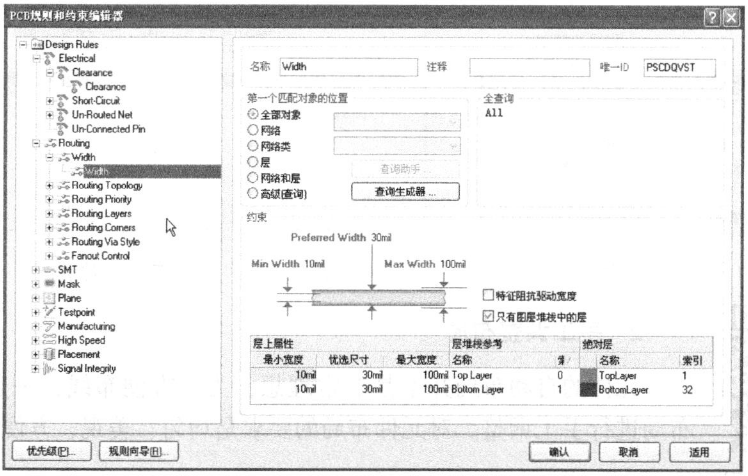

图 2.85　设置布线宽度

(5) 打开“Routing”(布线规则设置) 中的“Routing Layers”(布线工作层设置) 选项，如图 2.86 所示。在该对话框中可以设置自动布线过程中哪些信号层可以用。因为本例只在底层布线，所以在“有效的层”中只选中“Bottom Layer”复选框 (允许布线)。

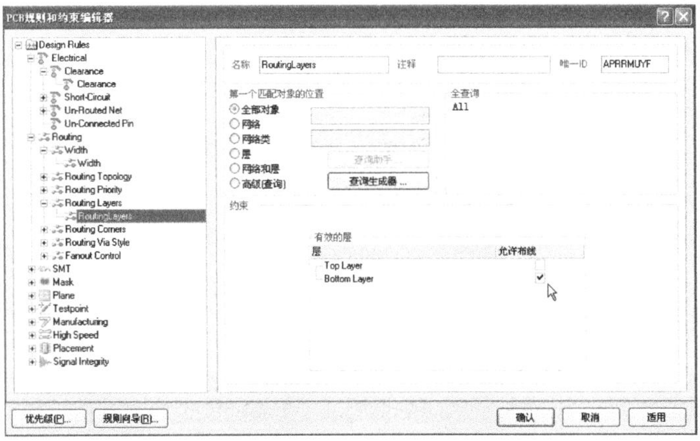

图 2.86　设置布线工作层

(6) 剩下的项目都采用默认设置即可，单击“确认”按钮，完成设置。

2.4.7　元件布局

视频：自动布局

1. 系统自动布局

(1) 选择“工具”→“放置元件”→“自动布局”菜单命令，如图 2.87 所示。

(2) 执行上述命令后，系统将弹出“自动布局”对话框，如图 2.88 所示。

(3) 选中“分组布局”单选钮，然后单击“确认”按钮，系统将对元件自动布局，自动布局结果如图 2.89 所示。

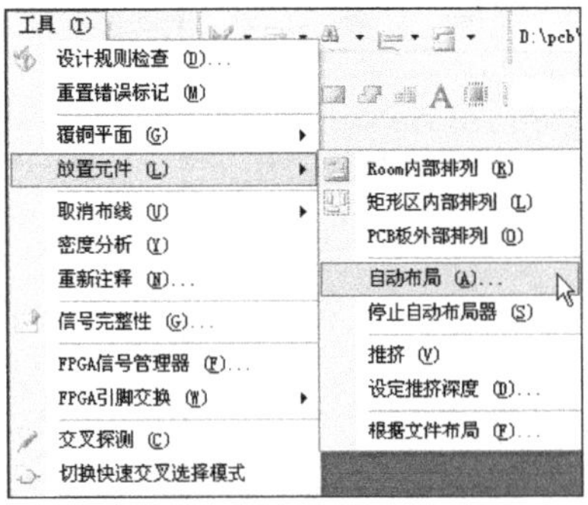

图 2.87　自动布局菜单命令

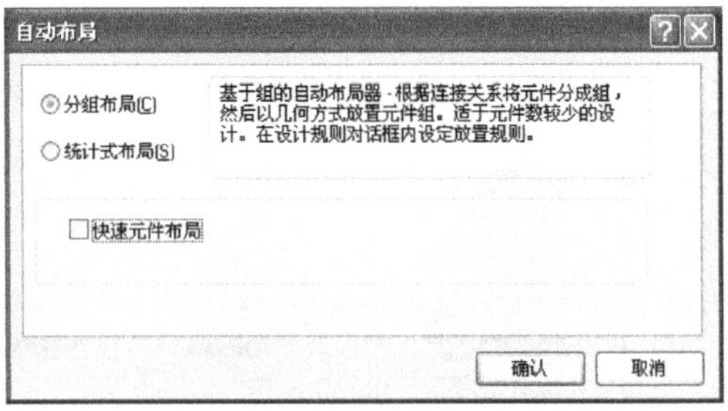

图 2.88　“自动布局”对话框

2. 手工调整布局

元件的自动布局并不是非常理想，为了方便布线，一般还要对元件布局进行手工调整。对元件布局的要求是均匀、美观、方便布线。

视频：手工调整布局

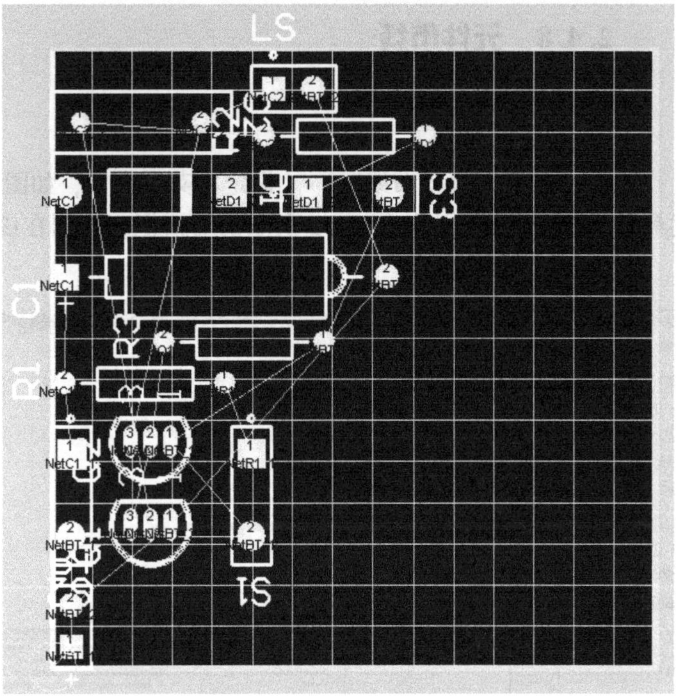

图 2. 89　自动布局结果

(1) 与原理图编辑方法类似，通过选择、移动、翻转元件来实现手工布局。

(2) 修改元件标号到合适的位置和合适的方向。

(3) 手工调整布局后的 PCB 如图 2. 90 所示。

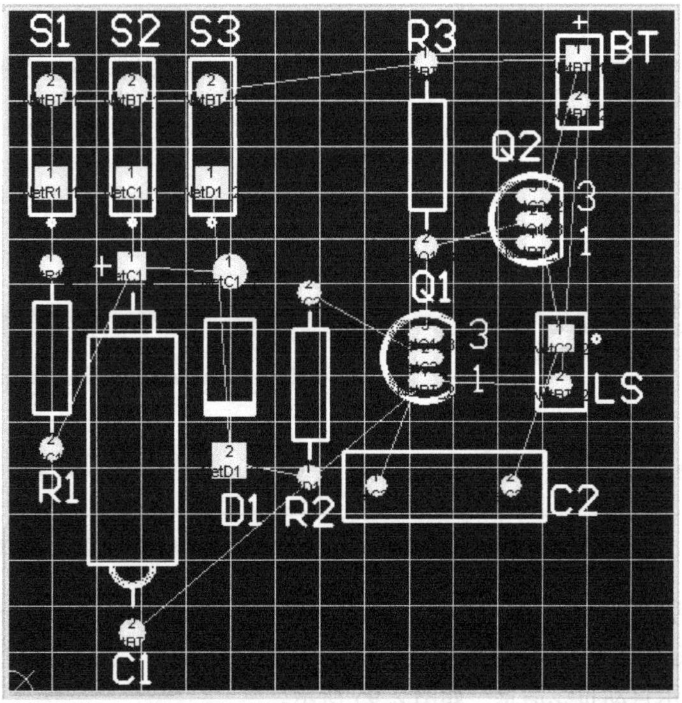

图 2. 90　手工调整布局后的 PCB 结果

2.4.8 元件布线

视频：自动布线

1. 自动布线

(1) 选择“自动布线”→“设定”菜单命令，如图 2.91 所示。

(2) 执行上述命令后，系统将弹出如图 2.92 所示的对话框。本例在该对话框内采用默认设置。

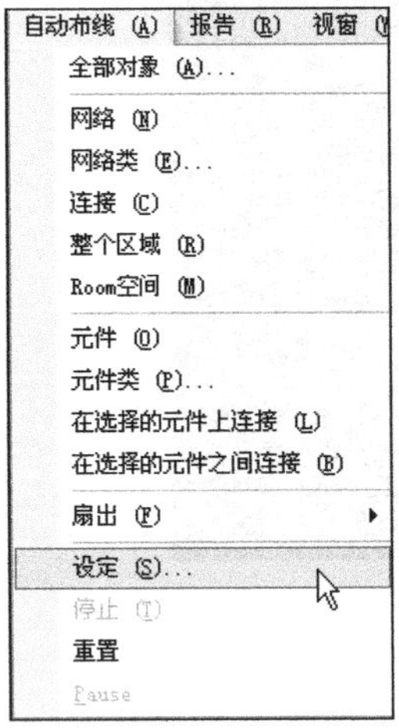

图 2.91 自动布线设定菜单命令

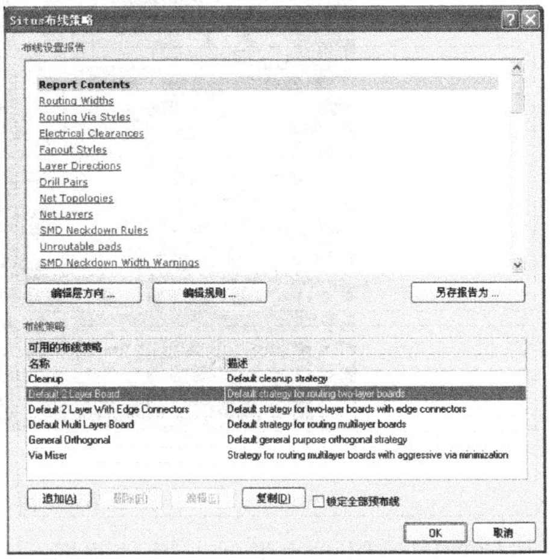

图 2.92 “Situs 布线策略”对话框

(3) 选择“自动布线”→“全部对象”菜单命令，如图 2.93 所示。

(4) 执行以上命令后，系统将弹出如图 2.94 所示的对话框。

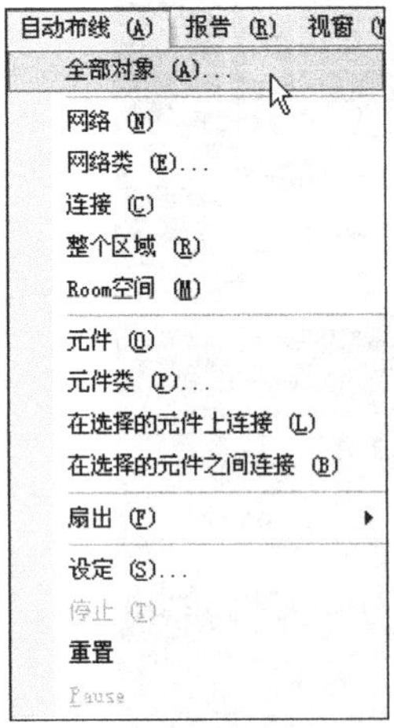

图 2.93 自动布线菜单命令

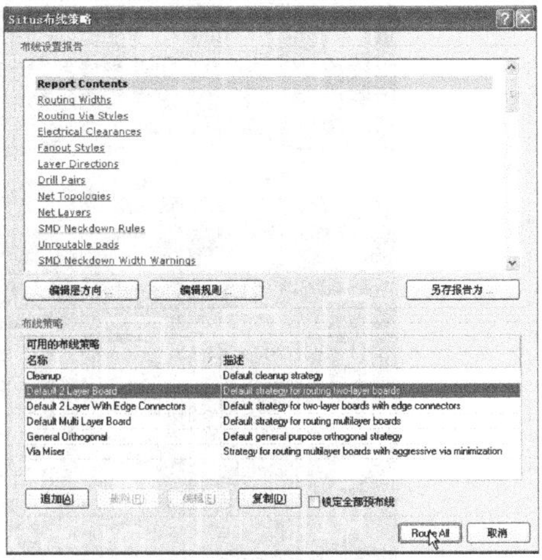

图 2.94 “Situs 布线策略”对话框

(5) 在该对话框中单击“Route All”按钮，确认该布线策略，下面就开始自动布线了。自动布线需要一定时间，根据电路的复杂程度，时间也不同。完成自动布线后，会弹出 Message 窗口，显示自动布线信息，如图 2.95 所示。

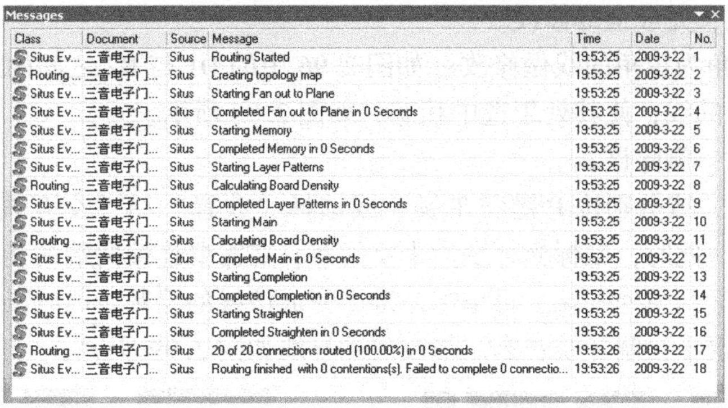

Class	Document	Source	Message	Time	Date	No.
Situs Ev...	三音电子门...	Situs	Routing Started	19:53:25	2009-3-22	1
Routing ...	三音电子门...	Situs	Creating topology map	19:53:25	2009-3-22	2
Situs Ev...	三音电子门...	Situs	Starting Fan out to Plane	19:53:25	2009-3-22	3
Situs Ev...	三音电子门...	Situs	Completed Fan out to Plane in 0 Seconds	19:53:25	2009-3-22	4
Situs Ev...	三音电子门...	Situs	Starting Memory	19:53:25	2009-3-22	5
Situs Ev...	三音电子门...	Situs	Completed Memory in 0 Seconds	19:53:25	2009-3-22	6
Situs Ev...	三音电子门...	Situs	Starting Layer Patterns	19:53:25	2009-3-22	7
Routing ...	三音电子门...	Situs	Calculating Board Density	19:53:25	2009-3-22	8
Situs Ev...	三音电子门...	Situs	Completed Layer Patterns in 0 Seconds	19:53:25	2009-3-22	9
Situs Ev...	三音电子门...	Situs	Starting Main	19:53:25	2009-3-22	10
Routing ...	三音电子门...	Situs	Calculating Board Density	19:53:25	2009-3-22	11
Situs Ev...	三音电子门...	Situs	Completed Main in 0 Seconds	19:53:25	2009-3-22	12
Situs Ev...	三音电子门...	Situs	Starting Completion	19:53:25	2009-3-22	13
Situs Ev...	三音电子门...	Situs	Completed Completion in 0 Seconds	19:53:25	2009-3-22	14
Situs Ev...	三音电子门...	Situs	Starting Straighten	19:53:25	2009-3-22	15
Situs Ev...	三音电子门...	Situs	Completed Straighten in 0 Seconds	19:53:26	2009-3-22	16
Routing ...	三音电子门...	Situs	20 of 20 connections routed (100.00%) in 0 Seconds	19:53:26	2009-3-22	17
Situs Ev...	三音电子门...	Situs	Routing finished with 0 contentions(s). Failed to complete 0 connectio...	19:53:26	2009-3-22	18

图 2.95　显示自动布线信息

(6) 关闭该窗口后得到自动布线的 PCB 结果如图 2.96 所示。

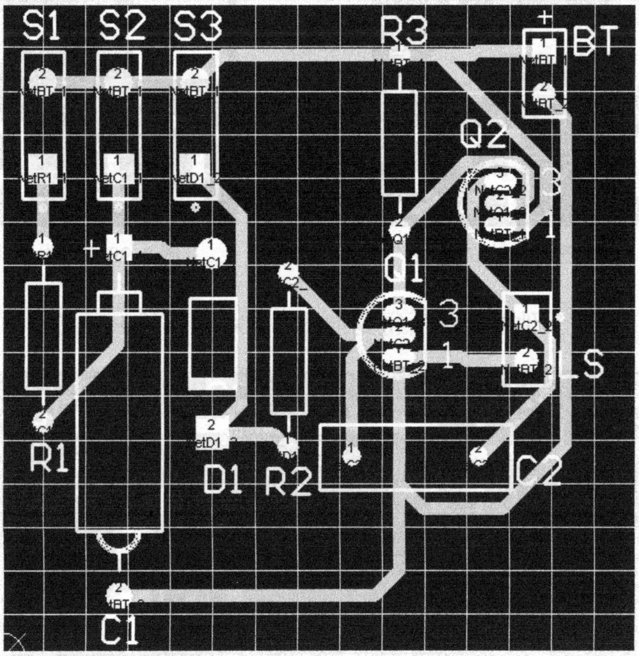

图 2.96　自动布线的 PCB 结果

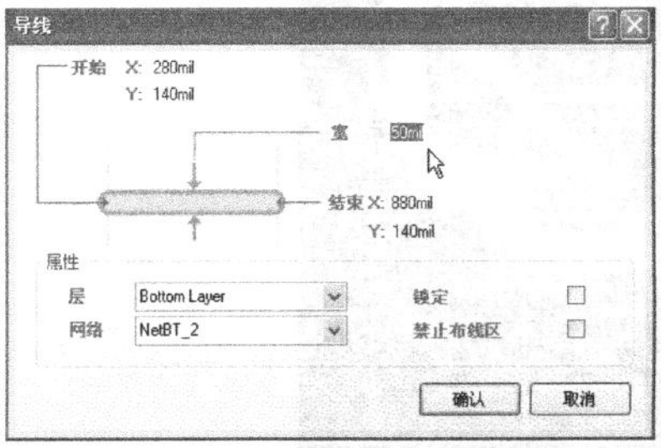

图 2.97　“导线”对话框

2. 手工调整布线

视频：手工调整布线

自动布线的结果经常不能非常令人满意，本例需要对以下线路进行调整。

(1) 把地线宽度改为 50mil（出现高亮报警的地方不修改）。

① 双击其中一根地线，出现如图 2.97 所示的对话框，将“宽”改为 50mil。

② 其他线类似，完成全部修改。

(2) 对原来拐角为锐角的线做修改（如图 2.96 中的 D1 与 R2 之间的连线）。

① 单击要删除的线，使其处于选中状态，如图 2.98 所示。

② 按 Delete 键，删除该线。

③ 单击图标，或分别按 P 键和 T 键，或选择“放置”→“交互式布线”菜单命令，激活绘制导线命令。此时，鼠标光标变为十字形状，在需要连接两端的其中一端单击，确定起点，然后移动鼠标到另外一端，再单击左键，完成该线的绘制。此时鼠标依然处于画线状态，右击鼠标即可退出绘制导线状态。修改后的导线如图 2.99 所示。

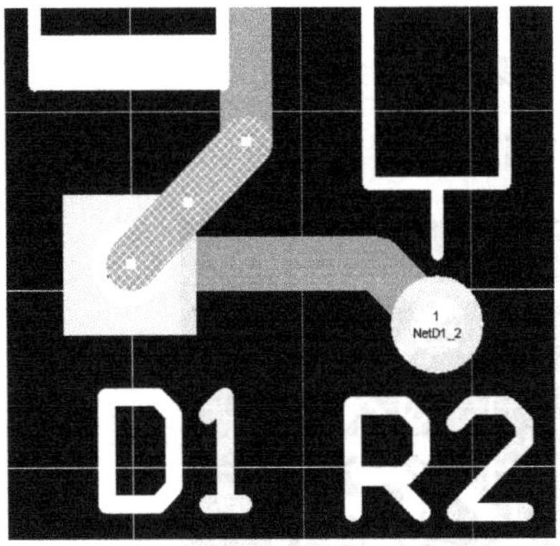

图 2.98　处于选中状态的导线

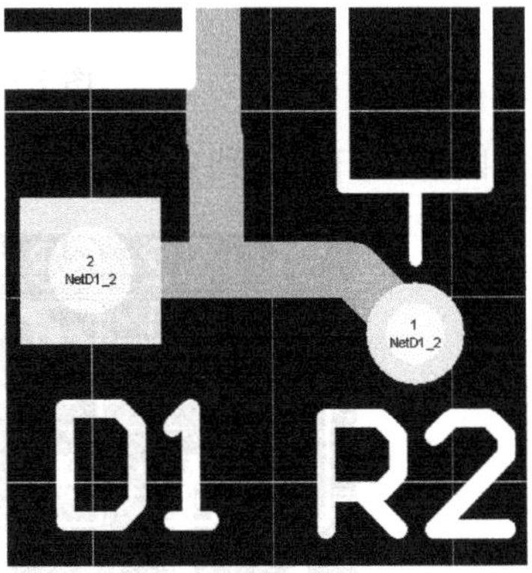

图 2.99　修改后的导线

用同样的办法，修改其他线，最后得到如图 2.100 所示的 PCB 图。

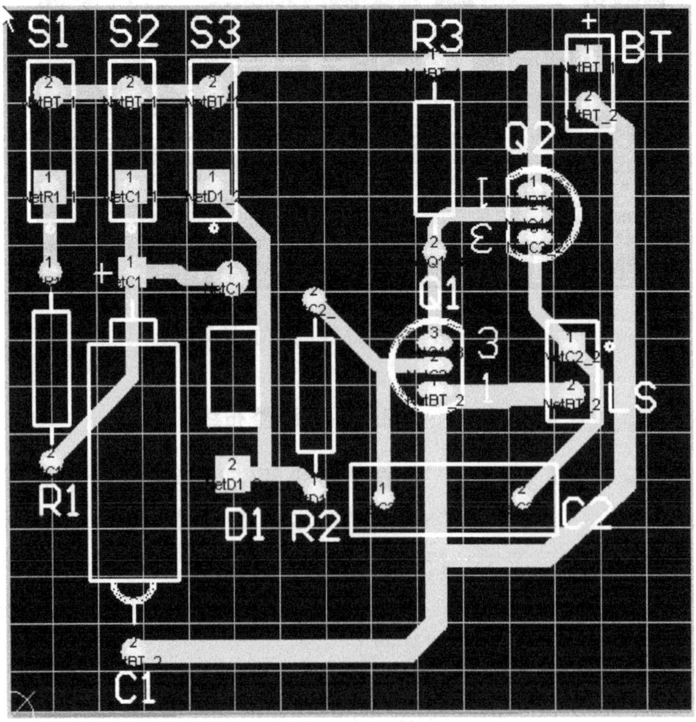

图 2.100　手工修改后的 PCB 图

注意：在放置导线的过程中，移动光标到焊盘、过孔或导线端点上时，若出现八角框，则表明可以进行导线端点的确定操作，否则不能建立电气连接关系。

2.4.9　PCB 设计规则检查

视频：PCB 设计规划检查

该功能可以检查各种违反规则的布线情况，如未布线网络、间距、线宽等错误。

（1）选择“工具”→“设计规则检查”菜单命令，如图 2.101 所示。

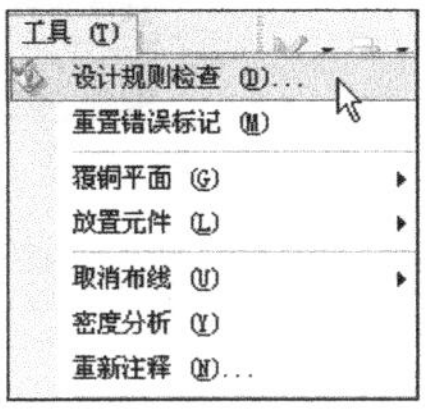

图 2.101　设计规则检查菜单命令

（2）执行上述命令后，系统将弹出“设计规则检查器”对话框，如图 2.102 所示（本例采用默认设置）。

（3）单击“运行设计规则检查”按钮，开始进行设计规则检查。检查结束后，系统将产生一个设计规则检查报表，如图 2.103 所示。

（4）从该报表可以看出，本例没有出现违反规则的情况。如果有，则会在该报表中显示对应情况。

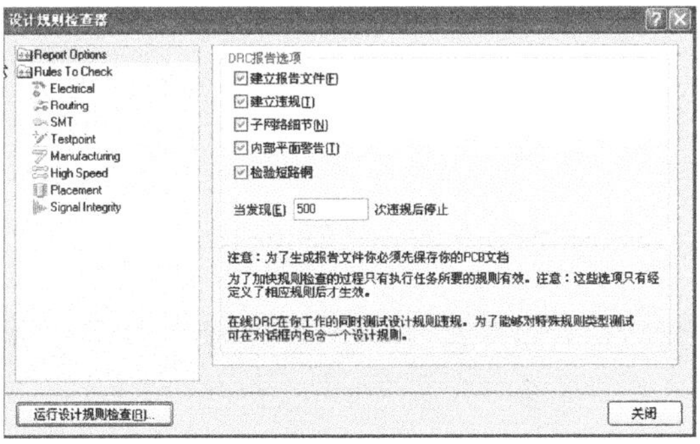

图 2.102　“设计规则检查器”对话框

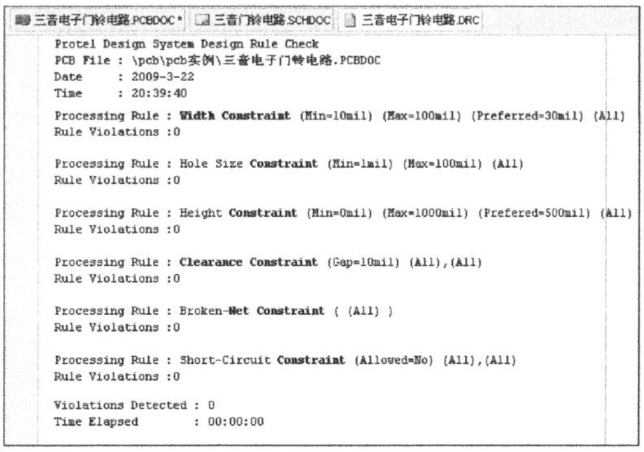

图 2.103　设计规则检查报表

2.4.10　3D 效果图

视频：生成 3D 效果图

Protel DXP 的 3D 显示功能可以显示 PCB 的三维立体图。

（1）选择“查看”→“显示三维 PCB”菜单命令，如图 2.104 所示。

（2）执行以上命令后，系统将弹出该 PCB 的 3D 效果图，如图 2.105 所示。

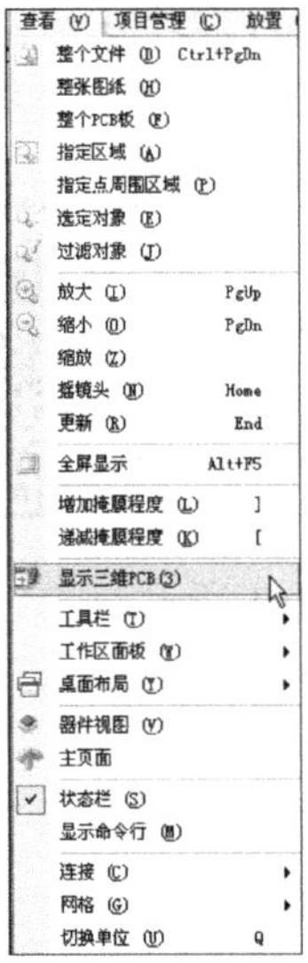

图 2.104　显示三维 PCB 菜单命令

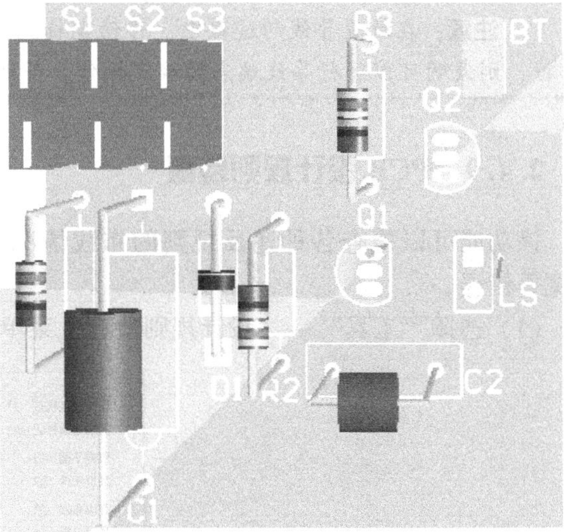

图 2.105　3D 效果图

2.5 小　　结

本项目通过介绍三音电子门铃电路原理图与 PCB 的设计过程，完成 Protel DXP 2004 文件管理方式、原理图设计与 PCB 设计的基本流程。

项目3 电池充电器电路版图设计

3.1 设计任务

随着便携式电子消费产品的普及，用电池作为电源的移动设备越来越多，电池充电器也就用得越来越多，本项目要介绍的就是一款实用性较强的电池充电器。按图3.1所示，画出原理图并设计PCB，自带库里没有的元件和封装须自行设计。

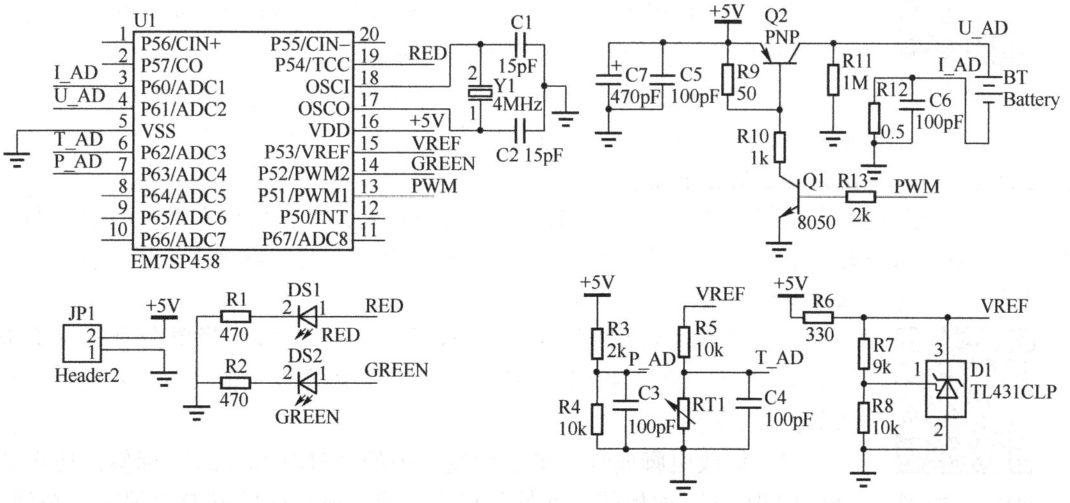

图3.1 电池充电器原理图

3.2 新建工程

(1) 启动 Protel DXP 2004。

(2) 在 Protel DXP 2004 主界面中，选择“文件”→“创建”→“项目”→“PCB 项目”菜单命令，建立一个工程文件。

(3) 选择“文件”→“另存项目为”菜单命令，保存工程文件，将该文件保存在 d:\pcb\pcb 实例文件夹下，文件名为“电池充电器设计”。

3.3 原理图元件库设计

由于在系统自带的库里没有该原理图的部分元件符号，所以需要自己设计。本例中的 EM78P458 需要自己设计，下面介绍具体设计方法。

视频：创建项目文件和原理图库文件

3.3.1 新建原理图元件库文件

(1) 新建一个原理图元件库文件。在当前工程文件工作环境下，选择“文件”→“创建”→“库”→“原理图库”菜单命令。

(2) 保存原理图元件库文件。选择“文件”→“另存为”菜单命令，在弹出的对话框的“文件名”框中输入“电池充电器设计”，然后单击“保存”按钮。

在元件库编辑界面中单击标签栏中的“SCH Library”标签，可以看到，新建一个元件库文件后，系统将自动在该元件库中建立一个元件名为 Component_1 的元件。

视频：制作元件

3.3.2 制作元件

(1) 在元件库编辑界面中选择“放置”→“矩形”菜单命令，或单击“绘图”工具栏的按钮，执行放置矩形命令。

(2) 执行该命令后，在工作界面将出现随十字光标移动的矩形框，将光标移动到坐标轴原点处，此时状态栏中显示光标的坐标为（X：0，Y：0），单击鼠标左键，将坐标原点定为矩形的左下角。

(3) 将光标向右上角移动到坐标（X：120，Y：200）处，单击鼠标左键，确定矩形的右上角，这时放置好一个矩形，此时光标仍处于放置矩形状态，可以继续画矩形，右击可以退出该命令，本例选择退出，结果如图 3.2 所示。

视频：设置元件属性

(4) 放置元件引脚。选择“放置”→“引脚”菜单命令，或单击“绘图”工具栏的按钮，执行放置元件引脚命令。依次放置各引脚，结果如图 3.3 所示。

(5) 修改引脚属性。单击标签栏中的“SCH Library”标签，切换到“SCH Library”面板的“元件”栏中，选中该元件后单击“编辑”按钮，单击“编辑引脚”按钮，弹出“元件引脚编辑器”对话框，修改引脚属性，如图 3.4 所示。

图 3.2 放置好一个矩形

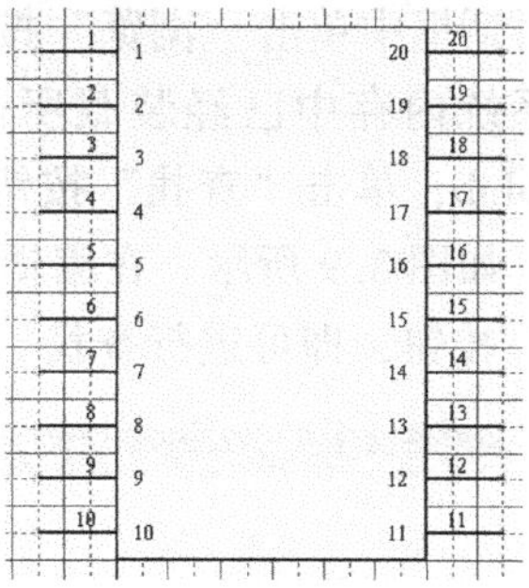

图 3.3 放置好元件引脚

单击“确认”按钮，可以看到修改后的元件如图 3.5 所示。

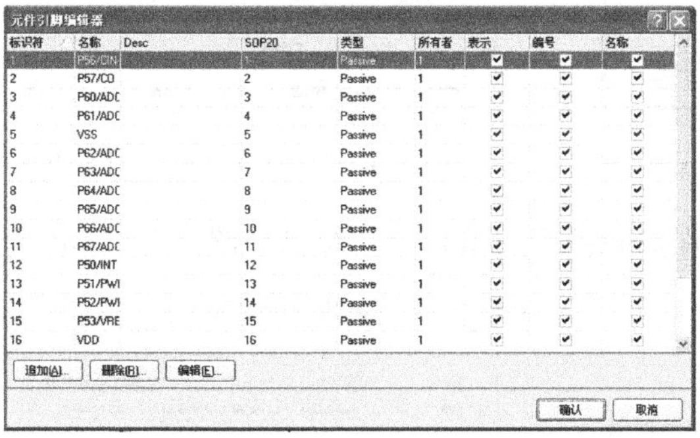

图 3.4 修改引脚属性

图 3.5 修改后的元件

3.3.3 设置元件属性

(1) 在“SCH Library”面板的“元件”列表中选择该元件，单击其下的“编辑”按钮，系统将弹出如图 3.6 所示的对话框。

(2) 在该对话框的“Default Designator”文本框中输入默认标志 U?，在“注释”框中输入 EM78P458（选中其后的复选框，以便在将该元件放入原理图时能显示该内容），在“库参考”框中输入 EM78P458，在“描述”框中输入 EM78P458，如图 3.6 所示。

(3) 追加元件封装。在“Model”栏中单击“追加”按钮，系统将弹出“加新的模型”对话框，在“模型类型”下拉列表中选择“Footprint”选项，为该元件添加封装。单击“确认”按钮，将弹出如图 3.7 所示的“PCB 模型”对话框。

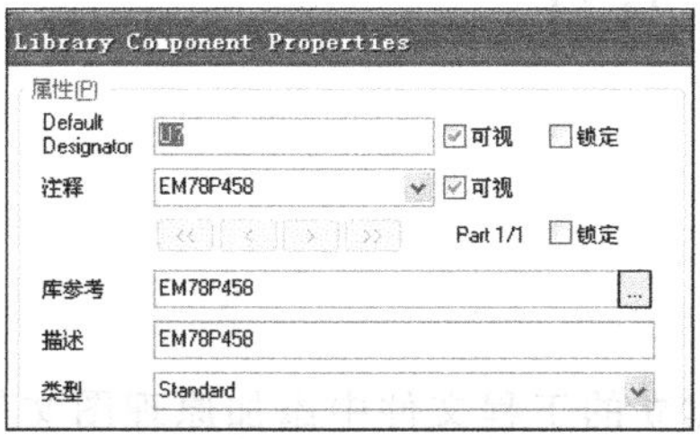

图 3.6 设置元件属性

图 3.7 “PCB 模型”对话框

(4) 在该对话框中单击“浏览”按钮，系统将弹出如图3.8所示的“库浏览”对话框。

(5) 由于系统内存中已经装载所需的PCB封装库Small Outline (~1.27mm Pitch) -6to20 Leads. PcbLib，单击“查找”按钮可以查找所需的元件封装，此时系统弹出“元件库查找”对话框，如图3.9所示。在编辑区里输入SOP 20，选择“可用元件库”单选钮，然后单击“查找”按钮，即可进行查找。查找结果如图3.10所示。

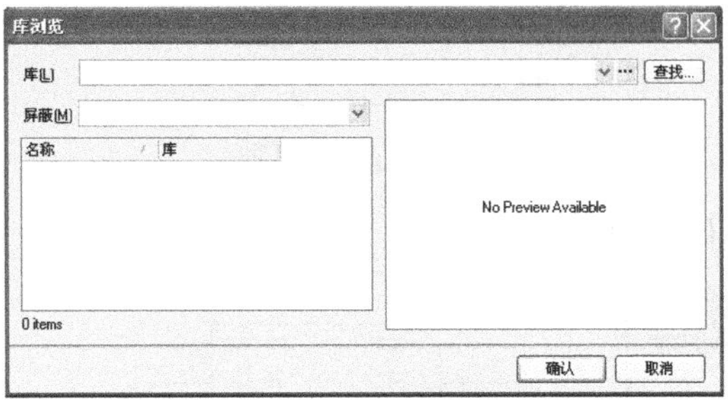

图3.8 “库浏览”对话框

图3.9 “元件库查找”对话框

(6) 单击“确认”按钮，把该库文件加载到当前工程中。结果如图3.11所示。

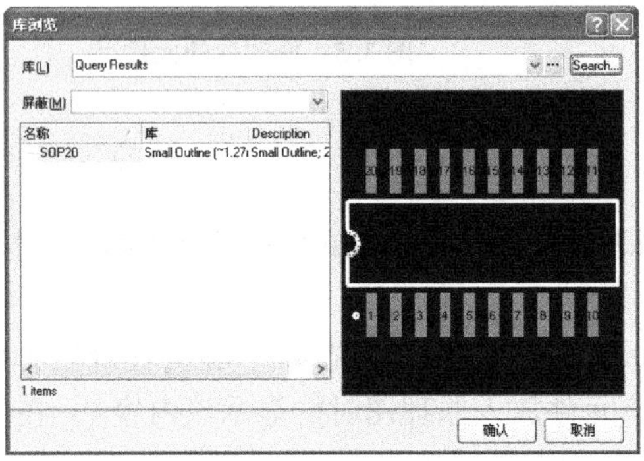

图3.10 查找结果

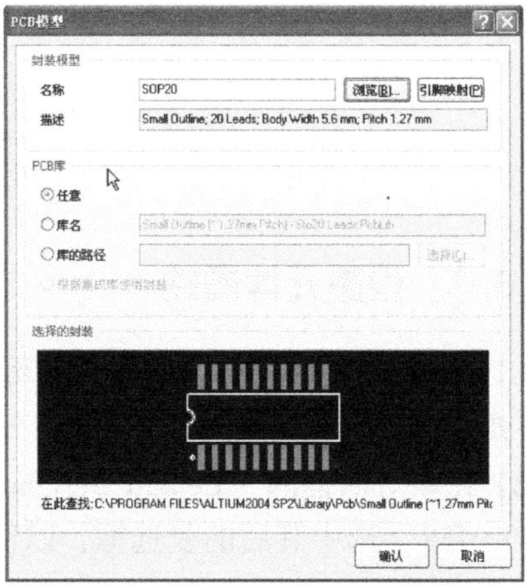

图3.11 加载库文件

(7) 单击“确认”按钮完成属性设置。这时，单击“SCH Library”面板的“放置”按钮就可以直接把元件放置到原理图编辑区中，也可以在原理图中加载该元件库后再放置。

3.4 原理图设计

视频：新建原理图文件

3.4.1 新建原理图文件

(1) 新建原理图文件。在刚建立的工程文件中添加原理图文件，选择“文件”→“创建”→“原理图”菜单命令，建立一个原理图文件。

(2) 保存原理图文件。选择“文件”→“另存为”菜单命令，保存新建的原理图。

(3) 执行以上命令后，系统将弹出“另存为”对话框，在“文件名”框中输入“电池充电器设计”，选择保存路径 d:\pcb\pcb 实例后，单击“保存”按钮，保存该原理图文件。

3.4.2　加载元件库

视频：加载元件库

(1) 在原理图工作界面中，选择“设计”→“浏览元件库”菜单命令（或直接单击右边标签栏中的“元件库”），打开“元件库”面板。

(2) 单击“元件库”面板的“元件库”按钮，系统将弹出“可用元件库”对话框。

(3) 单击“安装”选项卡，在安装元件库中显示系统中已经载入内存的所有元件库的列表及其路径。

(4) 单击“安装”按钮，系统将弹出“加载元件库”对话框，选择元件库所在目录后，单击需要加载的元件库，再单击“打开”按钮就完成了元件库加载工作。本例需要加载的元件库如图 3.12 所示。

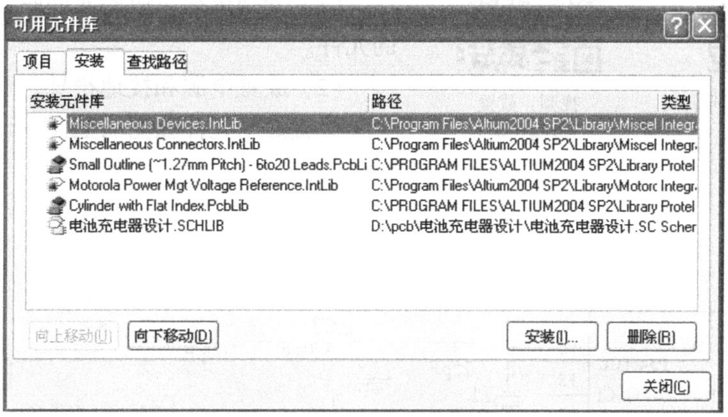

图 3.12　可用元件库

3.4.3　设置图纸规格

(1) 在“图纸选项”选项卡中，设置“标准风格”为 A4。

(2) 设置“方向”为横向（Landscape）。

3.4.4　设置原理图编辑器系统参数

(1) 设置单位为公制。选择“设计”→“文档选项”菜单命令，弹出如图 3.13 所示的对话框，在“单位”选项卡中，选中“使用公制单位”复选框。然后单击“确认”按钮完成设置。

(2) 设置网格大小。选择“设计”→“文档选项”菜单命令，弹出如图 3.14 所示的对话框，在“图纸选项”选项卡中设置各个网格，如图 3.14 所示。

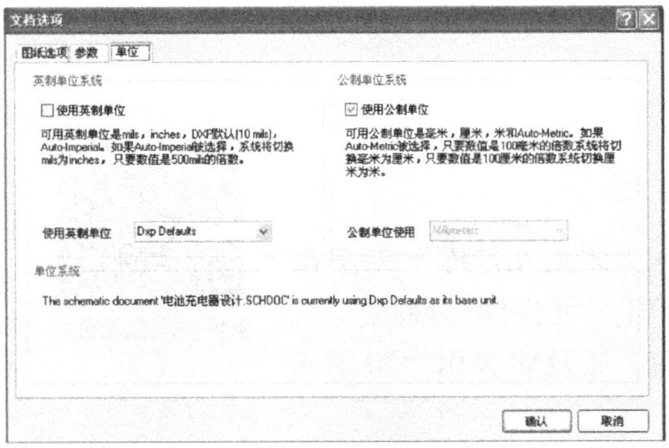

图 3.13　选择单位

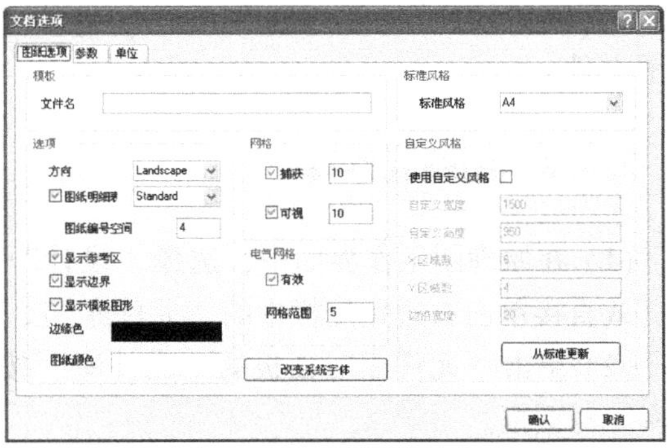

图 3.14　“图纸选项”选项卡

视频：放置元件

视频：放置电源和地

3.4.5　放置元件

（1）分别选择对应的元件库，然后放置对应的元件。

（2）放置电源和接地符号。

放置好的元件如图 3.15 所示。

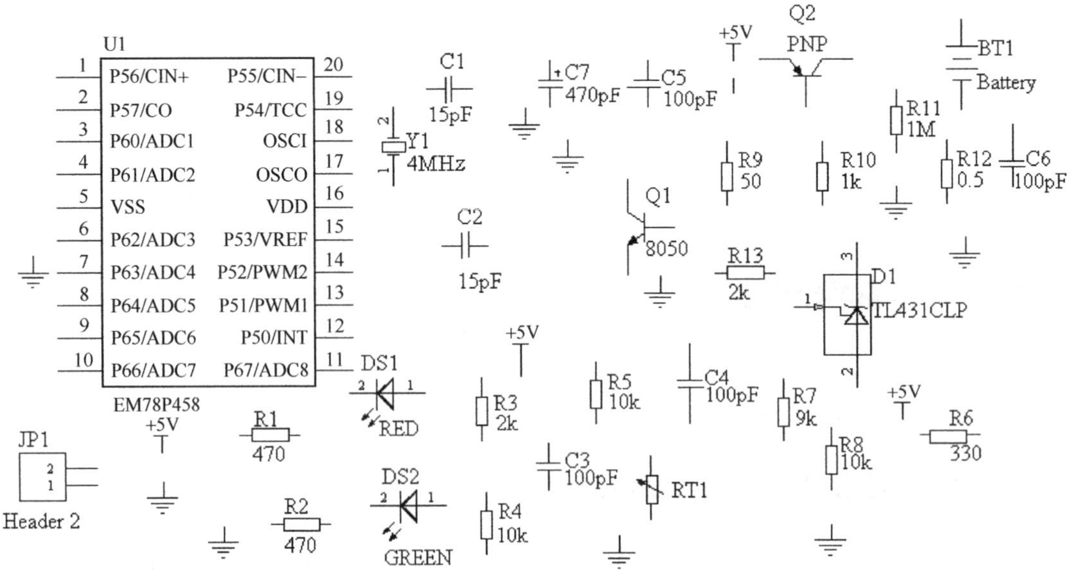

图 3.15　放置好的元件

3.4.6　元件布局

放置好元件后，需要对其进行合理布局，以便连线和读图。本例的布局结果如图 3.16 所示。

视频：元件布局

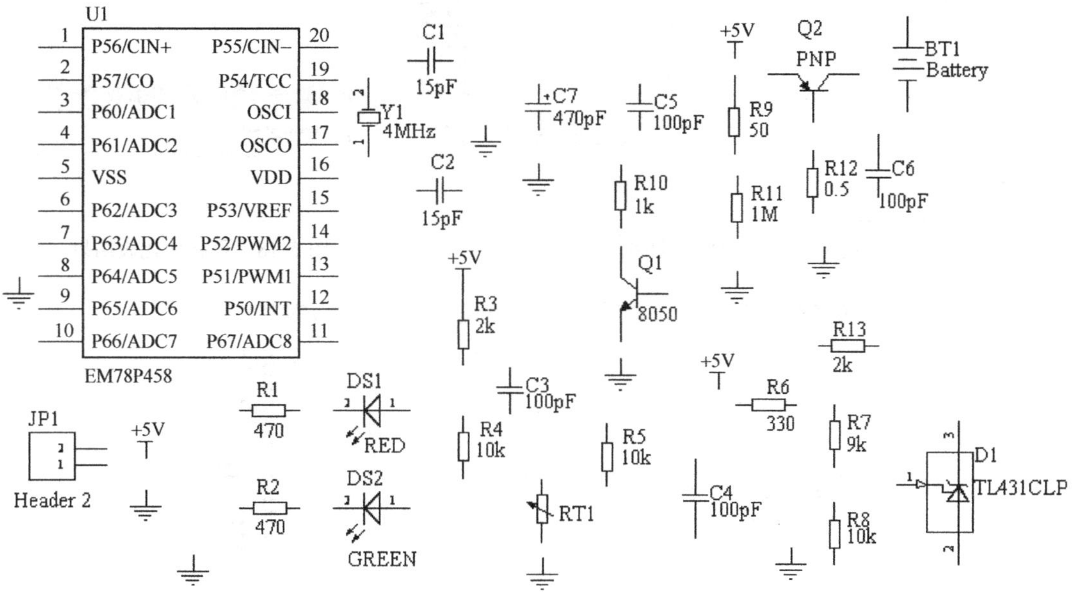

图 3.16　布局好的元件

3.4.7　设置元件属性

视频：修改元件注释

1. 快捷设置元件标号

方法一：选择“工具”→“快捷注释元件”菜单命令，完成元件标号的标注。

方法二：选择“工具”→“强制注释全部元件”菜单命令，完成元件标号的标注。

方法三：

(1) 选择“工具”→“注释”菜单命令，弹出如图 3.17 所示的对话框，在对应的“处理顺序”下拉列表中选择一种顺序。

(2) 单击“更新变化表”按钮，系统弹出如图 3.18 所示的对话框。

(3) 单击“OK”按钮，弹出如图 3.19 所示的对话框，这时在“建议值”列表中已经有了对应的标号。

(4) 单击“建立 ECO”按钮，完成标注，结果如图 3.20 所示。

2. 修改标称值

双击元件，在弹出的元件属性的“Value”中修改标称值。

视频：修改标称值

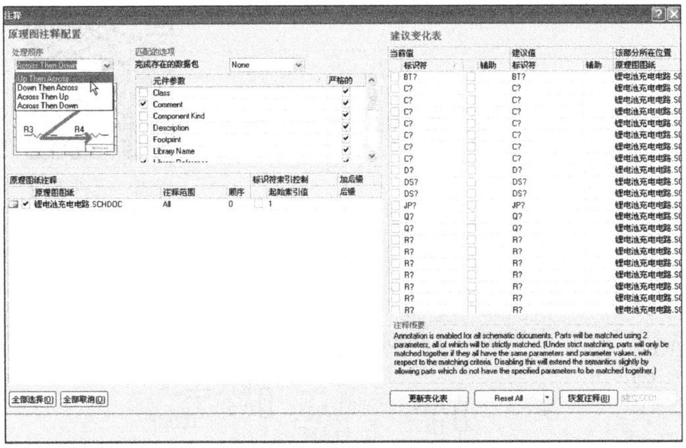

图 3.17 “注释”对话框

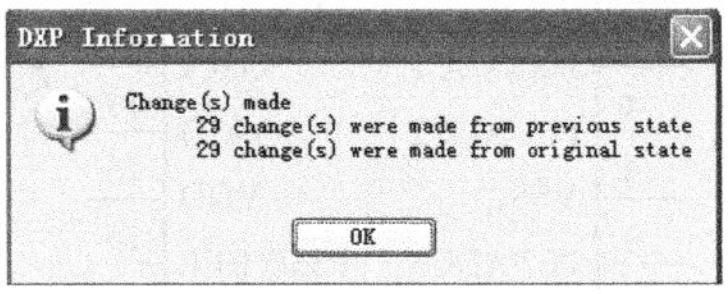

图 3.18 更新变化表结果

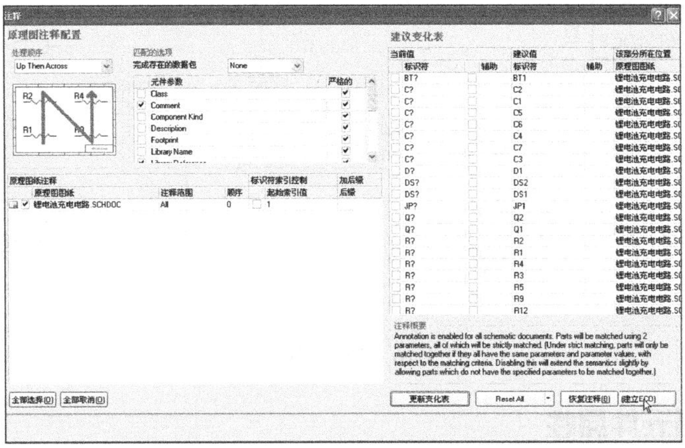

图 3.19 注释属性变化情况

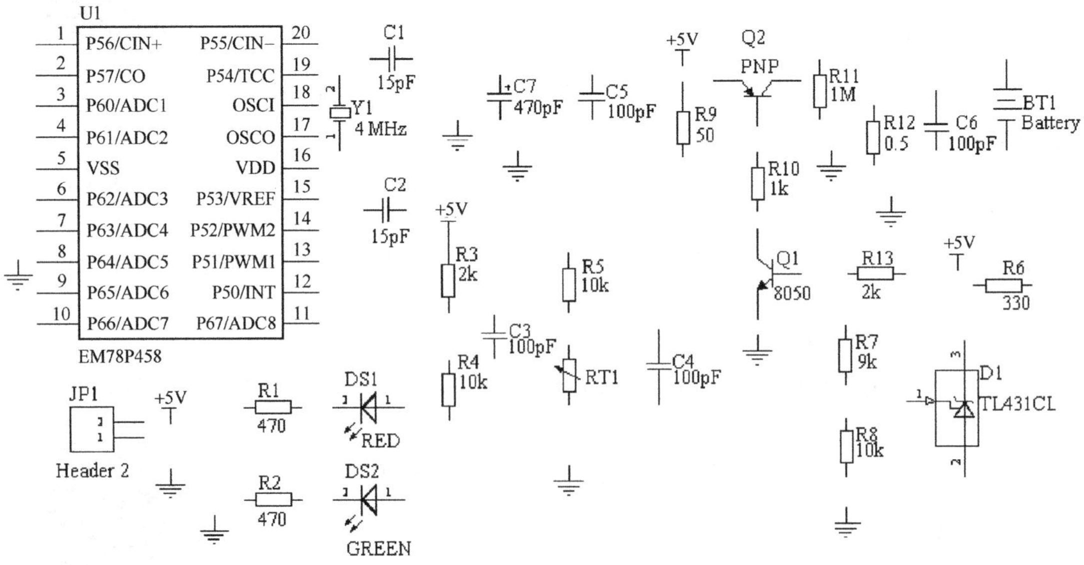

图 3.20 标注好标号的电路

3. 设置元件封装

双击元件，在弹出的如图 3.21 所示的元件属性的“Models”栏中，在“类型”的“Footprint”左边下拉列表中选择合适的封装，然后单击“确认”按钮，如图 3.21 所示。

视频：加载元件封装

若所需要的封装在下拉列表中没有，则可以重新追加，本例的所有元件封装清单如图 3.22所示。

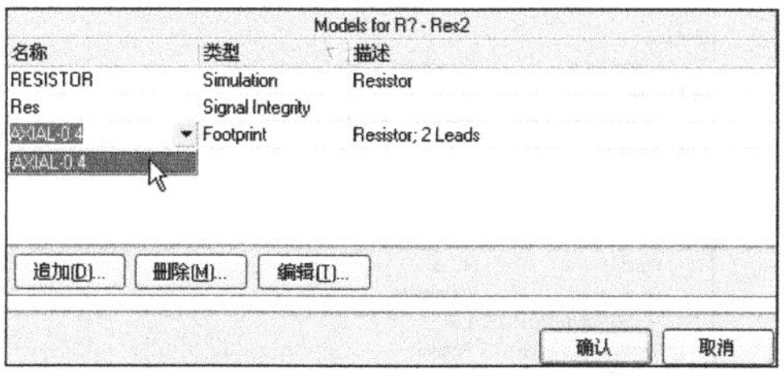

图 3.21　选择合适的封装

1	Description	Designator	Footprint	LibRef	Quantity
2	Multicell Battery	BT1	BAT-2	Battery	1
3	Capacitor (Semiconductor SIM Model)	C1	R2012-0805	Cap Semi	1
4	Capacitor (Semiconductor SIM Model)	C2	R2012-0805	Cap Semi	1
5	Capacitor (Semiconductor SIM Model)	C3	R2012-0805	Cap Semi	1
6	Capacitor (Semiconductor SIM Model)	C4	R2012-0805	Cap Semi	1
7	Capacitor (Semiconductor SIM Model)	C5	R2012-0805	Cap Semi	1
8	Capacitor (Semiconductor SIM Model)	C6	R2012-0805	Cap Semi	1
9	Polarized Capacitor (Surface Mount)	C7	CC4532-1812/X3.4	Cap Pol3	1
10	Programmable Precision Reference	D1	BCY-W3/D5.2	TL431CLP	1
11	Typical BLUE SiC LED	DS1	LED-1	LED3	1
12	Typical BLUE SiC LED	DS2	LED-1	LED3	1
13	Header, 2-Pin	JP1	HDR1X2	Header 2	1
14	NPN Bipolar Transistor	Q1	SO-G3/C2.5	NPN	1
15	PNP Bipolar Transistor	Q2	SO-G3/C2.5	PNP	1
16	Resistor	R1	R2012-0805	Res1	1
17	Resistor	R2	R2012-0805	Res1	1
18	Resistor	R3	R2012-0805	Res1	1
19	Resistor	R4	R2012-0805	Res1	1
20	Resistor	R5	R2012-0805	Res1	1
21	Resistor	R6	R2012-0805	Res1	1
22	Resistor	R7	R2012-0805	Res1	1
23	Resistor	R8	R2012-0805	Res1	1
24	Resistor	R9	R2012-0805	Res1	1
25	Resistor	R10	R2012-0805	Res1	1
26	Resistor	R11	AXIAL-0.5	Res1	1
27	Resistor	R12	R2012-0805	Res1	1
28	Resistor	R13	R2012-0805	Res1	1
29	Variable Resistor	RT1	AXIAL-0.7	Res Adj1	1
30	EM78P458	U1	SOP20	EM78P458	1
31	Crystal Oscillator	Y1	BCY-W2/D3.1	XTAL	1

图 3.22　所有元件封装清单

4. 修改元件标号字体

视频：修改元件标号字体

下面以 C1 为例介绍如何修改单个元件标号。

(1) 原来的元件标号如图 3.23 所示。

(2) 左键双击 C1，弹出如图 3.24 所示的对话框。

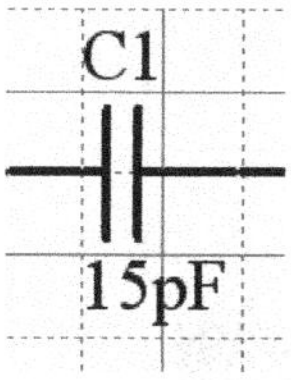

图 3.23　原来的标号

图 3.24　“参数属性”对话框

(3) 分别单击“颜色”和“字体”的“变更”按钮，在弹出的对话框中选择对应的颜色和字体就可完成修改，结果如图 3.25 所示。

当所有元件标号都需要修改时，一个个地修改很麻烦，此时可以采用全局修改的方法，具体步骤为：

① 在其中一个元件标号上右击，弹出如图 3.26 所示的菜单。

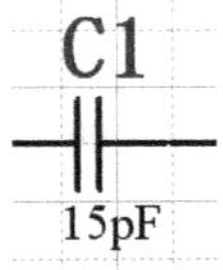

图 3.25 修改后的标号

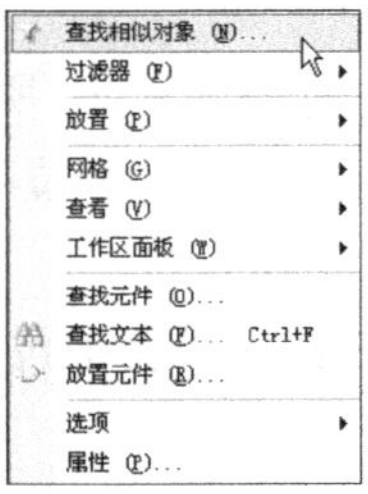

图 3.26 “查找相似对象”菜单

② 左击“查找相似对象”选项，弹出如图 3.27 所示的对话框。

③ 在需要相同类型的后面下拉列表中选择“Same”，本例在“Designator”后选择“Same”。然后单击“确认”按钮，弹出如图 3.28 所示的对话框。

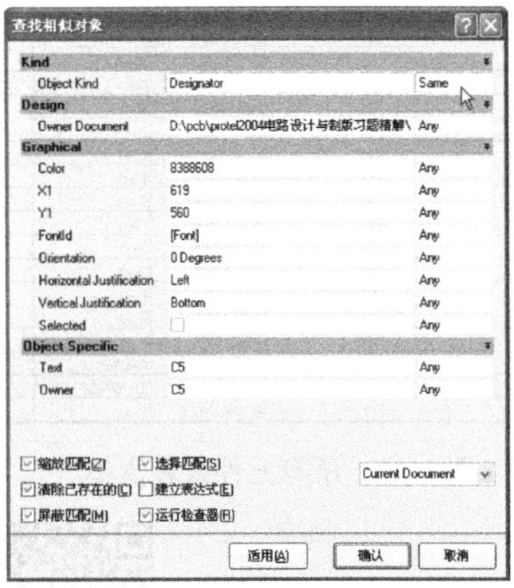

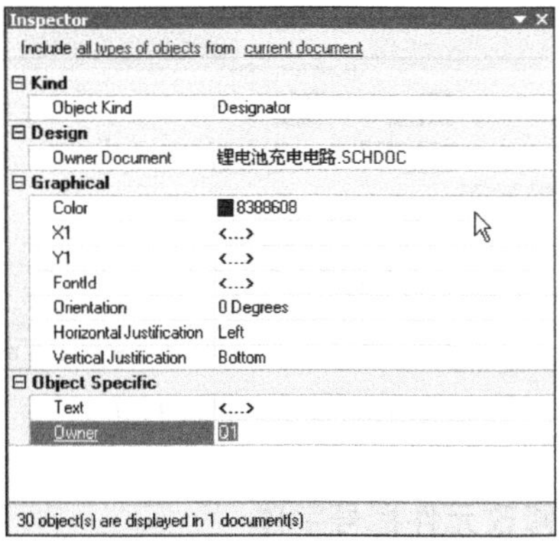

图 3.27 “查找相似对象”对话框　　图 3.28 相似对象属性

④ 左击“Color”后面的按钮…，弹出如图 3.29 所示的对话框，在选择需要的颜色后单击“确认”按钮，完成颜色的选择。

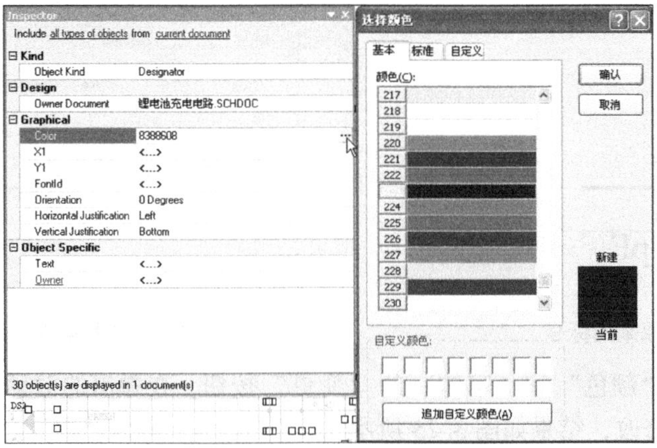

图 3.29 选择颜色

⑤ 左击“Fontld”后面的按钮…，弹出如图 3.30 所示的对话框，在选择需要的字体后单击“确认”按钮，完成字体的选择。

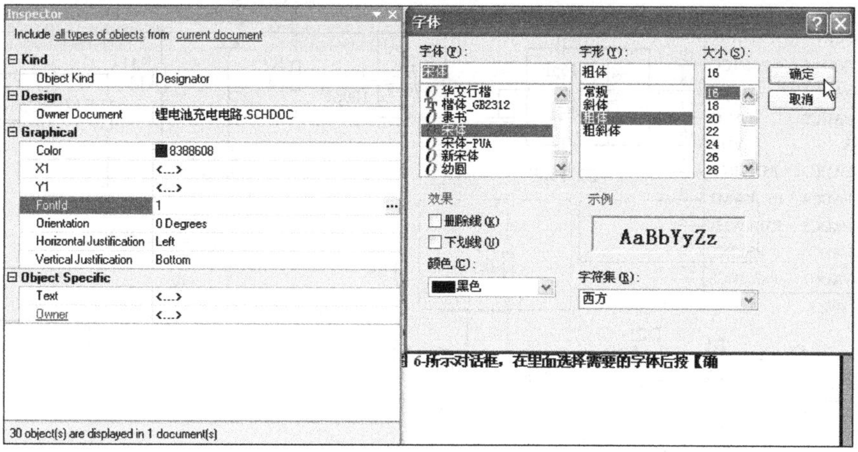

图 3.30　选择字体

⑥ 关闭对话框，这时的原理图界面为如图 3.31 所示的屏蔽状态。

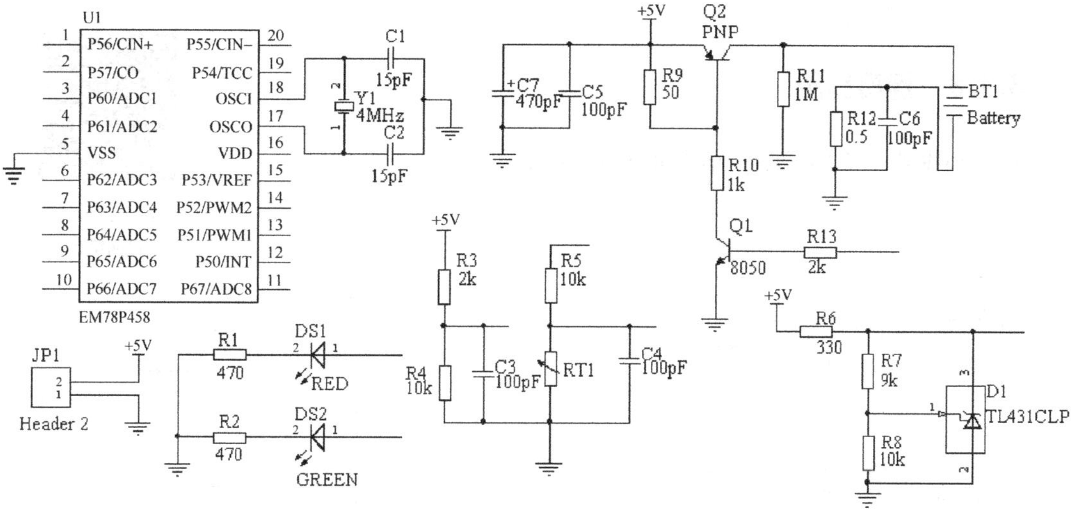

图 3.31　修改标号属性后的原理图界面

⑦ 单击原理图编辑界面右下角的“清除”按钮，如图 3.32 所示，完成设置，结果如图 3.33 所示。

图 3.32　“清除”按钮

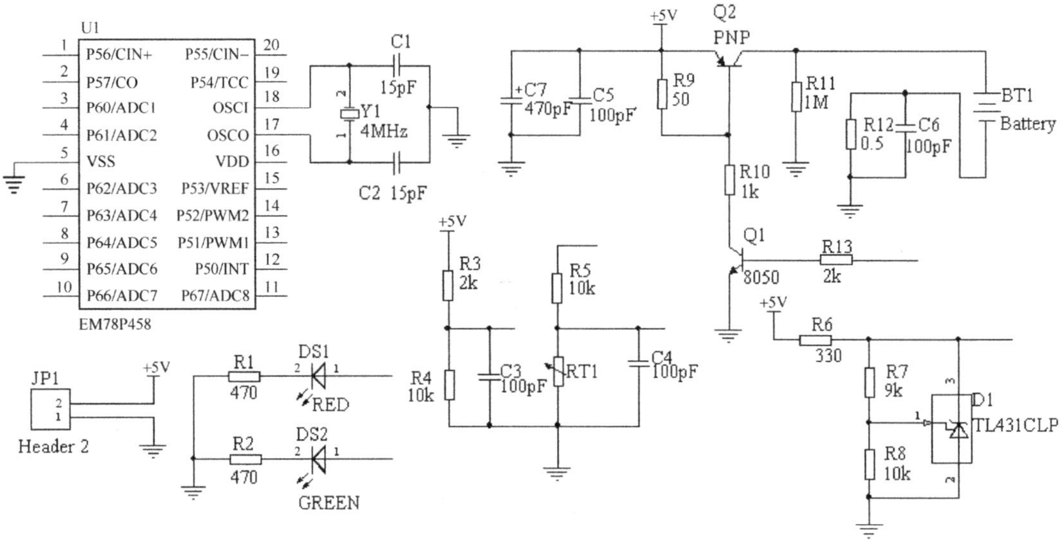

图 3.33　清除后的原理图界面

3.4.8　连接线路

（1）根据要求连接线路，结果如图 3.34 所示。

视频：连接导线和
放置网络标号

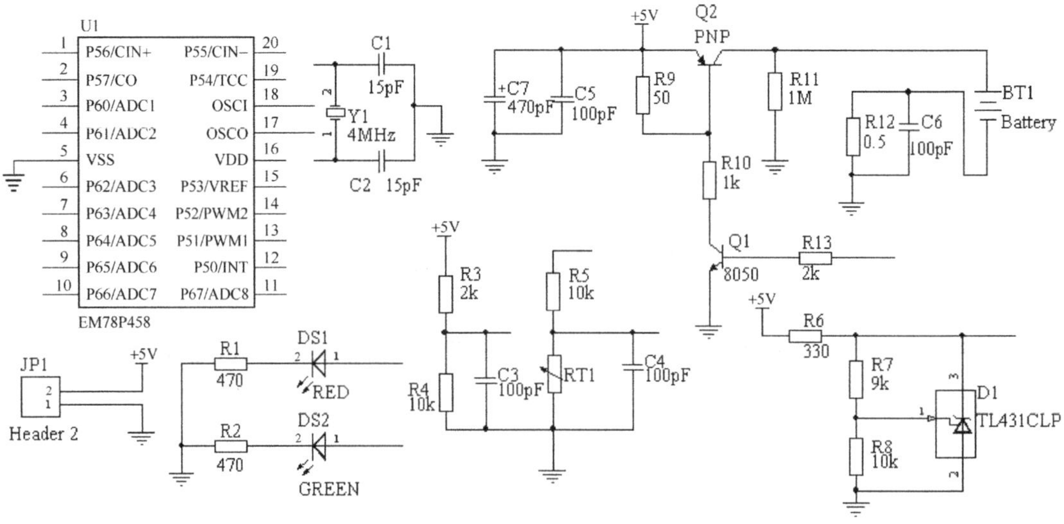

图 3.34　连线后的电路

（2）放置网络标号，结果如图 3.35 所示。

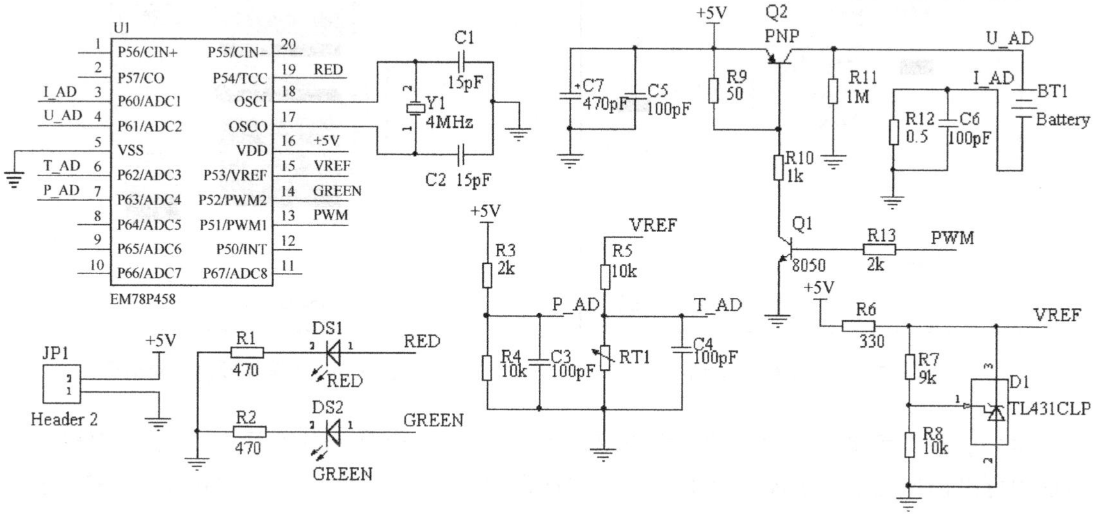

图 3.35　放置好网络标号的原理图

3.4.9　放置说明标注

下面介绍如何在原理图中放置该图的名称及简易说明文本框（因为文字较多，所以不用字符串）。

视频：放置说明标注

（1）选择“放置”→“文本框”菜单命令，如图 3.36 所示，或单击“实用工具”工具栏中的按钮，如图 3.37 所示。

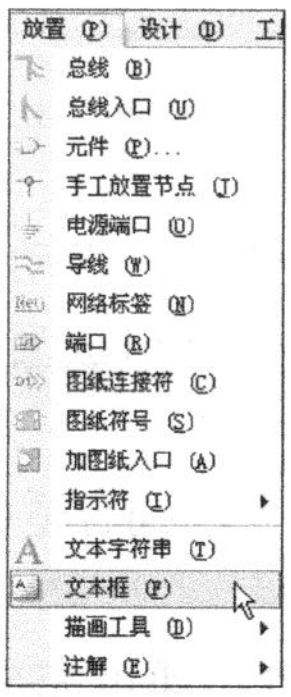

图 3.36　放置文本框菜单命令

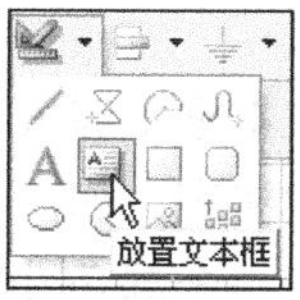

图 3.37　“放置文本框”按钮

（2）这时，鼠标处于放置文本框状态，按 Tab 键，进入如图 3.38所示的对话框。

（3）左击“文本色”后的图标，弹出如图 3.39 所示的对话框，在“选择颜色”对话框中可以选择文字的颜色，本例选择红色，单击“确认”按钮完成颜色设置。

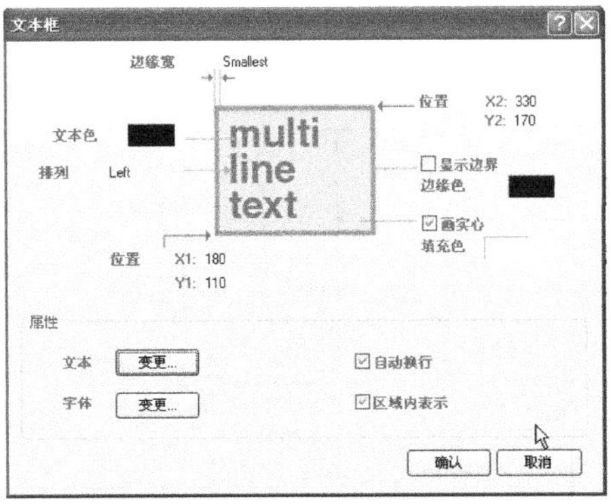

图 3.38 “文本框”对话框

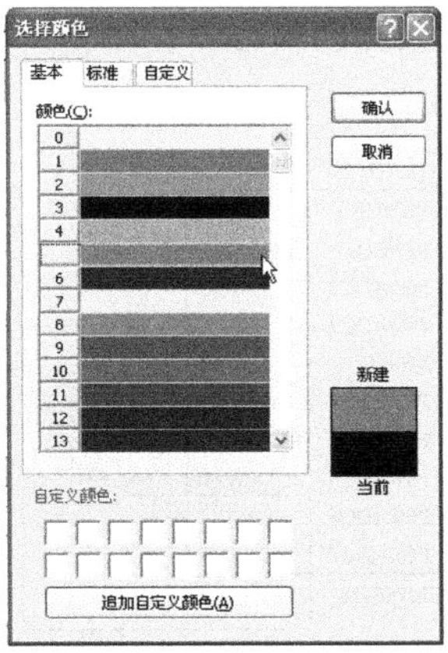

图 3.39 “选择颜色”对话框

(4) 左击“字体”后的“变更”按钮，弹出如图 3.40 所示的对话框，在“字体”对话框中可以选择文字的字体、字形等。本例选择如图 3.40 所示，单击“确定”按钮完成字体设置。

(5) 左击“文本”后的“变更”按钮，弹出如图 3.41 所示的对话框，在该对话框中输入所需要的文字，单击“确认”按钮完成文本输入。

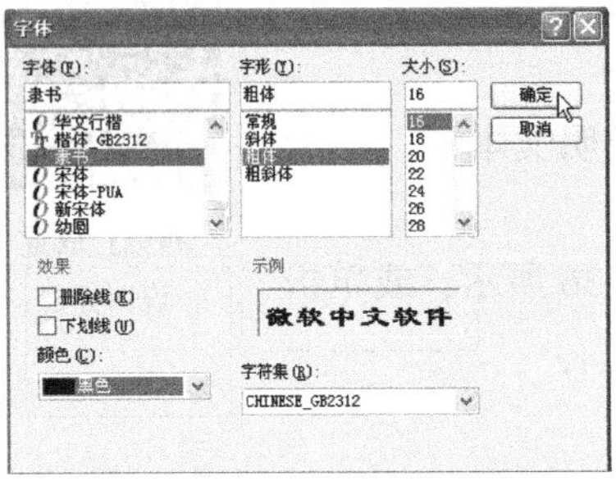

图 3.40 设置字体

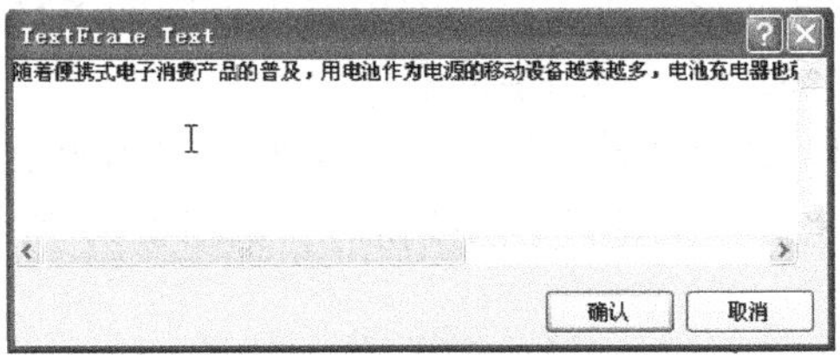

图 3.41 输入文本

(6) 移动鼠标到合适的位置，左击鼠标，确定文本框起点；移动鼠标到合适的位置，再次左击鼠标完成文本框右上角终点的确定；右击鼠标退出放置文本框状态。结果如图 3.42所示。

(7) 此时的文本框不够大，文字不全，可以修改文本框的大小到合适的位置，先左击文本框，使其为选中状态，如图 3.43 所示。

(8) 单击其中一个绿色小框不放，然后移动到合适的位置，即可完成文本框大小的调整，结果如图 3.44 所示。

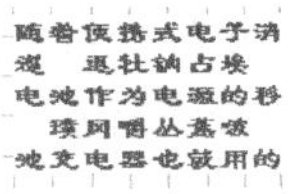

图 3.42 放置好的文本

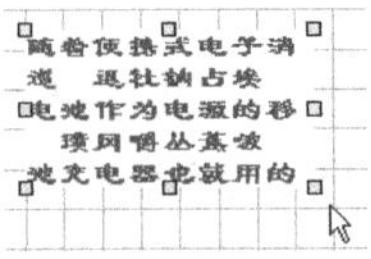

图 3.43 选中状态的文本

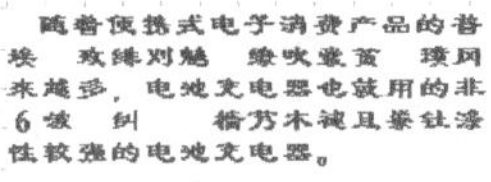

图 3.44 修改好的文本

3.4.10　编译原理图

视频：编译原理图

1. 设置电气连接检查规则

（1）选择“项目管理”→“项目管理选项”菜单命令。

（2）在弹出的对话框的“Error Reporting（错误报告）”选项卡中，可以设置设计草图的错误报告类型。在“违规类型描述”列表中罗列了网络构成、原理图层次、设计错误类型等信息。在“报告模式”中可以设置违反规则的严重程度，即可以设置错误报告类型：无报告、警告、错误、致命错误。

本例采用默认设置。

2. 编译工程并检查电气连接

（1）选择“项目管理”→“Compile PCB Project”菜单命令。

（2）执行该命令后，系统弹出“Messages”对话框。如果电路没错，则对话框应该是空白的（或不显示报告）。如果给出错误报告，则需要检查电路并确认所有导线和连接的正确性。

（3）双击“Messages”对话框中显示的错误，系统将弹出“Compile Errors”对话框。在该对话框中将显示错误信息，根据这些错误信息可以方便地对原理图进行修改，直到没有错误产生为止。

3.4.11　生成报表

视频：生成报表

1. 生成元件报表

（1）在原理图编辑界面中，选择“报告”→“Bill of Materials”菜单命令。

（2）执行该命令后，系统将弹出如图3.45所示的对话框。

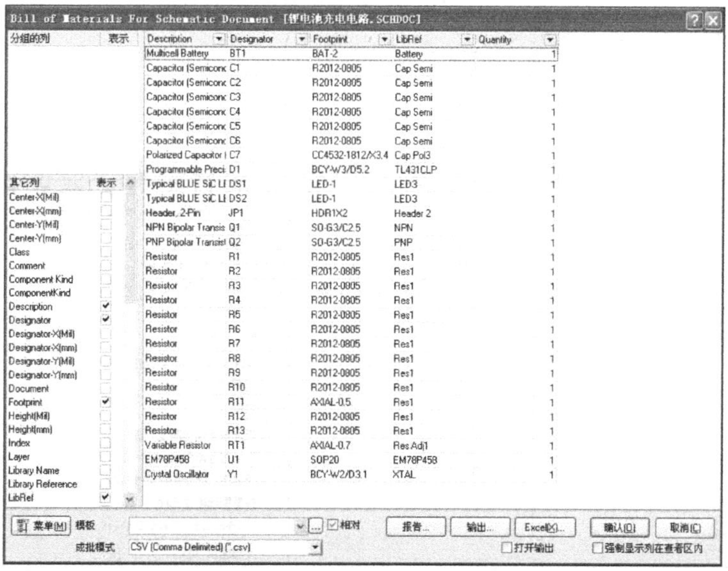

图3.45　元件报表输出属性

(3) 在该对话框中直接单击“Excel”按钮，系统将在对应目录的文件夹里产生 Excel 类型元件报表，如图 3.46 所示。

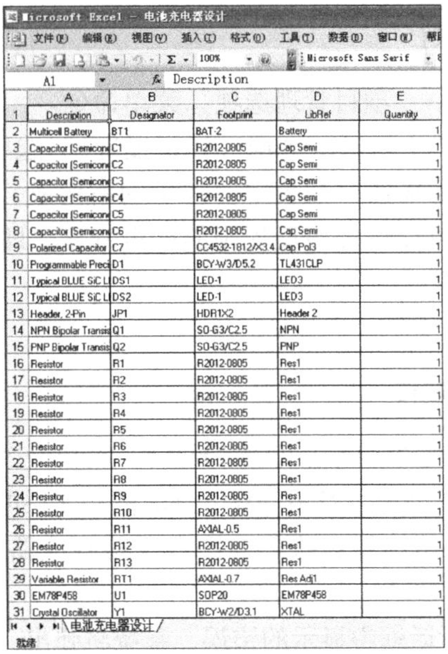

	Description	Designator	Footprint	LibRef	Quantity
2	Multicell Battery	BT1	BAT-2	Battery	1
3	Capacitor (Semicon	C1	R2012-0805	Cap Semi	1
4	Capacitor (Semicon	C2	R2012-0805	Cap Semi	1
5	Capacitor (Semicon	C3	R2012-0805	Cap Semi	1
6	Capacitor (Semicon	C4	R2012-0805	Cap Semi	1
7	Capacitor (Semicon	C5	R2012-0805	Cap Semi	1
8	Capacitor (Semicon	C6	R2012-0805	Cap Semi	1
9	Polarized Capacitor	C7	CC4532-1812/X3.4	Cap Pol3	1
10	Programmable Preci	D1	BCY-W3/D5.2	TL431CLP	1
11	Typical BLUE SiC L	DS1	LED-1	LED3	1
12	Typical BLUE SiC L	DS2	LED-1	LED3	1
13	Header, 2-Pin	JP1	HDR1X2	Header 2	1
14	NPN Bipolar Transis	Q1	SO-G3/C2.5	NPN	1
15	PNP Bipolar Transis	Q2	SO-G3/C2.5	PNP	1
16	Resistor	R1	R2012-0805	Res1	1
17	Resistor	R2	R2012-0805	Res1	1
18	Resistor	R3	R2012-0805	Res1	1
19	Resistor	R4	R2012-0805	Res1	1
20	Resistor	R5	R2012-0805	Res1	1
21	Resistor	R6	R2012-0805	Res1	1
22	Resistor	R7	R2012-0805	Res1	1
23	Resistor	R8	R2012-0805	Res1	1
24	Resistor	R9	R2012-0805	Res1	1
25	Resistor	R10	R2012-0805	Res1	1
26	Resistor	R11	AXIAL-0.5	Res1	1
27	Resistor	R12	R2012-0805	Res1	1
28	Resistor	R13	R2012-0805	Res1	1
29	Variable Resistor	RT1	AXIAL-0.7	Res Adj1	1
30	EM78P458	U1	SOP20	EM78P458	1
31	Crystal Oscillator	Y1	BCY-W2/D3.1	XTAL	1

图 3.46 元件报表

2. 生成网络表

(1) 选择“设计”→“设计项目的网络表”→“Protel”菜单命令。

(2) 执行该命令后，系统将生成网络表文件，如图 3.47 所示（只是一部分内容）。

3. 生成该项目的原理图库

(1) 选择“设计”→“建立设计项目库”菜单命令，如图 3.48 所示。

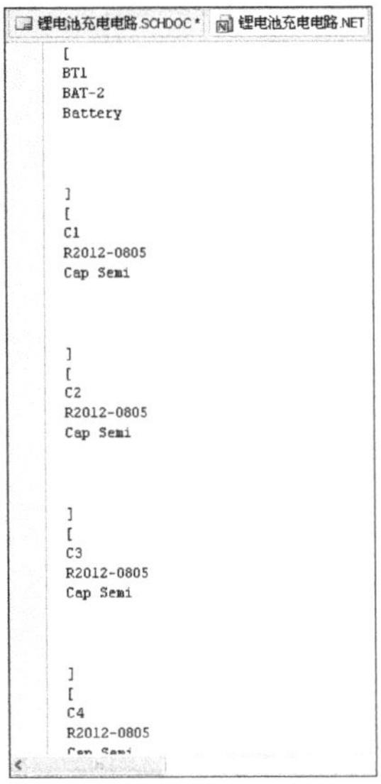

图 3.47 网络表文件

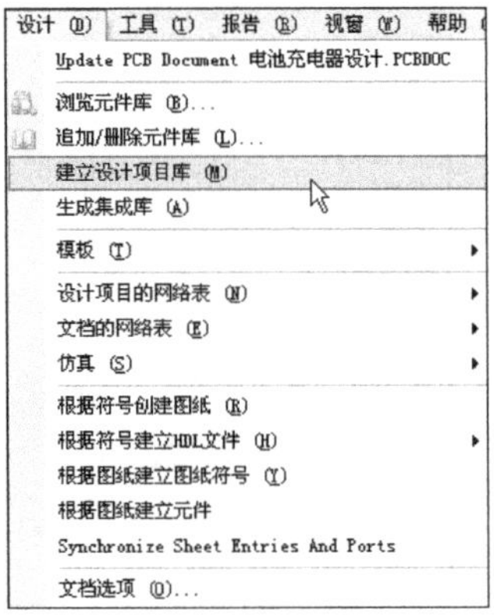

图 3.48 建立设计项目库菜单命令

（2）执行该命令后，系统将生成该工程的原理图元件库，如图3.49所示。

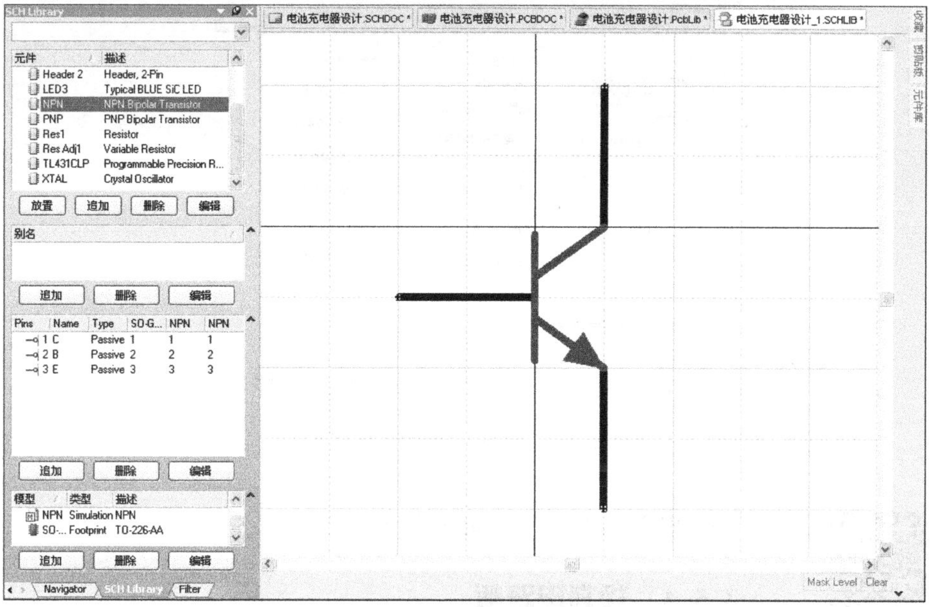

图3.49　原理图元件库

3.5　PCB设计

3.5.1　新建PCB文件

1. 新建PCB文件

选择"文件"→"创建"→"PCB文件"菜单命令，建立一个PCB文件。

视频：创建PCB文件

2. 保存PCB文件

选择"文件"→"另存为"菜单命令，保存新建的PCB文件（也可以单击图标）。执行以上命令后，系统将弹出"另存为"对话框，在对话框中输入文件名"电池充电器设计"，并在选择保存路径为d:\pcb\pcb实例后，单击"保存"按钮，保存该PCB文件。

3.5.2　加载封装库

因为本例中封装需要用到的库已在原理图中都加过了，故不需要再加。

3.5.3　设置PCB编辑系统参数

（1）选择"设计"→"PCB选择项"菜单命令。

（2）在弹出的对话框中设置单位、网格等参数。本例设置如图 3.50 所示。

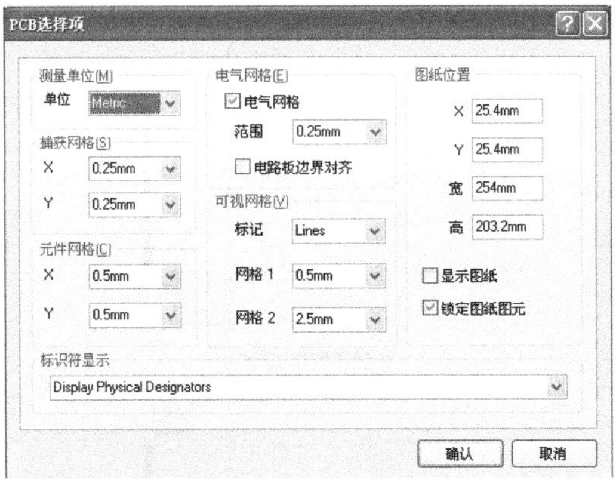

图 3.50 “PCB 选择项”对话框

（3）单击“确认”按钮完成设置。

3.5.4 规划电路板

视频：规划电路板

（1）选择结构模板。选择“设计”→“图层堆栈管理器”菜单命令，本例采用默认设置。

（2）显示原点标记。选择“工具”→“优先设定”菜单命令，在弹出的对话框中选中“表示”选项组的“原点标记”复选框，然后单击“确认”按钮，在 PCB 设计界面中将出现原点标记，即坐标为（0.0）。

（3）设定物理边界。单击“Mechanical 1”标签，选择第一个机械层来设定物理边界。选择“放置”→“直线”菜单命令，或单击“实用工具”工具栏中的 按钮，或分别按键盘 P 键和 L 键，激活绘制导线命令，在“Mechanical 1”中绘制电路板矩形边框（44mm × 22mm）。

（4）设置电气边界。在 PCB 工作界面下方单击“Keep-Out Layer”标签，将当前工作层设置为“Keep-Out Layer”层。进入“Keep-Out Layer”层后，与设置物理边界方法一样，设置电气边界。

3.5.5 加载网络表

视频：加载网络表

（1）在 PCB 工作界面中，选择“设计”→“Import Changes From 电池充电器设计 . PRJPCB”菜单命令，或在原理图工作界面中，选择“设计”→“Update PCB Document 电池充电器设计 . PCBDOC”菜单命令。

（2）在弹出的对话框中单击“使变化生效”按钮，确定所有元件装入，并检查是否有网络表和元件封装不能装入，确认没问题后单击“执行变化”按钮，装入网络表和元件封装。

（3）单击“关闭”按钮，将看到 PCB 工作界面如图 3.51 所示。

（4）选中系统默认的 PCB，然后单击 按钮。光标变成十字形状，将光标放入系统默认的 PCB 中，然后单击鼠标左键（或按 Delete 键）删除该 PCB，结果如图 3.52 所示。

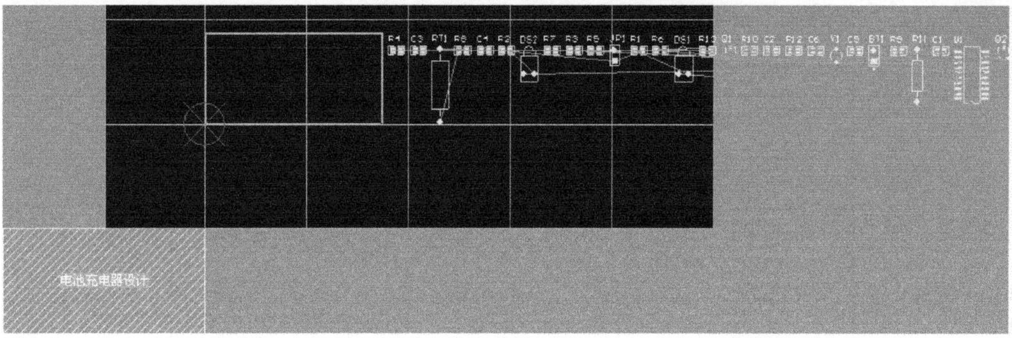

图3.51　加载网络表后的PCB工作界面

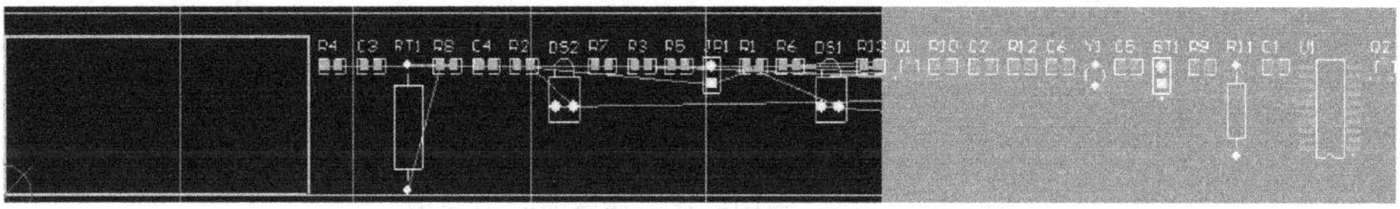

图3.52　删除系统默认的PCB后的PCB工作界面

3.5.6　设置PCB设计规则

视频：设置PCB设计规则

(1) 在PCB工作界面中，选择“设计”→“规则”菜单命令。

(2) 在弹出的对话框中打开“Electrical”（电气特性设置）中的“Clearance”（安全间距设置）选项，如图3.53所示。

(3) 打开“Routing”（布线规则设置）中的“Width”（布线宽度设置）选项，如图3.54所示。

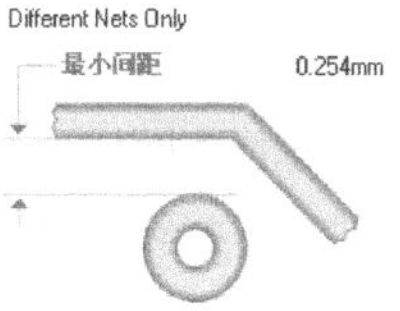

图3.53　设置安全间距

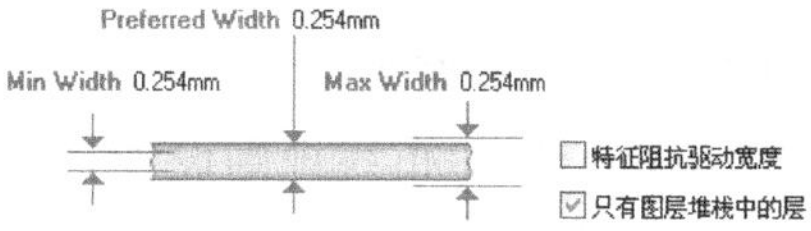

图3.54　设置布线宽度

(4) 为一些特殊网络新建布线宽度规则，本例为+5V网络设计0.5mm宽的布线规则。

① 右击“Width”，弹出如图3.55所示的菜单，左击“新建规则”菜单项，弹出如图3.56所示的对话框。

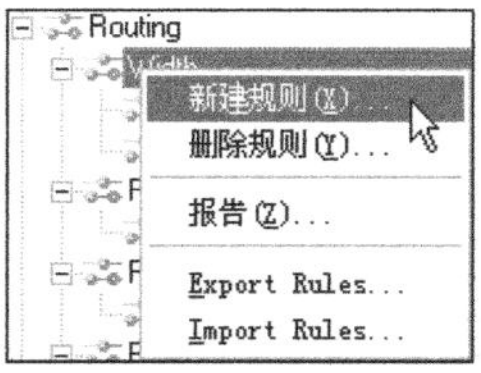

图3.55　新建规则菜单

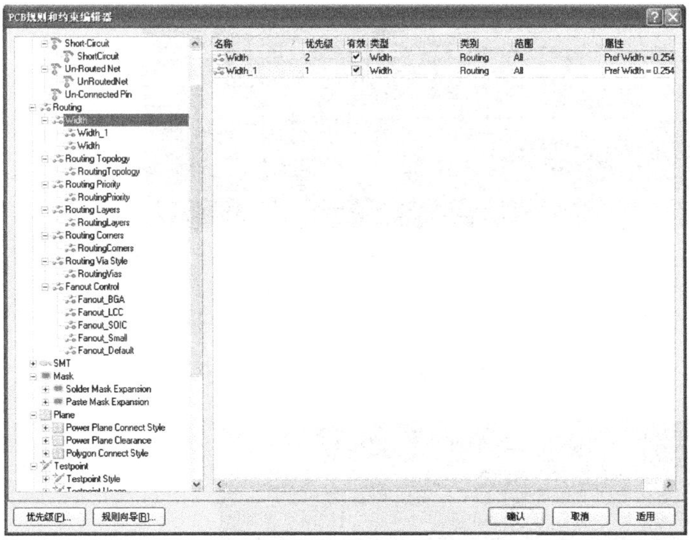

图 3.56 “PCB 规则和约束编辑器”对话框

② 在左边列表中选择新建的“Width_1”，出现如图 3.57 所示的对话框。

③ 修改“名称”为 +5V，在“第一个匹配对象的位置”中选中“网络”单选钮，并在网络后面的列表中选择 +5V，将“约束”中的各种宽度设置为 0.5mm，如图 3.58 所示。

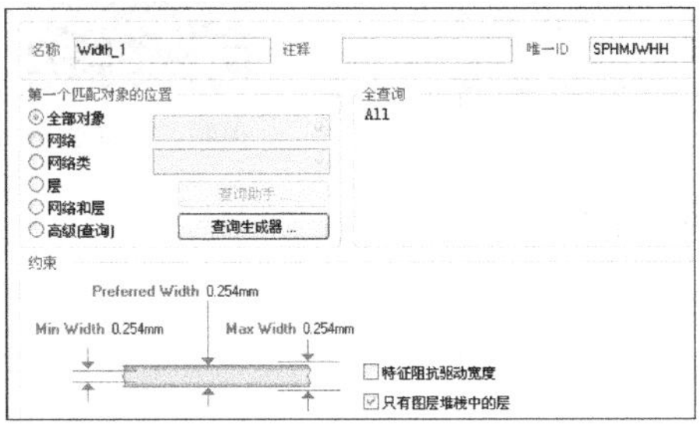

图 3.57 设置布线宽度

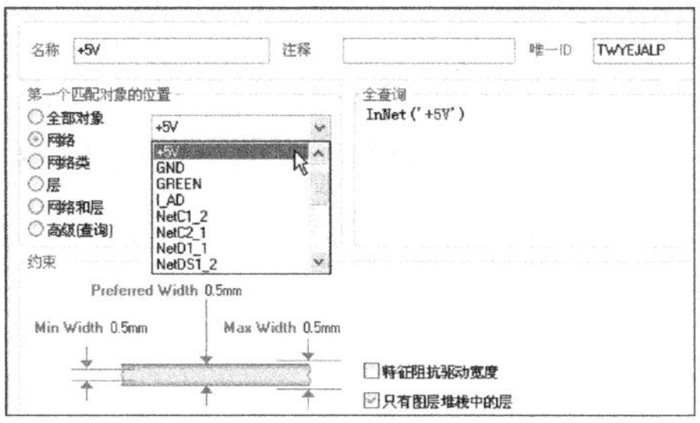

图 3.58 设置电源线宽度

（5）打开“Routing”（布线规则设置）中的“Routing Layers”（布线工作层设置）选项，如图 3.59所示，在该对话框中可以设置自动布线过程中哪些信号层可以用。因为本例只在底层和顶层布线，所以在“有效的层”中只选中“Top Layer”和“Bottom Layer”后面的复选框（允许布线）。

（6）打开“Routing”（布线规则设置）中的“Routing Corners”（布线转角设置）选项，如图 3.60所示，在该对话框中可以设置 45°转角，其他采用默认设置。

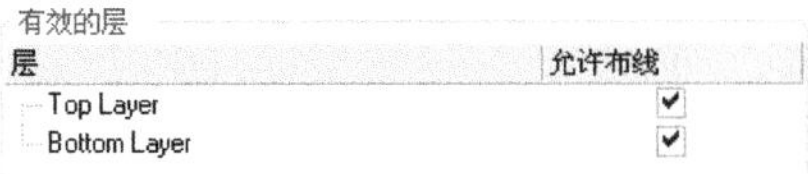

图 3.59 设置布线工作层

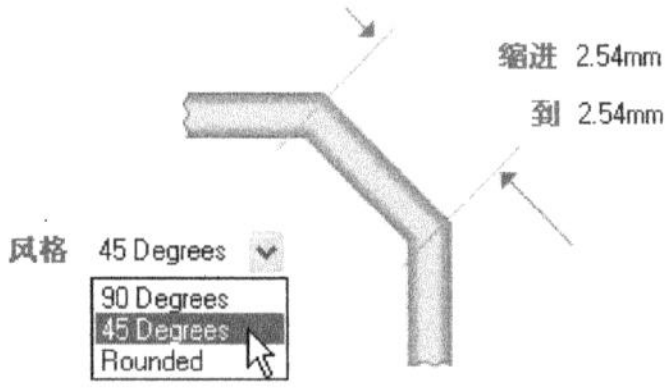

图 3.60 设置布线转角

（7）打开 SMT（表贴规则），包括走线拐弯处表贴约束（SMD To Corner）、SMD 到电平面的距离约束（SMD To Plane）和 SMD 的缩颈约束（SMD Neck-Down）。在每项中右击，在弹出的对话框中选择“新建规则”项，如图 3.61 所示，此时会出现对应的“规则”对话框，如图 3.62 所示。输入相应的数据。本例中，三项都采用默认设置。

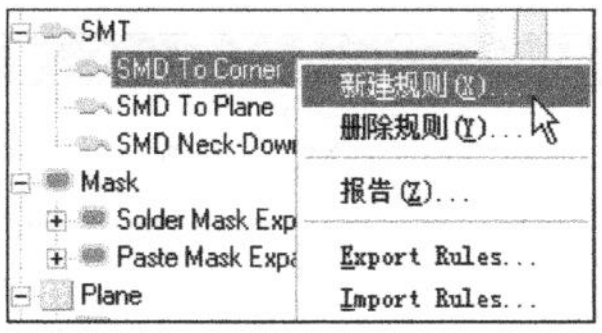

图 3.61　选择“新建规则”项

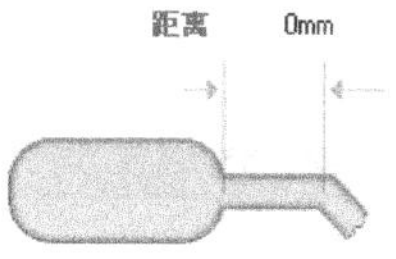

图 3.62　“规则”对话框

其他采用默认设置，单击“确认”按钮完成设置。

3.5.7　元件布局

视频：自动布局

1. 自动布局

（1）选择“工具”→“放置元件”→“自动布局”菜单命令。

（2）执行上述命令后，系统将弹出“自动布局”对话框，选中“分组布局”单选钮，然后单击“确认”按钮，系统将对元件自动布局。自动布局结果如图 3.63 所示。

在 PCB 文件中也可以手工放置 PCB 元件，放置方法和在原理图中放置元件类似（以放置 AXIAL-0.3 为例）。

① 选择合适的 PCB 库后，在“元件”列表中选择对应的元件，然后单击“Place AXIAL-0.3”进行放置，也可以直接双击元件进行放置，如图 3.64 所示。

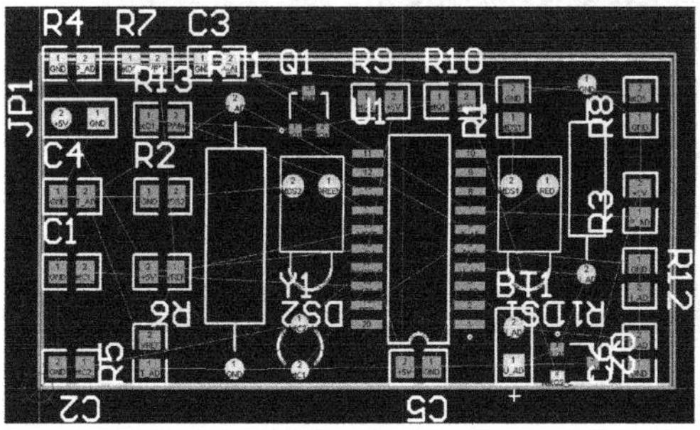

图 3.63　自动布局结果

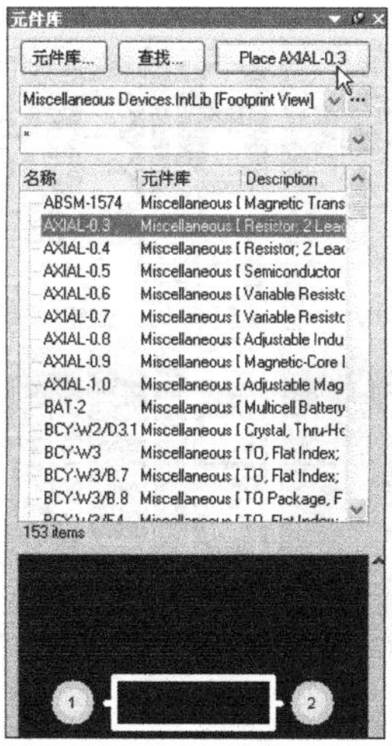

图 3.64　放置 PCB 元件命令

② 执行以上命令后，弹出如图 3.65 所示的对话框，单击“确认”按钮后移动鼠标到合适位置左击，完成放置。此时鼠标仍然处于放置该元件状态，右击退出放置该元件状态，弹出如图 3.65 所示的对话框，再次右击退出。

③ 放置完元件后，该元件是独立的，没有与其他元件建立电气连接关系，焊盘上是没有飞线的。为了建立连接关系可以双击焊盘，在如图 3.66 所示的对话框的“网络”下拉列表中选择需要相连的网络后单击“确认”按钮，完成设置。这时，该焊盘就加上了与该网络连接的飞线。

图 3.65 “放置元件”对话框

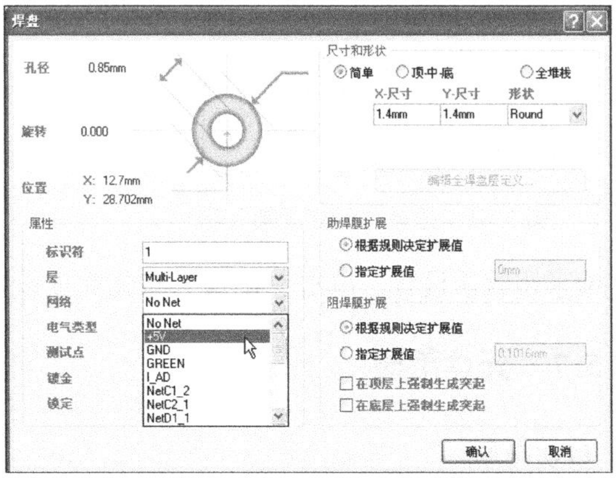

图 3.66 设置焊盘网络属性

视频：手工调整布局

2. 手工调整布局

(1) 与原理图编辑方法类似，可以通过选择、移动、翻转元件来实现手工布局。

(2) 修改元件标号到合适的位置和合适的方向。

(3) 手工调整布局后的 PCB 如图 3.67 所示。

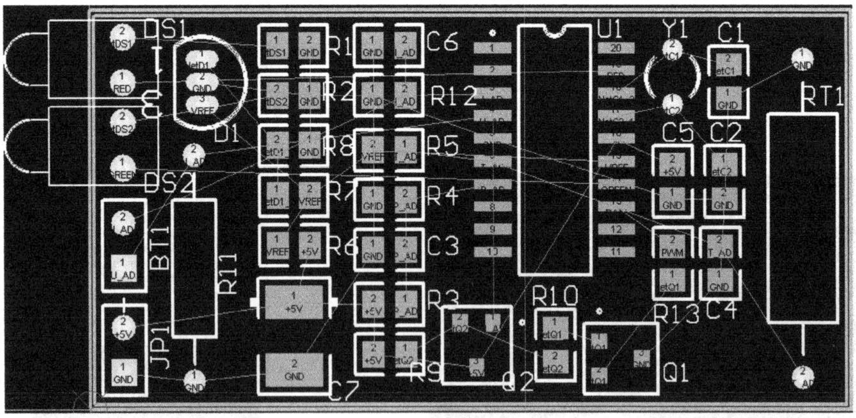

图 3.67 布局结果

在布局好一些元件后，可以建立联合固定它们的相对位置关系，具体步骤为：

① 选中要建立联合的几个元件。

② 执行“工具”→“转换”→“根据选定的元件创建联合”菜单命令，如图 3.68 所示，执行该命令后，选定的几个元件就联合在一起。它们在移动的时候会一起移动，它们之间的相对位置也就固定了。

③ 执行“工具”→“转换”→“从联合中删除元件”菜单命令后，光标会变成十字形状，左击联合元件后弹出如图3.69所示的对话框，选中要从联合元件中删除的元件后单击“确认”按钮完成删除。

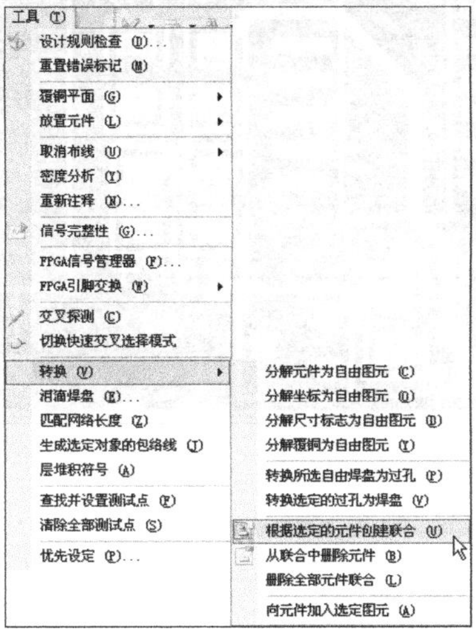

图3.68　根据选定的元件创建联合菜单命令

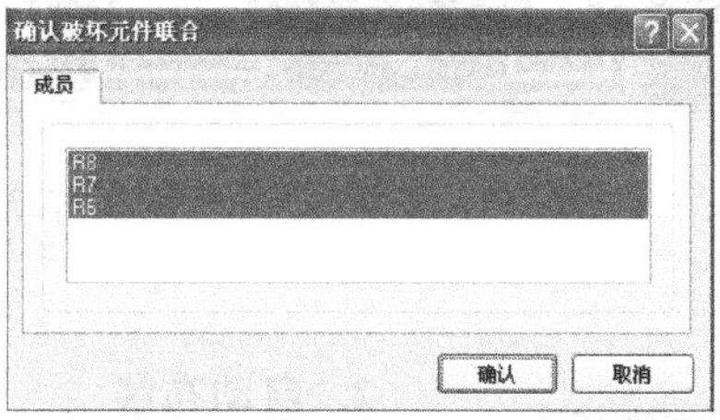

图3.69　从联合元件中删除元件

④ 执行“工具”→“转换”→“删除全部元件联合”菜单命令后，文件中所有元件联合将被取消。

3.5.8　元件布线

1. 手工预布线（对电源和接地网络进行手工预布线，以电源线为例）

(1) 单击“布线”工具栏中的按钮，或者选择“放置”→“交互式布线”菜单命令后，光标变成了十字形状。

(2) 将光标移到+5V网络的一个焊盘上，单击鼠标左键，确定导线的起点，如图3.70所示。

(3) 将光标移动到下一个端点（本例选另外一个焊盘），单击鼠标左键，确定导线的终点，结果如图3.71所示。

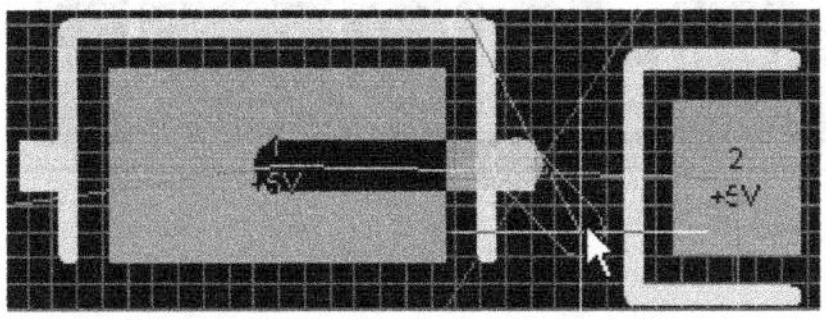

图3.70　确定导线的起点

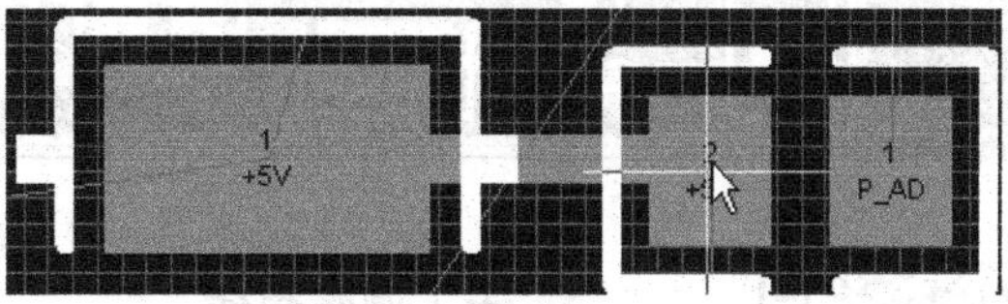

图3.71　确定导线的终点

(4) 继续布其他电源线，都布好后，右击鼠标结束放置导线状态。结果如图3.72所示。

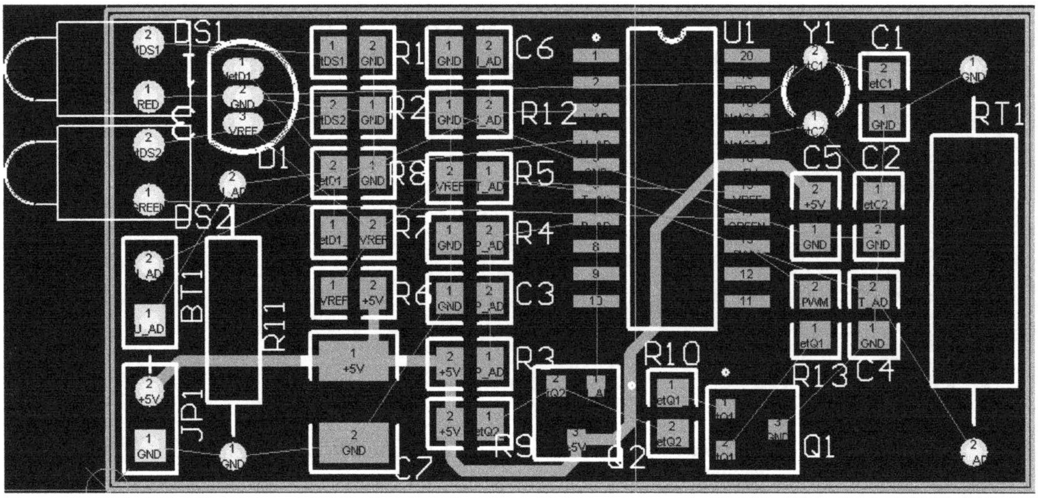

图 3.72　预布线结果

2. 自动布线

(1) 选择“自动布线”→“设定”菜单命令完成设定（本例采用默认设置)。

(2) 选择“自动布线”→“全部对象”菜单命令，自动布线结果如图 3.73 所示。

视频：自动布线

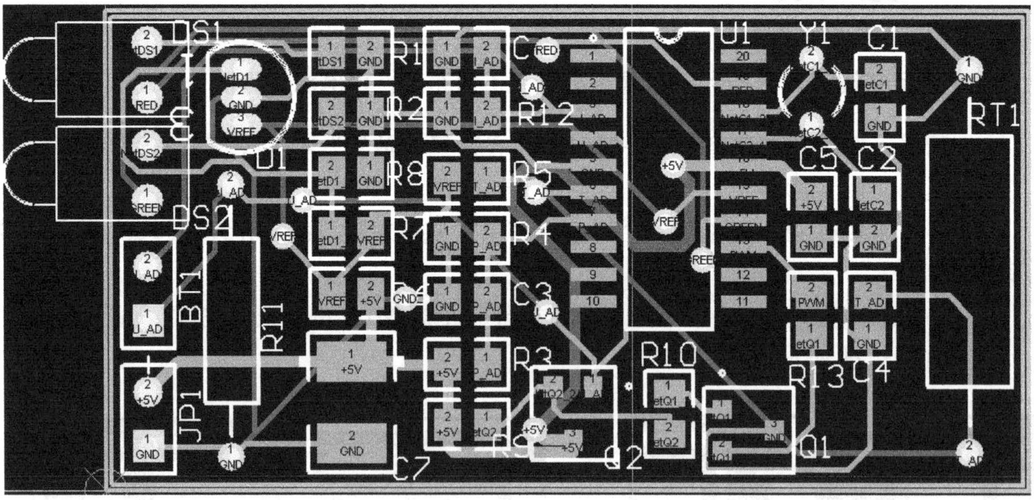

图 3.73　自动布线结果

3. 手工调整布线

通过手工调整布线，使布线更加合理、美观，结果如图 3.74 所示。

视频：手工调整布线

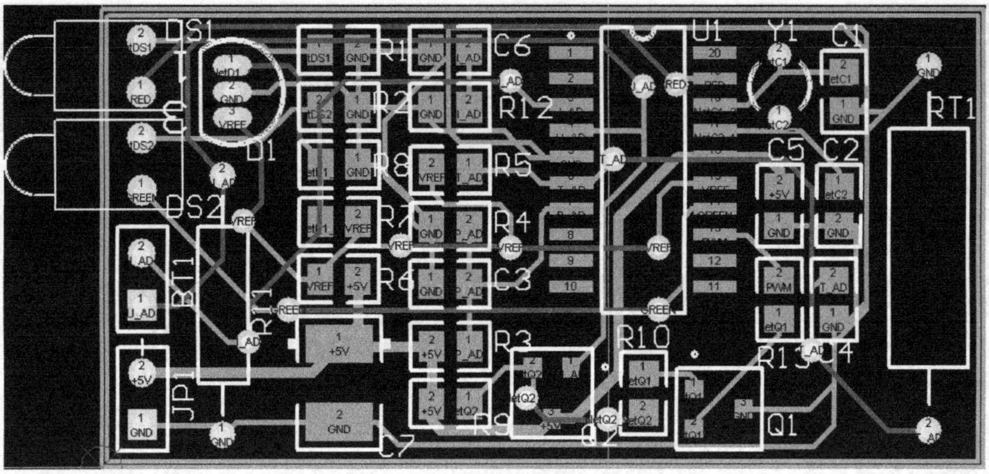

图 3.74　手工调整布线结果

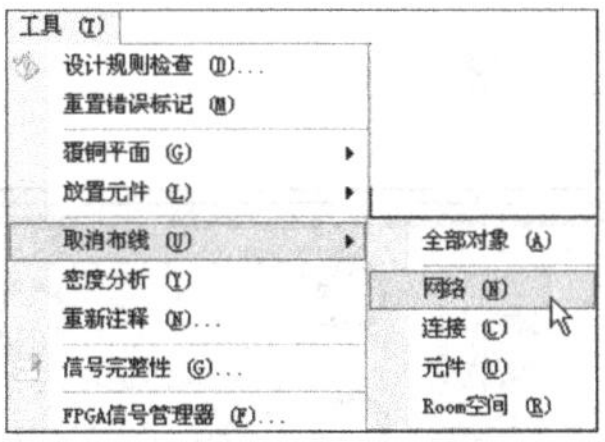

图 3.75　取消布线菜单命令

注意： 布线完后，如果不满意，可以执行“取消布线”菜单命令，如图 3.75 所示。

(1)“全部对象”。取消全部布线，如果要保留手工部分的连线，应该采用“撤销”命令来取消上一步的布线。

(2)“网络”。执行命令后，单击网络可以取消对应网络的布线。

(3)“连接”。执行命令后，单击某个连线可以取消对应连接的布线。

(4)“元件”。执行命令后，单击某个元件可以取消与该元件连接的布线。

3.5.9　PCB 高级处理

视频：地线敷铜

本节介绍如何给地线敷铜。

(1) 底层敷铜。选择“放置”→“敷铜”菜单命令或单击图标，弹出“敷铜”对话框，具体设置如图 3.76 所示。单击“确认”按钮，然后选择整个板区域，右击鼠标结束敷铜，结果如图 3.77所示。

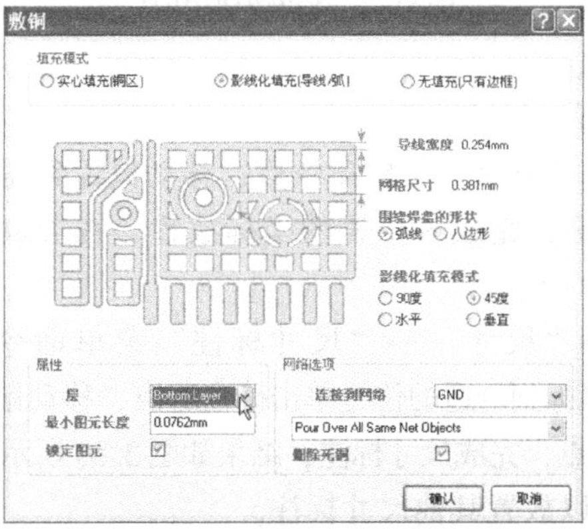

图 3.76　设置敷铜属性

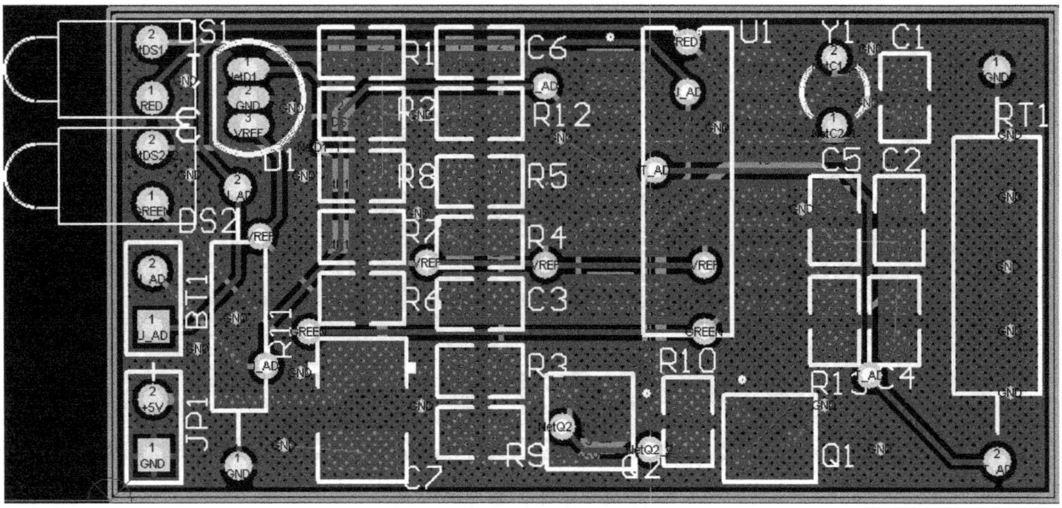

图 3.77　底层敷铜结果

（2）顶层敷铜。用同样的办法可以给顶层敷铜，结果如图 3.78 所示。

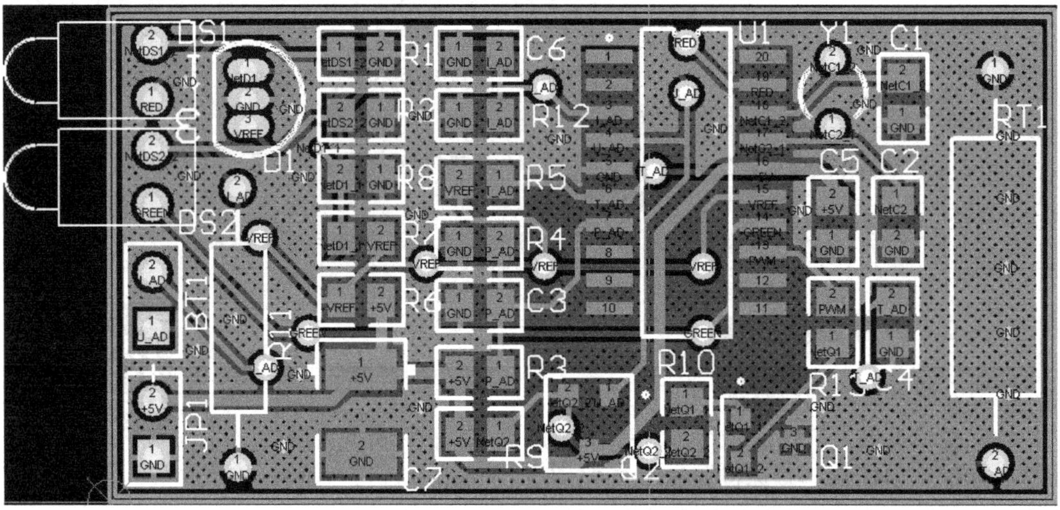

图 3.78　顶层敷铜结果

多学一招：放置坐标、尺寸。

① 执行“放置”→“坐标”菜单命令后，移动鼠标到需要放置坐标的位置后单击左键，完成该位置的坐标放置。右击取消放置状态。

② 执行“放置”→“尺寸”→“尺寸标注”菜单命令，如图 3.79 所示，然后移动鼠标到合适的位置单击确定起点，移动鼠标到另外一个位置单击确定终点，完成尺寸标注，结果如图 3.80 所示。右击取消放置状态。

③ 用同样的办法可以放置其他尺寸标注。

视频：放置尺寸标注

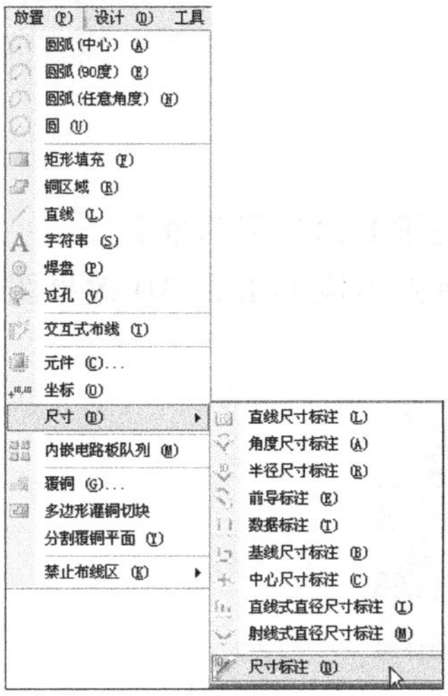

图3.79 放置尺寸标注菜单命令

图3.80 放置尺寸结果

3.5.10 PCB设计规则检查

(1) 选择“工具”→“设计规则检查”菜单命令。

(2) 执行上述命令后，系统将弹出“设计规则检查器”对话框（本例采用默认设置）。

(3) 单击“运行设计规则检查”按钮，开始进行设计规则检查。检查结束后，系统将产生一个设计规则检查报表，如图3.81所示。

视频：PCB设计规则检查

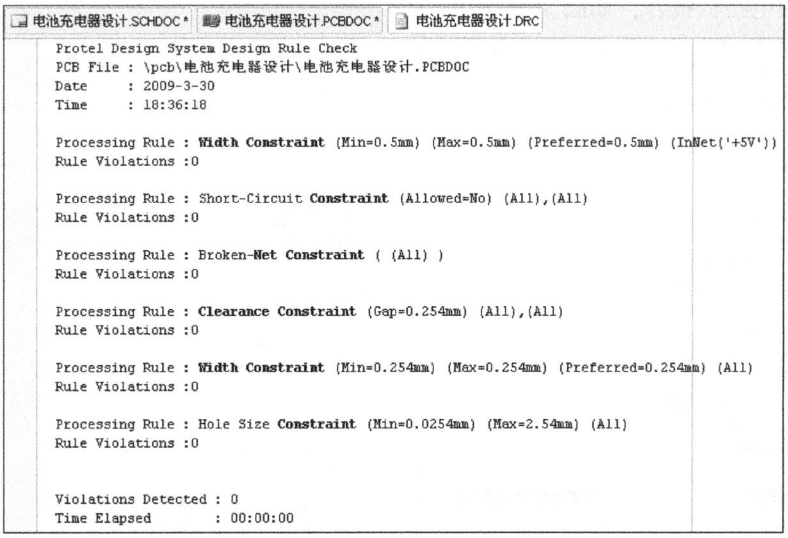

电池充电器设计.SCHDOC * | 电池充电器设计.PCBDOC * | 电池充电器设计.DRC

```
Protel Design System Design Rule Check
PCB File : \pcb\电池充电器设计\电池充电器设计.PCBDOC
Date     : 2009-3-30
Time     : 18:36:18

Processing Rule : Width Constraint (Min=0.5mm) (Max=0.5mm) (Preferred=0.5mm) (InNet('+5V'))
Rule Violations :0

Processing Rule : Short-Circuit Constraint (Allowed=No) (All),(All)
Rule Violations :0

Processing Rule : Broken-Net Constraint ( (All) )
Rule Violations :0

Processing Rule : Clearance Constraint (Gap=0.254mm) (All),(All)
Rule Violations :0

Processing Rule : Width Constraint (Min=0.254mm) (Max=0.254mm) (Preferred=0.254mm) (All)
Rule Violations :0

Processing Rule : Hole Size Constraint (Min=0.0254mm) (Max=2.54mm) (All)
Rule Violations :0


Violations Detected : 0
Time Elapsed        : 00:00:00
```

图3.81 设计规则检查报表

(4) 从该报表可以看出，本例没有出现违反规则的情况。如果有，则会在该报表中显示对应的情况。

视频：生成报表和3D效果图

3.5.11 3D 效果图

(1) 选择“查看”→“显示三维 PCB”菜单命令。

(2) 执行以上命令后，系统将弹出该 PCB 的 3D 效果图，如图 3.82 所示。

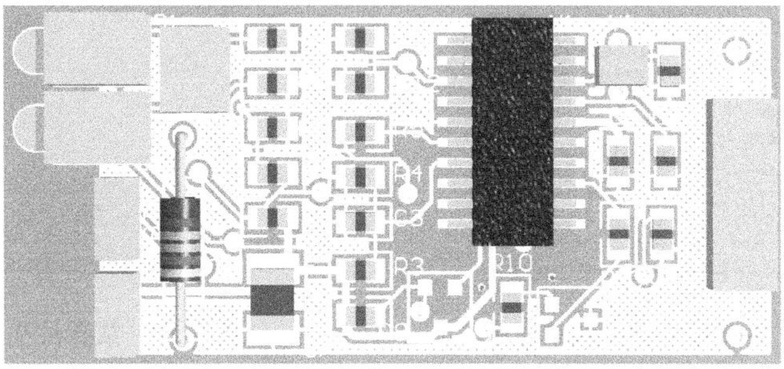

图 3.82 3D 效果图

3.5.12 生成报表

1. PCB 信息

(1) 选择“报告”→“PCB 信息”菜单命令，弹出“PCB 信息”对话框。

(2) 单击“报告”按钮，弹出如图 3.83 所示的对话框。

(3) 根据要求选择需要报告的内容，本例选中所有的复选框，然后单击“报告”按钮，将弹出对应的电路板报告，如图 3.84 所示。

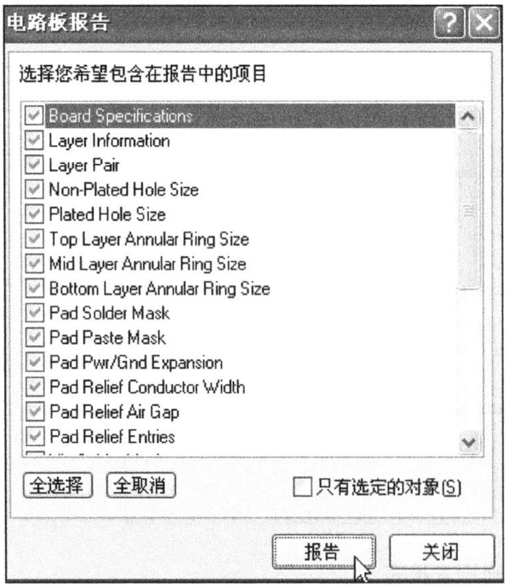

图 3.83 “电路板报告”对话框

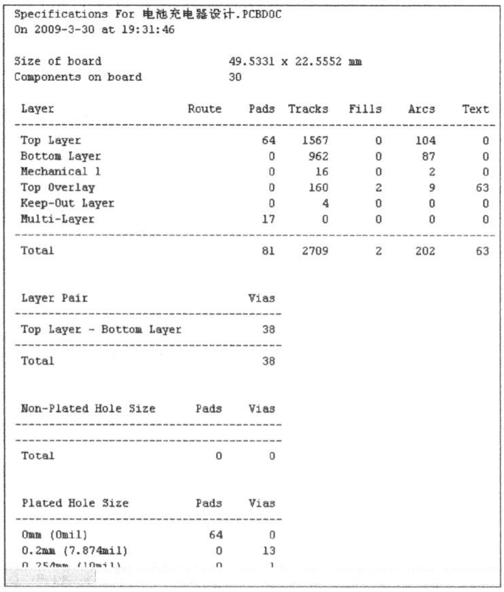

Specifications For 电池充电器设计.PCBDOC
On 2009-3-30 at 19:31:46

Size of board 49.5331 x 22.5552 mm
Components on board 30

Layer	Route	Pads	Tracks	Fills	Arcs	Text
Top Layer		64	1567	0	104	0
Bottom Layer		0	962	0	87	0
Mechanical 1		0	16	0	2	0
Top Overlay		0	160	2	9	63
Keep-Out Layer		0	4	0	0	0
Multi-Layer		17	0	0	0	0
Total		81	2709	2	202	63

Layer Pair	Vias
Top Layer - Bottom Layer	38
Total	38

Non-Plated Hole Size	Pads	Vias
Total	0	0

Plated Hole Size	Pads	Vias
0mm (0mil)	64	0
0.2mm (7.874mil)	0	13
0.254mm (10mil)	0	1

图 3.84 电路板报告

2. 输出简单的元件清单

(1) 选择"报告"→"Simple BOM"菜单命令。
(2) 执行上述命令后，将弹出简单的元件清单报表，如图 3.85 所示。

```
Bill of Material for 电池充电器设计.PCBDOC
On 2009-3-30 at 19:33:50

 Comment              Pattern      Quantity  Components
-------------------------------------------------------------------------------
                      AXIAL-0.7       1      RT1                  Variable Resistor
 0.5                  R2012-0805      1      R12                  Resistor
 1K                   R2012-0805      1      R10                  Resistor
 1M                   AXIAL-0.5       1      R11                  Resistor
 2K                   R2012-0805      1      R13                  Resistor
 470                  R2012-0805      2      R1, R2               Resistor
 4M                   BCY-W2/D3.1     1      Y1                   Crystal Oscillator
 50                   R2012-0805      1      R9                   Resistor
 8050                 SO-G3/C2.5      1      Q1                   NPN Bipolar Transistor
 Battery              BAT-2           1      BT1                  Multicell Battery
 Cap Pol3             CC4532-1812/X3.4   1      C7                   Polarized Capacitor (Surface Mount)
 Cap Semi             R2012-0805      6      C1, C2, C3, C4, C5, C6   Capacitor (Semiconductor SIM Model)
 EM78P458             SOP20           1      U1                   EM78P458
 GREEN                LED-1           1      DS2                  Typical BLUE SiC LED
 Header 2             HDR1X2          1      JP1                  Header, 2-Pin
 PNP                  SO-G3/C2.5      1      Q2                   PNP Bipolar Transistor
 RED                  LED-1           1      DS1                  Typical BLUE SiC LED
 Res1                 R2012-0805      6      R3, R4, R5, R6, R7, R8   Resistor
 TL431CLP             BCY-W3/D5.2     1      D1                   Programmable Precision Reference
"Bill of Material for 电池充电器设计.PCBDOC"
"On 2009-3-30 at 19:33:50"

"Comment","Pattern","Quantity","Components"

"","AXIAL-0.7","1","RT1","Variable Resistor"
"0.5","R2012-0805","1","R12","Resistor"
"1K","R2012-0805","1","R10","Resistor"
"1M","AXIAL-0.5","1","R11","Resistor"
"2K","R2012-0805","1","R13","Resistor"
"470","R2012-0805","2","R1, R2","Resistor"
"4M","BCY-W2/D3.1","1","Y1","Crystal Oscillator"
"50","R2012-0805","1","R9","Resistor"
"8050","SO-G3/C2.5","1","Q1","NPN Bipolar Transistor"
"Battery","BAT-2","1","BT1","Multicell Battery"
"Cap Pol3","CC4532-1812/X3.4","1","C7","Polarized Capacitor (Surface Mount)"
"Cap Semi","R2012-0805","6","C1, C2, C3, C4, C5, C6","Capacitor (Semiconductor SIM Model)"
"EM78P458","SOP20","1","U1","EM78P458"
"GREEN","LED-1","1","DS2","Typical BLUE SiC LED"
"Header 2","HDR1X2","1","JP1","Header, 2-Pin"
"PNP","SO-G3/C2.5","1","Q2","PNP Bipolar Transistor"
"RED","LED-1","1","DS1","Typical BLUE SiC LED"
"Res1","R2012-0805","6","R3, R4, R5, R6, R7, R8","Resistor"
"TL431CLP","BCY-W3/D5.2","1","D1","Programmable Precision Reference"
```

图 3.85　简单的元件清单报表

3. 输出网络表状态

(1) 选择"报告"→"网络表状态"菜单命令。
(2) 执行上述命令后，将弹出网络表状态界面，如图 3.86 所示。

4. 生成 PCB 库文件

(1) 选择"设计"→"生成 PCB 库"菜单命令，如图 3.87 所示。

视频：生成 PCB 库文件

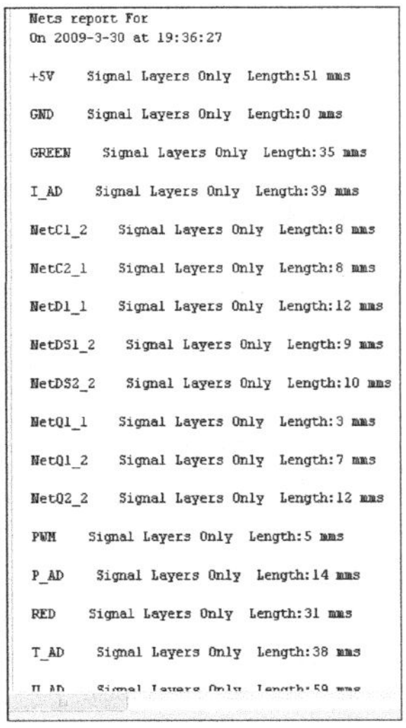

图 3.86　网络表状态界面

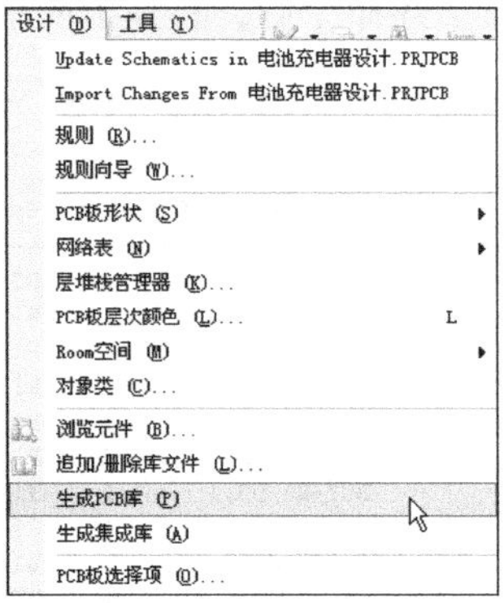

图 3.87　生成 PCB 库菜单命令

（2）执行以上命令后，系统自动生成该项目的 PCB 库文件，如图 3.88 所示。

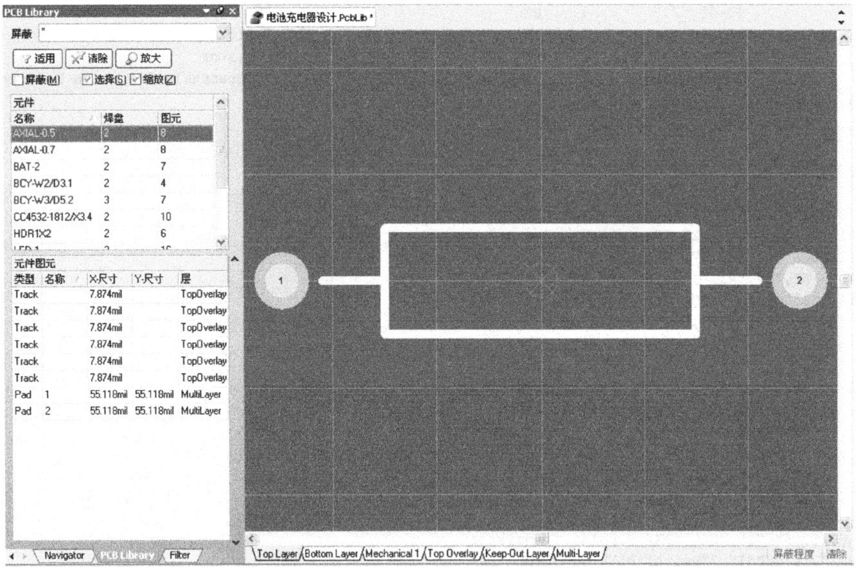

图 3.88　自动生成 PCB 库文件

3.6 小　　结

本项目通过电池充电器（包含直插式和贴片式元件）的设计，使读者更全面地熟悉原理图设计、PCB 设计和原理图库设计的方法，文件报表的生成方法，项目原理图和 PCB 图库的生成方法。

项目 4 硬盘信号控制模块电路版图设计

4.1 设计任务

如图 4.1 所示为硬盘信号控制模块电路原理图，画出原理图并设计 PCB。

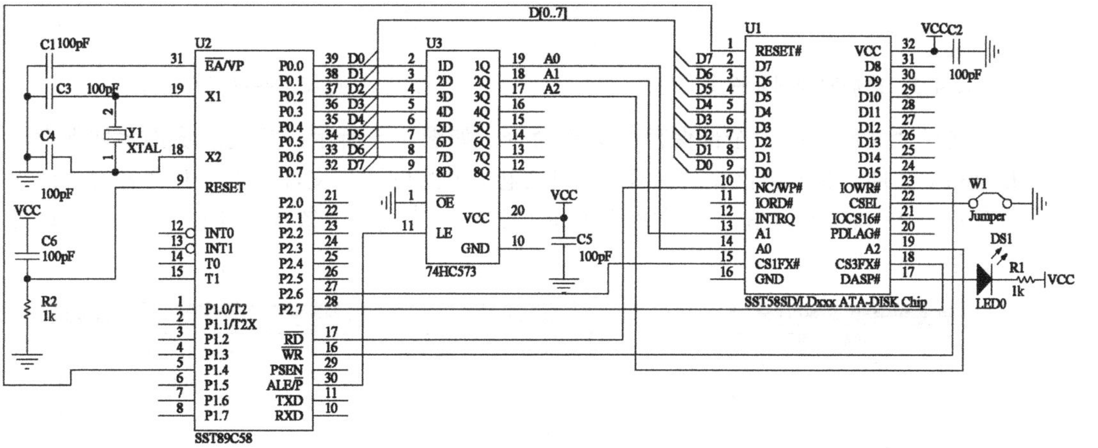

图 4.1　硬盘信号控制模块电路原理图

4.2 新建工程

(1) 启动 Protel DXP 2004。

(2) 在 Protel DXP 2004 主界面中，选择“文件”→“创建”→“项目”→“PCB 项

目”菜单命令，新建一个工程文件，如图 4.2 所示。

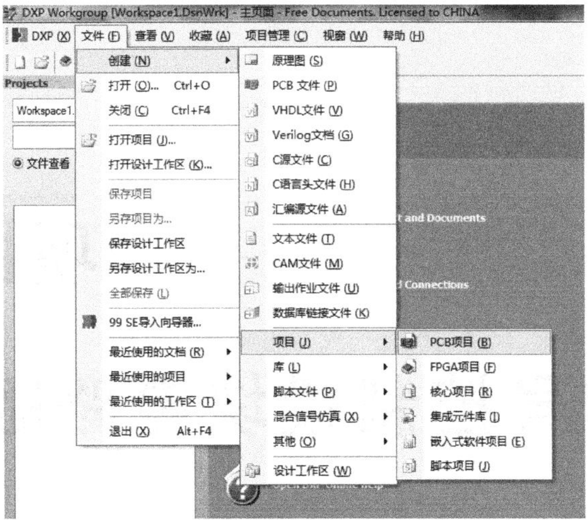

图 4.2　新建一个工程文件

（3）在新建的 PCB 项目上右击选择“追加新文件到项目中”→“Schematic Library”（原理图元件库文件）和“PCB Library”（元件封装库文件）菜单命令，如图 4.3 和图 4.4 所示。

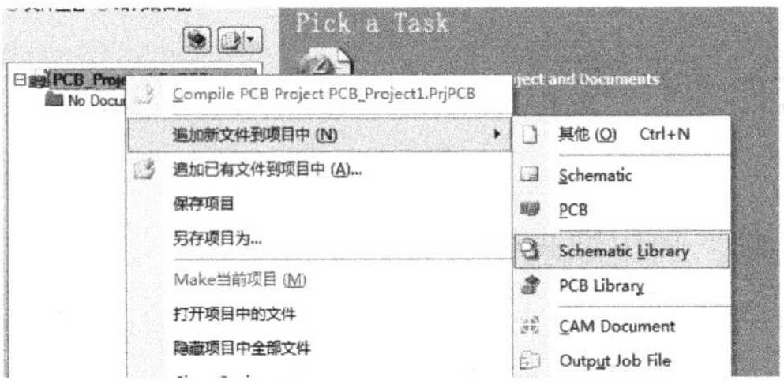

图 4.3　追加原理图元件库文件

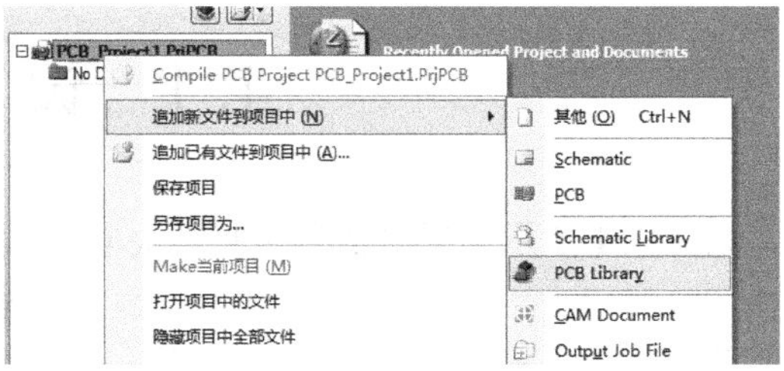

图 4.4　追加元件封装库文件

（4）选择“文件”→“全部保存”菜单命令，如图 4.5 所示，首先系统提示你保存的是 PCB library 文件，我们将该文件保存到“d:\电子电路设计”文件夹下，并命名为“练习1”。接下来是“Schematic Library”文件和 PCB 项目的工程文件，依次保存在“d:\电子电路设计”文件夹下，如图 4.6 所示。

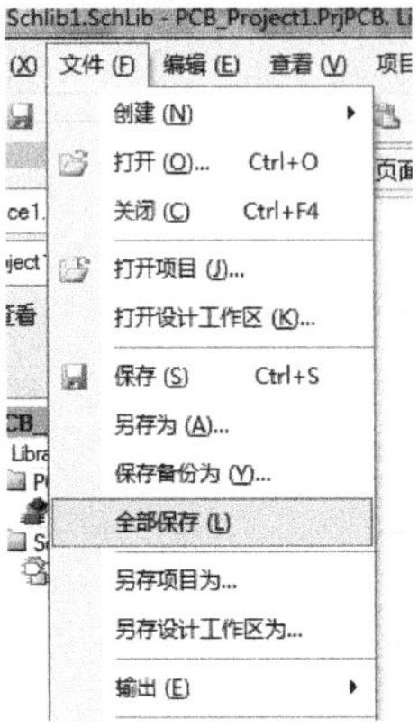

图 4.5　“全部保存”菜单命令

图 4.6　保存工程文件

4.3　原理图元件库设计

由于在系统自带的库里面没有该原理图中的部分元件符号，所以需要自己设计。本例中有3个元件需要自己设计。

4.3.1　制作SST89C58元件

（1）首先学习设计元件“SST89C58”。在软件左侧工程文件列表中单击刚刚建立好的原理图元件设计文件（练习1.SCHLIB），然后在上方的导航栏里选择“工具”→“新元件”菜单命令。

（2）给新元件起一个名字，本例命名为“SST89C58”，单击“确定”按钮，如图4.7所示。

（3）在软件上方的导航栏里选择“放置”→“矩形”菜单命令，单击左键确定矩形顶点位置，然后调整矩形大小，再单击一下左键放置矩形。按住Ctrl键+鼠标滚轮可以放大或缩小图纸，如图4.8所示。

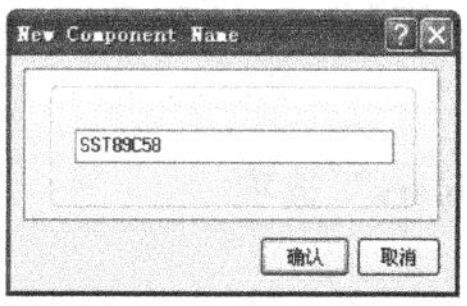

图4.7　给新元件命名

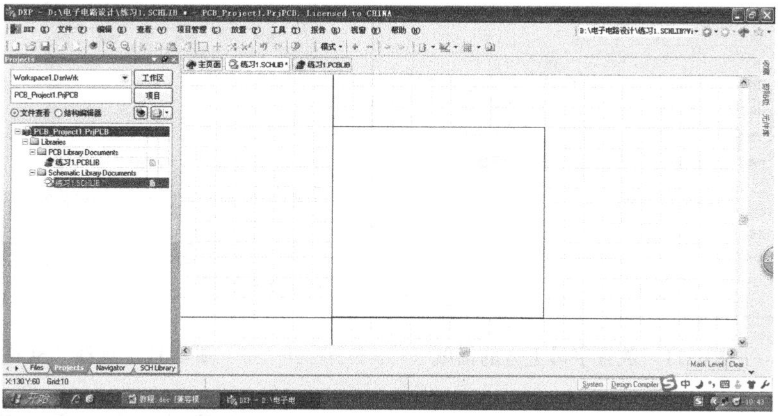

图4.8　放置矩形

（4）按照图4.1所示放置元件引脚。在导航栏中选择“放置”→“引脚”菜单命令，或者在图4.8所示的界面情况下按两下P键（在无输入法的情况下）。注意，引脚的十字交叉端一定要朝外，因为它是与其他元器件相连的接口，如图4.9所示。按空格键可以旋转引脚。放置好引脚的元件如图4.10所示。

（5）修改引脚属性。双击每一个引脚，修改其显示名称和标识符。图中字母上的横线可以输入“\”号，如“E\A\/VP”，如图4.11所示。

在引脚较多的元件中使用此方法会很麻烦，此时我们可以选择“SCH library”选项，如图4.12所示。选中要编辑的元件名称，单击下面的“编辑”按钮，进入元件编辑界面，如图4.13所示；然后选择“编辑引脚”命令，这样就可以统一修改引脚的属性了，如图4.14所示。

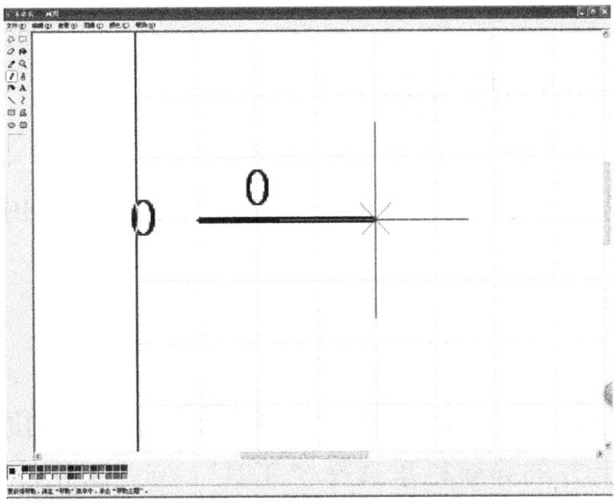

图 4.9　引脚的十字交叉端朝外

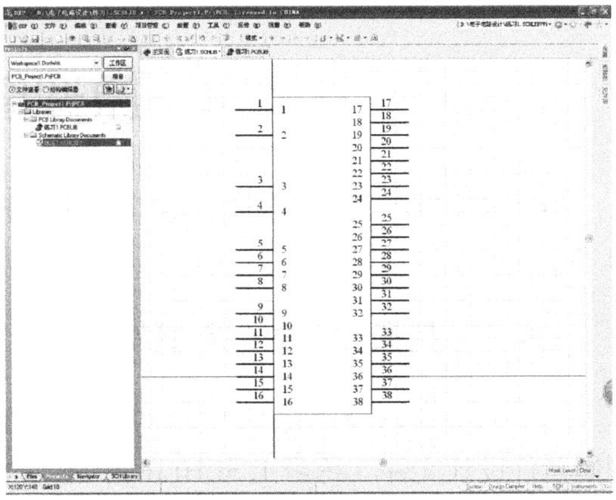

图 4.10　放置好引脚的元件

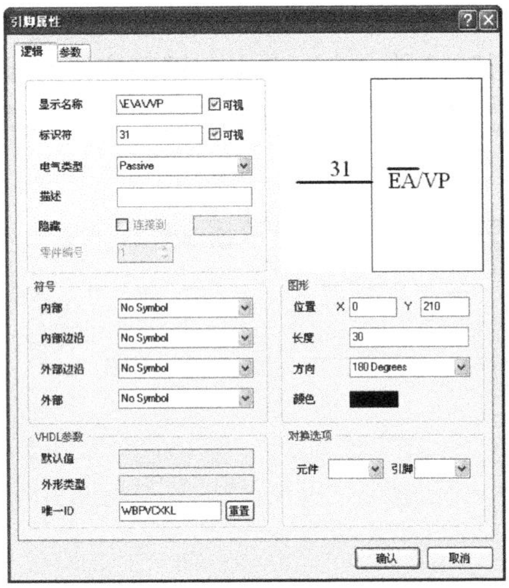

图 4.11　放置字母上方的横线

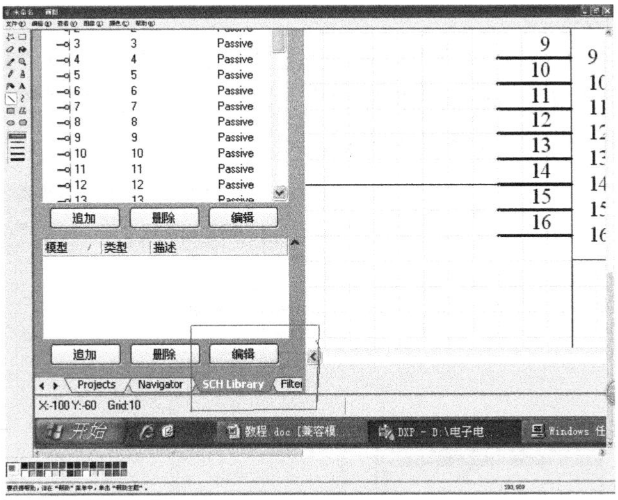

图 4.12　选择“SCH Library”选项

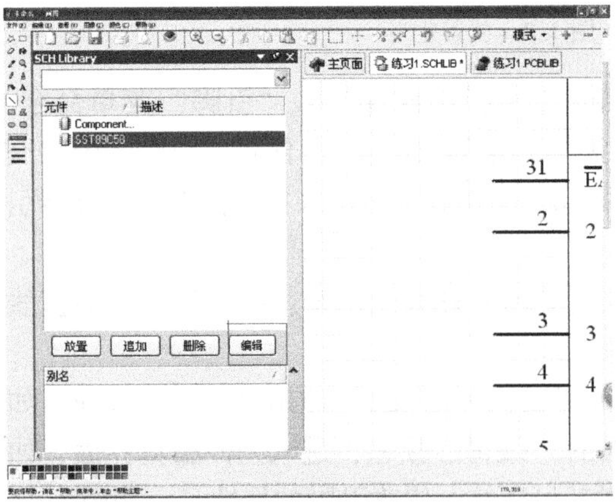

图 4.13　选择要编辑的元件名称

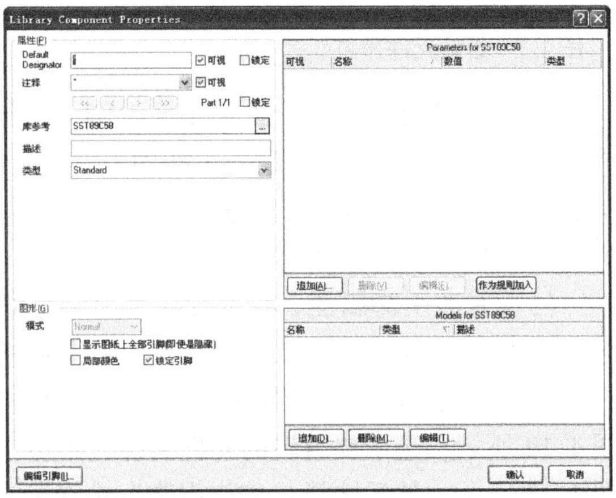

图 4.14　修改引脚的属性

如图 4. 15 所示为“元件引脚编辑器”窗口。

在“引脚属性”对话框中修改引脚的符号，如图 4. 16 所示。

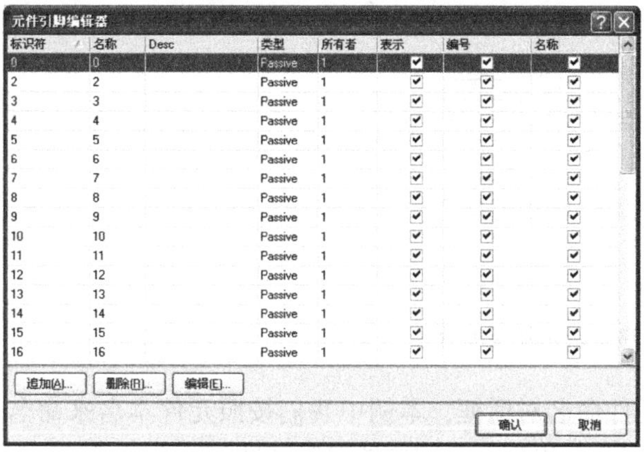

图 4. 15　“元件引脚编辑器”窗口

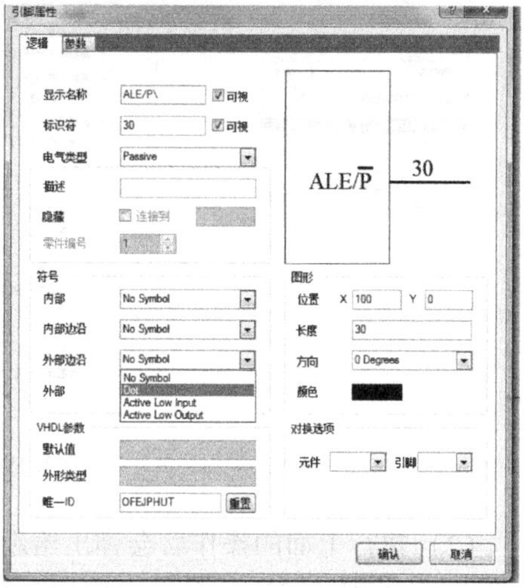

图 4. 16　“引脚属性”对话框

（6）用此方法将其他引脚按照原理图逐一修改好。

（7）在元件编辑界面，修改“属性”的前两项，如图 4. 17 所示。

（8）编辑好的元件如图 4. 18 所示。

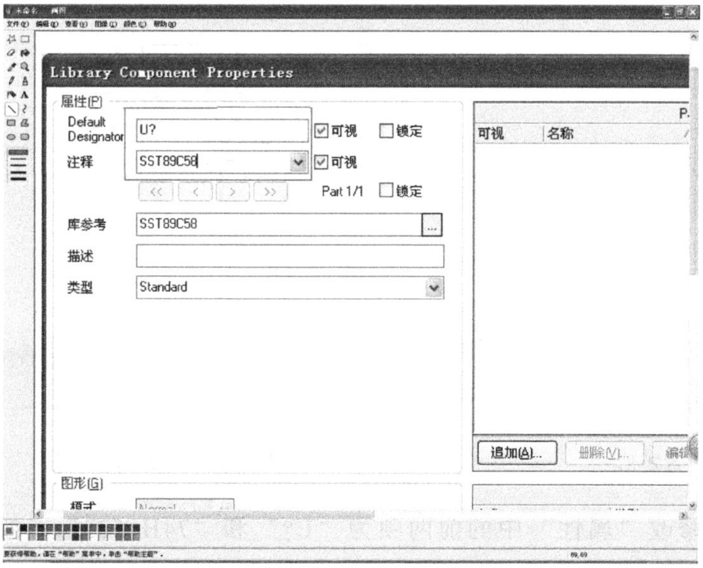

图 4. 17　修改元件属性

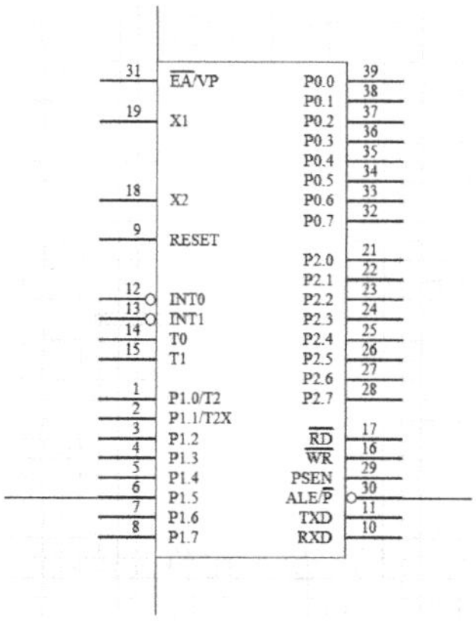

图 4. 18　编辑好的元件

4. 3. 2　制作 74HC573 元件

（1）从工作区单击“练习 1. SCHLIB”进入元件设计库，单击导航栏中的“工具”→

“新元件”菜单命令，如图4.19所示。

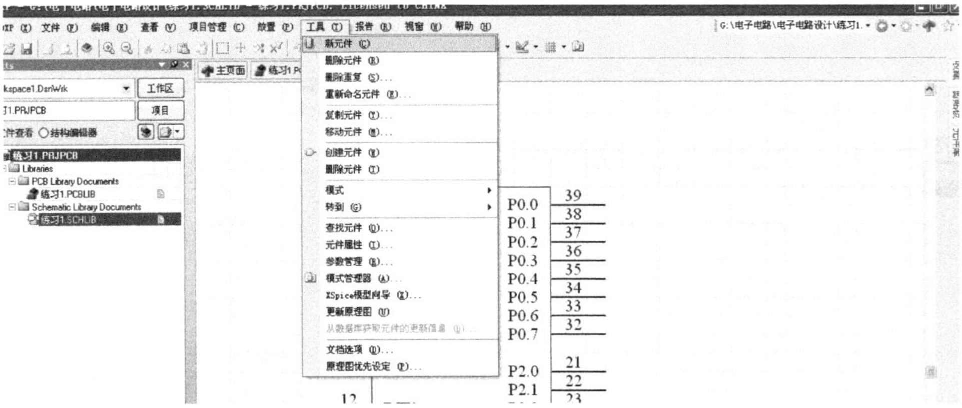

图4.19　建立新元件菜单命令

（2）执行上面的操作后会弹出给新元件命名对话框，本例中我们按照元件本名来命名，即命名为“74HC573”。单击“确定”按钮后会出现一个空白的编辑区域。

（3）单击“放置”→“矩形”菜单命令，将十字光标移动到你想放置矩形的位置，单击一次鼠标左键确定矩形位置，然后调整矩形大小，再次单击鼠标左键确定放置矩形，如图4.20所示。

（4）参照原理图放置元件的引脚，然后调整矩形到合适的位置，如图4.21和图4.22所示。

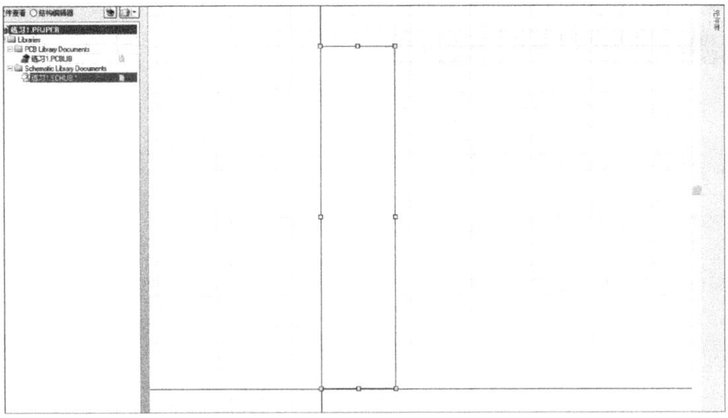

图4.20　放置矩形

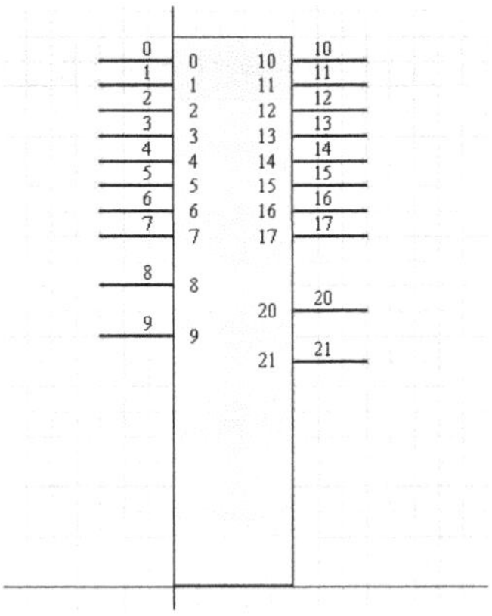

图4.21　放置元件引脚

（5）进入元件编辑模式，修改“属性”中的前两项为“U?”和“74HC573”，如图4.23所示。

（6）直接双击引脚进行引脚编辑，或者在元件编辑界面中执行“编辑引脚”命令进入引脚编辑器，批量编辑引脚。

（7）编辑好的元件如图4.24所示。

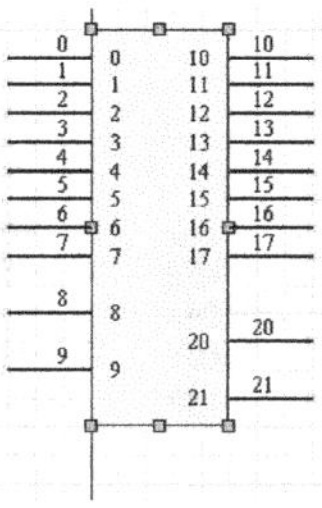

图 4.22　调整位置

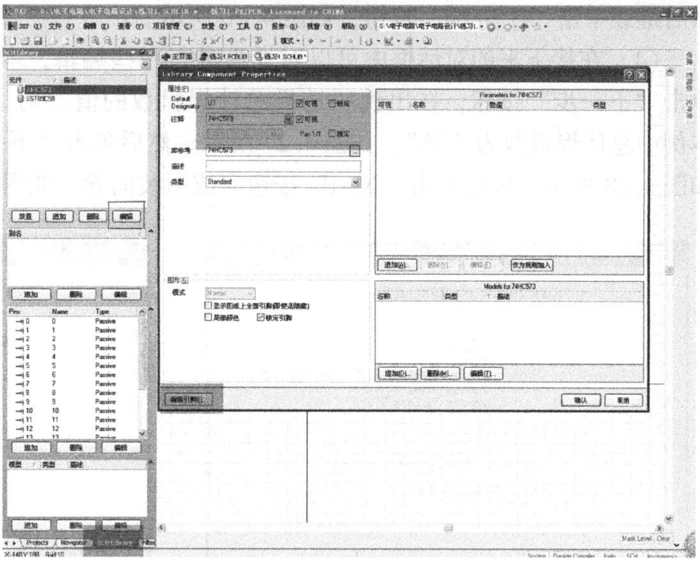

图 4.23　修改属性

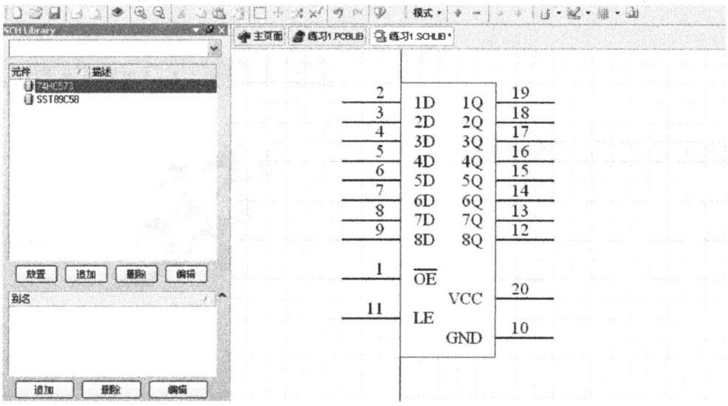

图 4.24　编辑好的元件

4.4　封装库设计

4.4.1　制作封装

(1) 单击左侧工作区中的“Projects”项，单击“练习 1. PCBLIB”命令，进入元件封装编辑库，单击工作区下面的“PCB library”项。

(2) 单击“工具”→“新元件”菜单命令，打开“元件封装向导”对话框，如图 4.25 所示。

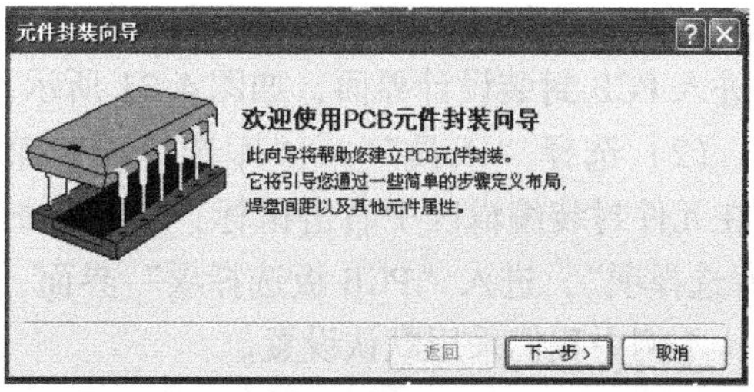

图 4.25　“元件封装向导”对话框

(3) 单击“下一步”按钮，选择第 4 项，然后继续单击“下一步”按钮，如图 4. 26 所示。

(4) 在接下来的对话框中可以对焊盘进行一些编辑，本例中我们采用默认设置，依次单击“下一步”按钮，在出现“选择总计焊盘数的值”对话框时，输入元件的总焊盘数，本例中总计焊盘数为“26”，如图 4. 27 所示。然后单击“下一步”按钮，给元件封装命名，如图 4. 28 所示。最后单击“Next”按钮完成封装向导，如图 4. 29 所示。

图 4. 26　选择元件模式表

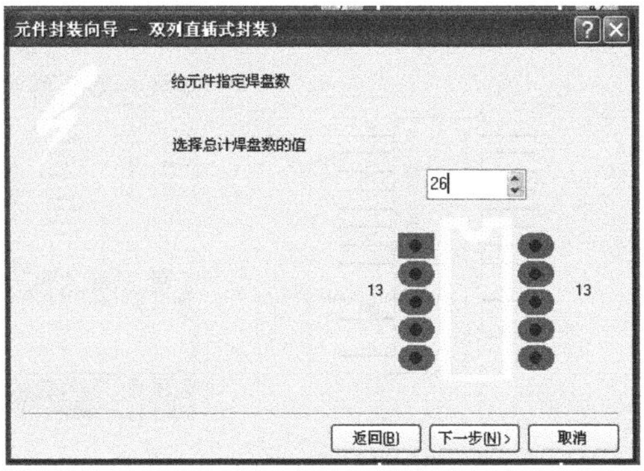

图 4. 27　输入总计焊盘数

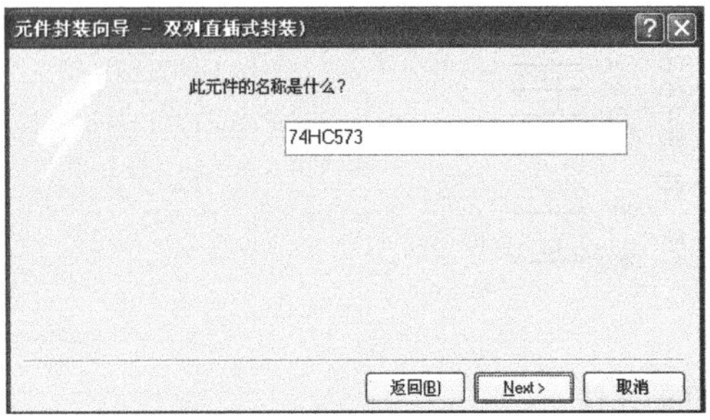

图 4. 28　给元件封装命名

图 4. 29　完成封装向导

(5) 单击“全部保存”按钮，保存上面所做的更改。

4. 4. 2　SST89C58 封装制作

(1) 制作 SST89C58 的封装。选择已经建立好的 PCB 封装库文件，如图 4. 30 所示，单击“PCB library”项进入 PCB 封装设计界面，如图 4. 31 所示。

图 4. 30　选择 PCB 封装库文件

(2) 选择“工具”→“库选择项”菜单命令，或者在元件封装编辑区中右击鼠标，在弹出的菜单中选择“库选择项”，进入“PCB 板选择项”界面，在此界面中可以按照需求对 PCB 进行详细的设置，本例中我们采用默认设置。

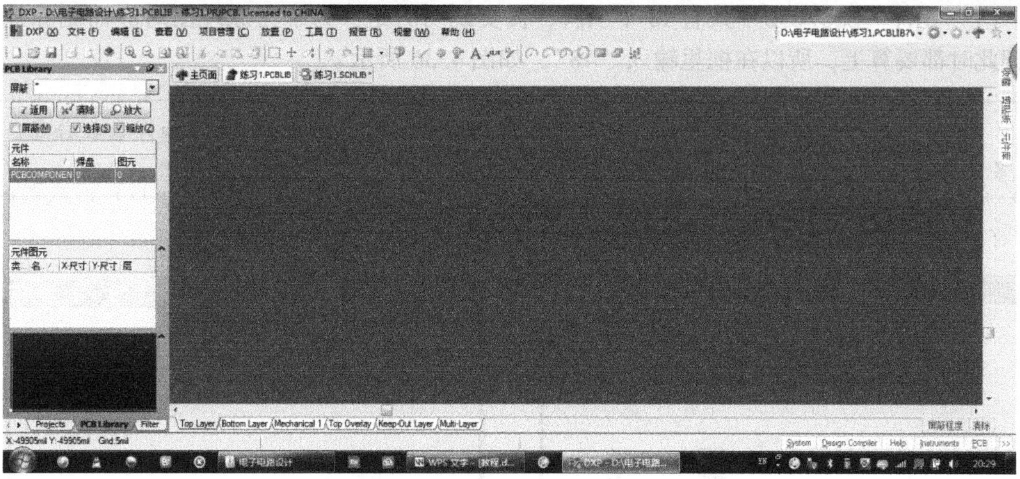

图4.31　PCB封装设计界面

（3）在左侧的面板中已经有了一个名为PCBComponent_1的元件，在空白区单击鼠标右键，选择“元件向导”命令，如图4.32所示。

（4）此时将弹出“元件封装向导”对话框，如图4.33所示，单击“下一步”按钮。

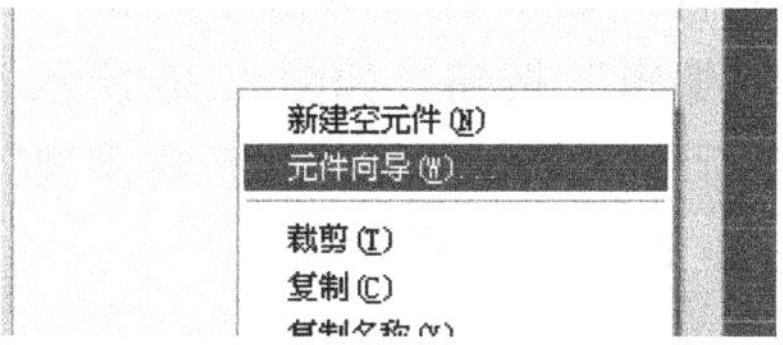

图4.32　选择“元件向导”命令

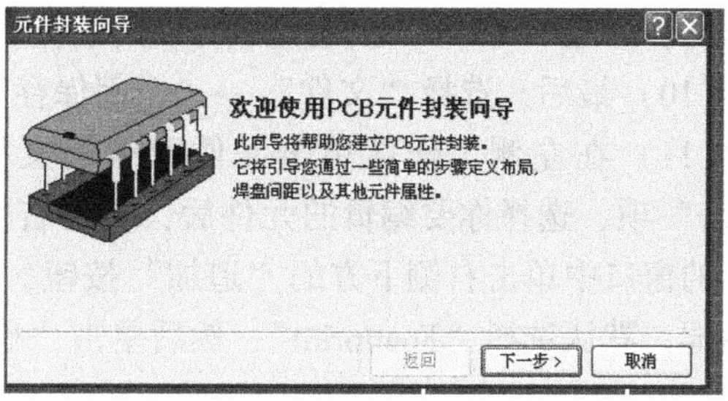

图4.33　“元件封装向导”对话框

（5）选择第4项“Dual in – line Package(DIP)”，然后单击“下一步”按钮，如图4.34所示。

（6）接下来的几个对话框用于设计焊盘的参数，本例中我们采用默认设置。依次单击“下一步”按钮，直到出现“给元件指定焊盘数”对话框，如图4.35所示。

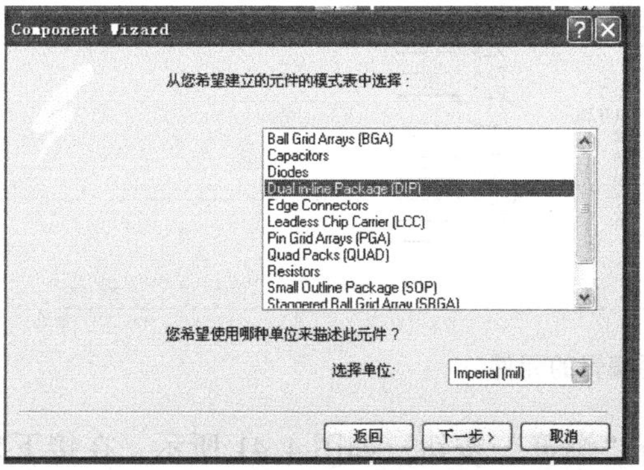

图4.34　选择元件的模式表

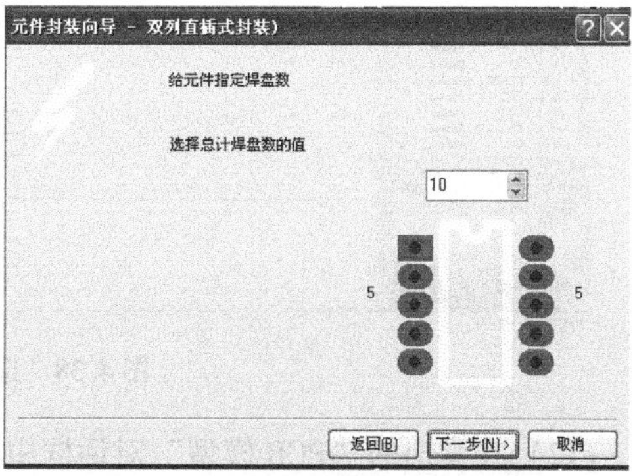

图4.35　“给元件指定焊盘数”对话框

（7）元件“SS89C58”共有48个引脚，需要说明的是，为了与原理图对应而删除掉的引脚此时都要算上，所以在框里输入“48”，如图4.36所示。

注意： 两边的焊盘数要相同，也就是说不能输入单数，不相同的要增加焊盘数补齐，多了没有关系，但是少了就会出现错误。

（8）再次单击“下一步”按钮为新元件命名，如图4.37所示。

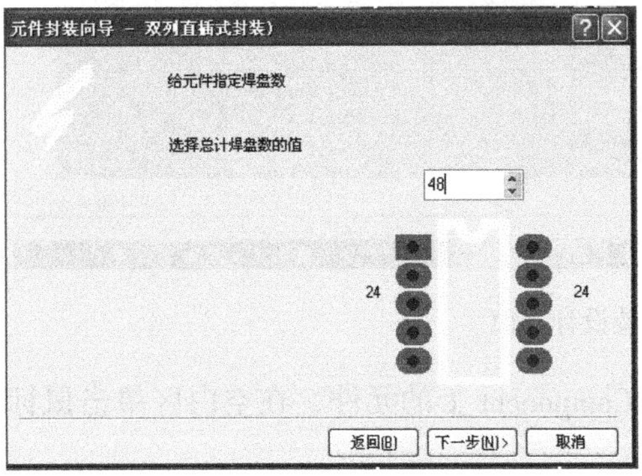

图4.36 输入焊盘数

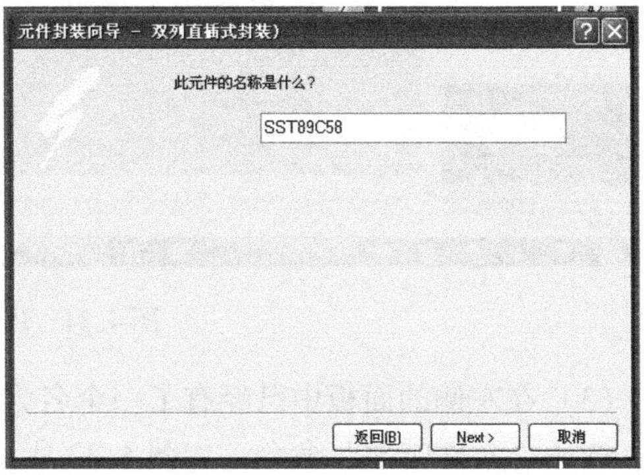

图4.37 为新元件命名

（9）单击“finish”按钮完成封装的制作。

（10）最后，选择“文件”→“全部保存”菜单命令，保存之前对文件的更改。

（11）在左侧工作区单击元件库编辑文件，进入元件编辑界面，单击下方的“SCH library”项，选择你要编辑的元件后，单击右侧下方的“编辑”按钮，如图4.38所示。在弹出的窗口中单击右侧下方的“追加”按钮，如图4.39所示，弹出名为“加新的模型”的对话框，默认选择“Foottprint”，然后单击“确认”按钮，如图4.40所示。

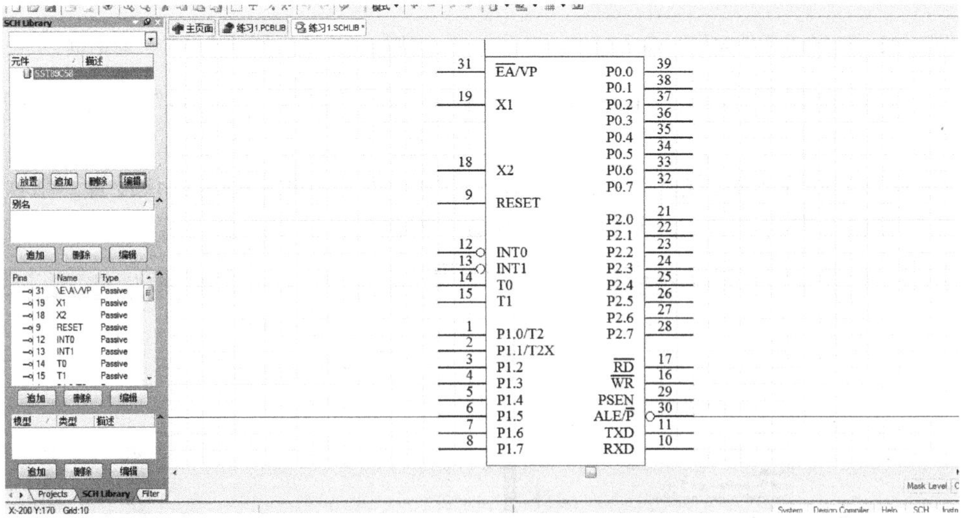

图4.38 选择要编辑的元件

（12）在弹出的“PCB模型”对话框中单击“浏览”按钮，如图4.41所示，在接下来的对话框中选择刚刚做好的封装，然后依次单击“确认”按钮，如图4.42所示。

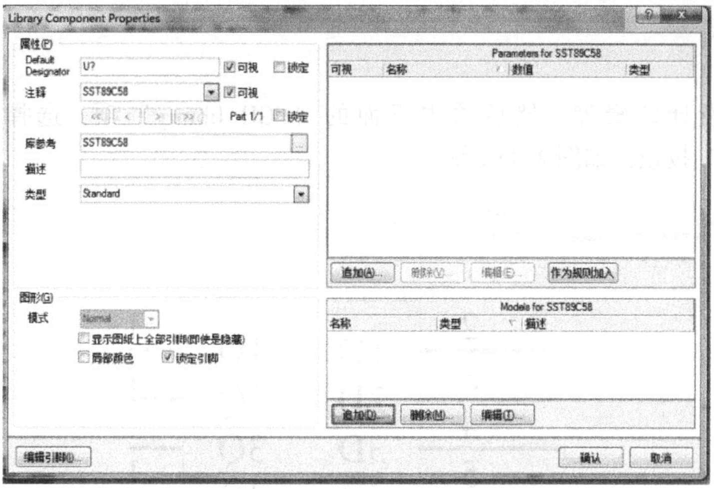

图 4.39　单击“追加”按钮

图 4.40　“加新的模型”对话框

图 4.41　“PCB 模型”对话框

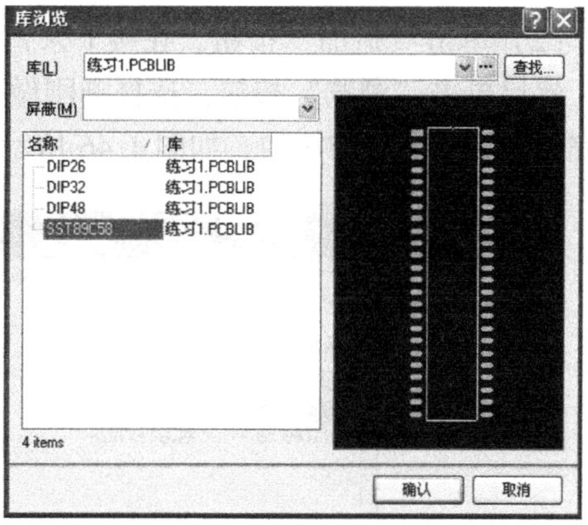

图 4.42　选择刚刚做好的封装

如果完成上述操作后的效果如图 4.43 所示，说明封装添加成功。

此时，单击“文件”→“全部保存”菜单命令，保存元件的封装设计。注意，要养成随时保存的习惯。

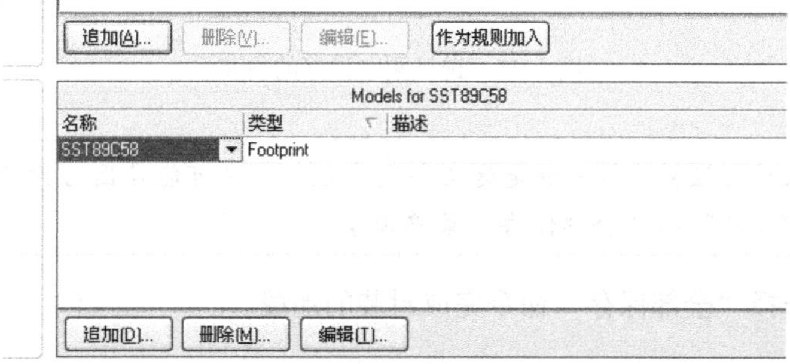

图 4.43　封装添加成功

4.4.3 加载封装

(1) 从工作区进入元件设计编辑库，然后单击下面的“SCH library”项，选择“74HC573”元件，单击“编辑”按钮，如图4.44所示。

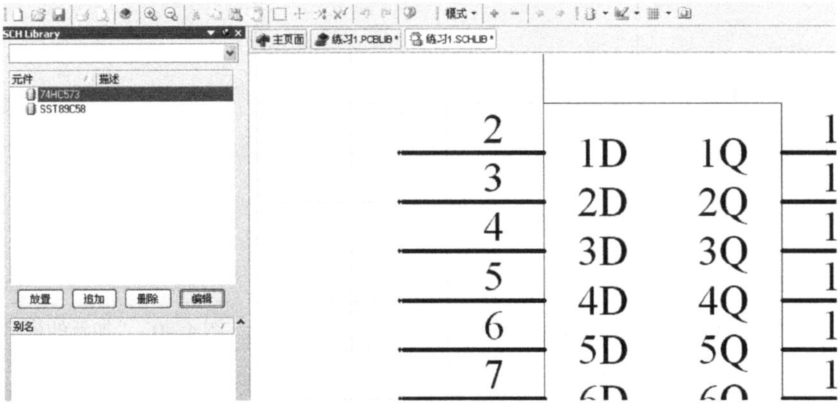

图4.44　编辑元件

(2) 单击“追加”按钮，在接下来弹出的对话框中选择“Footprint”，单击“确认”按钮，然后单击“浏览”按钮，选择刚刚做好的封装，如图4.45所示。依次单击“确认”按钮完成对元件封装的添加，如图4.46所示。

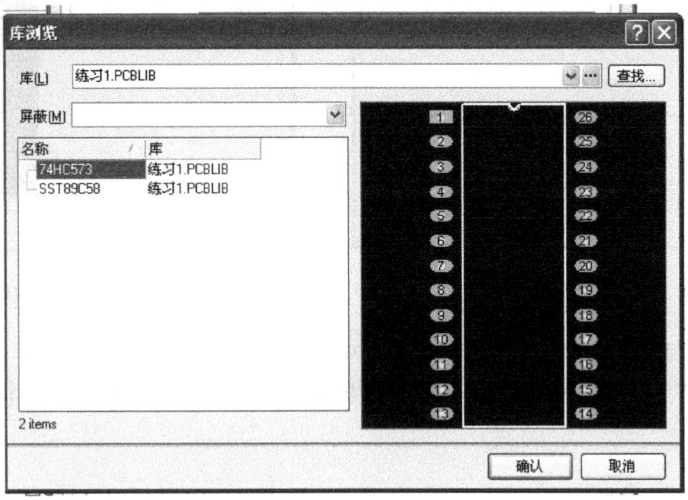

图4.45　选择刚刚做好的封装

注意：如果你已经制作封装但是这里却没有显示，很可能是因为你没有保存之前做的修改，选择“文件”→“全部保存”菜单命令。

(3) 最后，选择“全部保存”命令完成封装的加载。

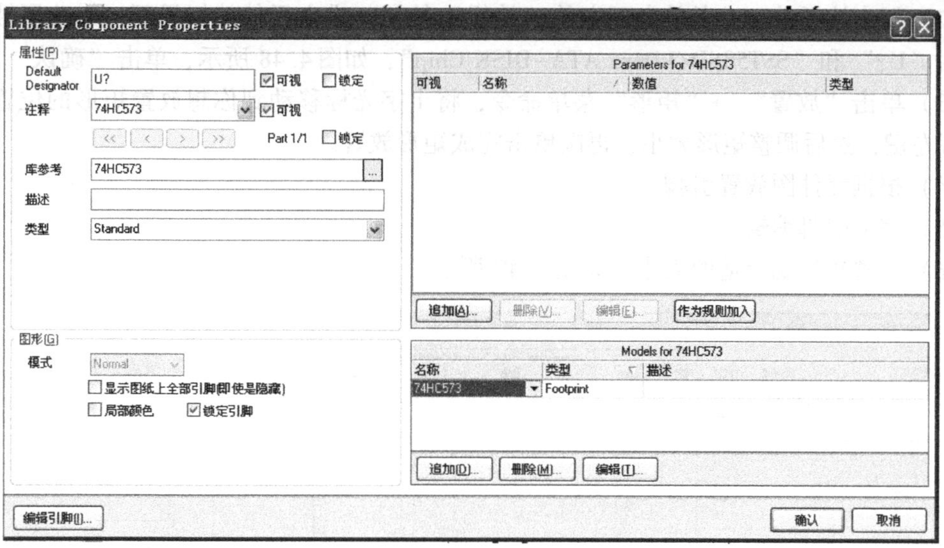

图 4.46　完成对元件封装的添加

4.5　制作 Chip 元件

由于在元件库中找不到“SST58SD/LDxxx ATA – DISK Chip”这个元件，因此我们需要制作它。

1. 新建元件

(1) 回到工作区，单击“练习 1. SCHLIB”文件名，选择“工具”→“新元件”菜单命令，为新元件命名。单击“SCH library”项，发现该元件名已经处于元件列表当中，如图 4.47 所示。

图 4.47　元件处于列表中

(2) 双击该元件，或者单击下方的“编辑”按钮，进入元件编辑界面，修改属性的前两项为“U?”和“SST58SD/LDxxx ATA-DISK Chip”，如图4.48所示，单击“确认”按钮。

(3) 单击“放置”→“矩形”菜单命令，将十字光标移动到你想放置矩形的位置后单击鼠标左键，然后调整矩形大小，再次单击完成矩形放置。

(4) 根据元件图放置引脚。

(5) 完成引脚编辑。

(6) 调整矩形到合适的大小，如图4.49所示。

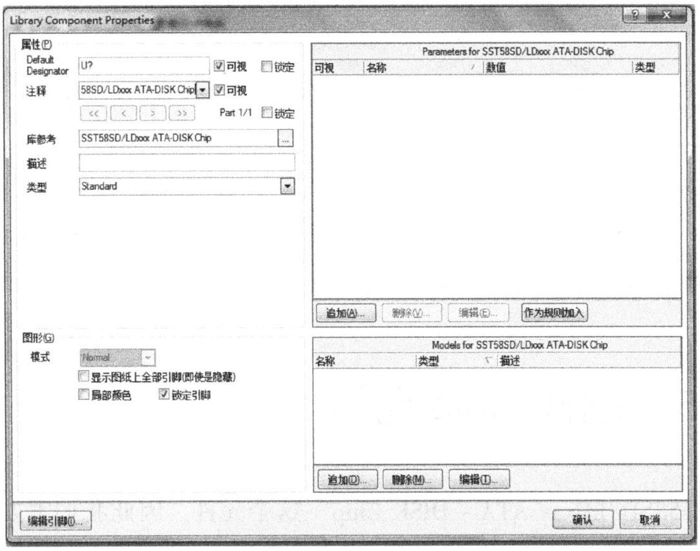

图4.48 修改属性

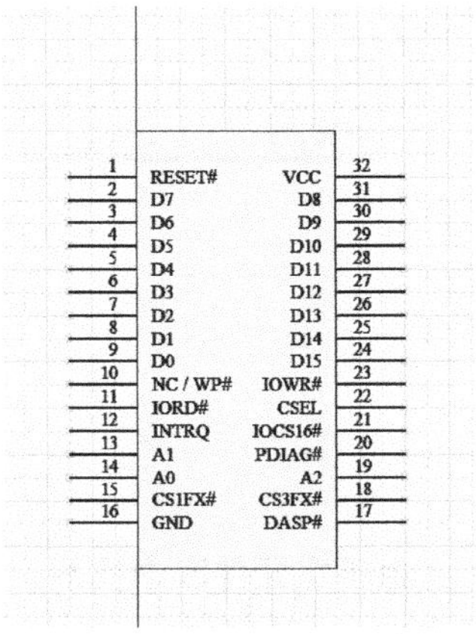

图4.49 调整矩形大小

2. 制作SST58SD/LDxxx ATA-DISK Chip的封装

(1) 单击左侧工作区中的“Projects”项，单击“练习1.PCBLIB”文件名，进入元件封装编辑库，单击工作区下面的“PCB library”项。

(2) 单击“工具”→“新元件”菜单命令，打开元件封装向导。

(3) 单击“下一步”按钮选择第4项，继续单击“下一步”按钮，输入总计焊盘数，为了让封装与元件图相匹配，本例输入“32”，依次单击“下一步”按钮完成新元件向导。

(4) 单击“全部保存”按钮，保存上面的更改。

3. 给元件SST58SD/LDxxx ATA-DISK Chip添加封装

(1) 在工作区单击元件库编辑文件，进入元件库编辑模式，单击“SCH library”项。

(2) 选择要编辑的元件，双击或者单击下面的“编辑”按钮，进入元件编辑模式。

(3) 单击“追加”按钮，选择模型类型为“Footprint”，单击“确认”按钮。

(4) 单击“浏览”按钮，找到之前做的封装“SST58SD/LDxxx ATA-DISK Chip”，选中并单击“确认”按钮。依次单击“确认”按钮完成封装的添加。

(5) 单击“全部保存”按钮，保存之前所做的修改。

4.6　绘制原理图

至此，我们完成了绘制原理图之前的准备工作，现在开始绘制原理图。

（1）回到工作区，在项目工程文件“练习 1. PRJPCB”上单击右键，在弹出的菜单中选择“追加新文件到项目中”→“Schematic”选项，创建原理图文件，如图 4.50 所示。

图 4.50　创建原理图文件

（2）单击“全部保存”按钮，保存此文件，所有的文件都要保存在同一个文件夹里，所以，我们仍然将它保存在“d:\电子电路设计文件夹”下，命名为“练习 1”，如图 4.51 所示。

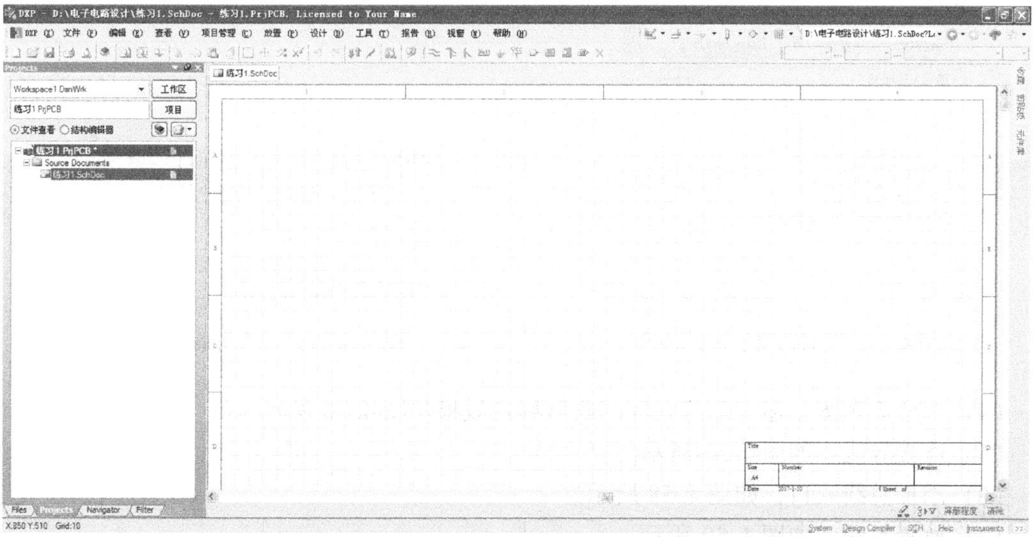

图 4.51　保存文件

（3）右侧的空白区域为编辑原理图的区域。此时我们按照原理图添加相应的元件到图纸上。单击屏幕右侧的“元件库”项，如图 4. 52 所示，弹出如图 4. 53 所示的元件库菜单。

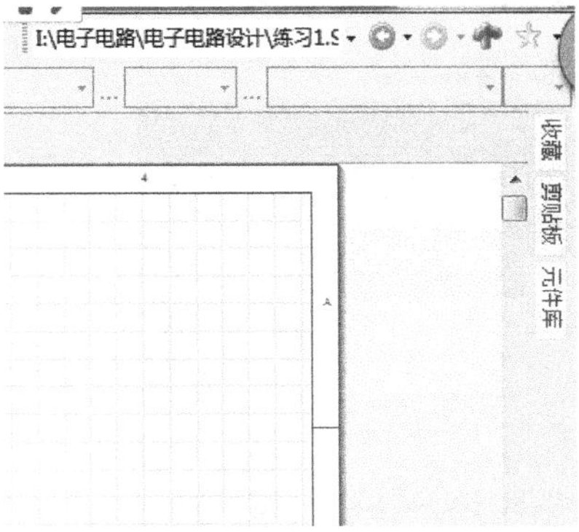

图 4. 52　选择“元件库”项

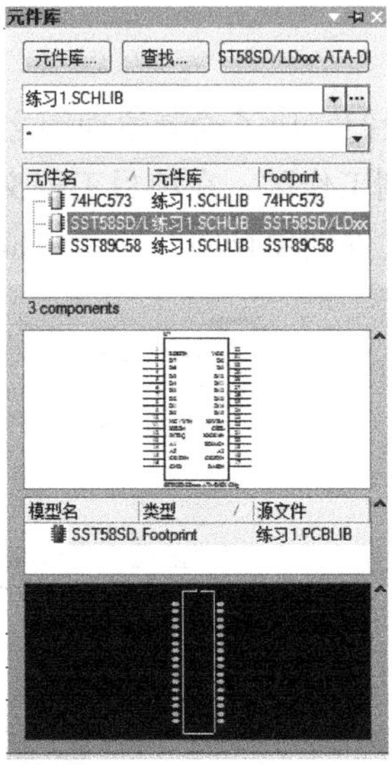

图 4. 53　元件库菜单

“练习 1. SCHLIB”的空白条形区域是选择元件库的地方，单击右侧的向下箭头会列出所有已安装的元件库，如图 4. 54 所示。“练习 1. SCHLIB”是刚刚自己创建的元件库，里面有三个刚刚创建好的元件。这个区域的下方还有一个条形空白区域，显示着一个“＊”号，这里是搜索区域，当元件库中的元件很多、不方便单个查找时，可以在这里输入元件的简写，如输入“res”，即可搜索电阻元件。

除了自己创建的元件库外，经常使用的元件大部分都在“Miscellaneous Devices. Int Lib”库中，如图 4. 55 所示。有一些很复杂的元件需要在其他库里寻找。

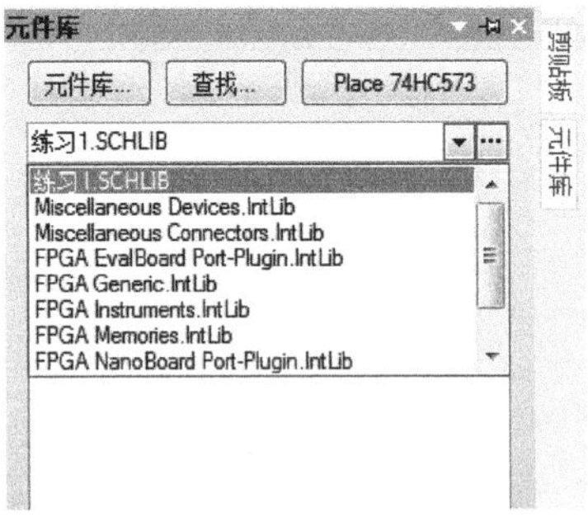

图 4. 54　所有已安装的元件库

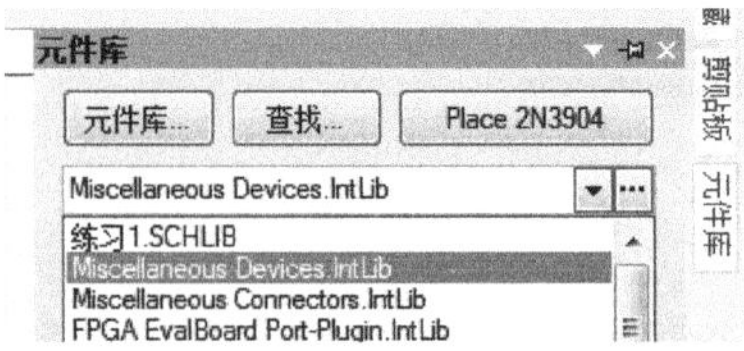

图 4. 55　经常使用的元件库

（4）对照原理图，逐一放置元件。放置后的效果如图 4. 56 所示。

（5）连接导线，如图 4. 57 所示。

（6）添加总线入口，如图 4. 58 所示。

（7）放置总线，如图 4. 59 所示。

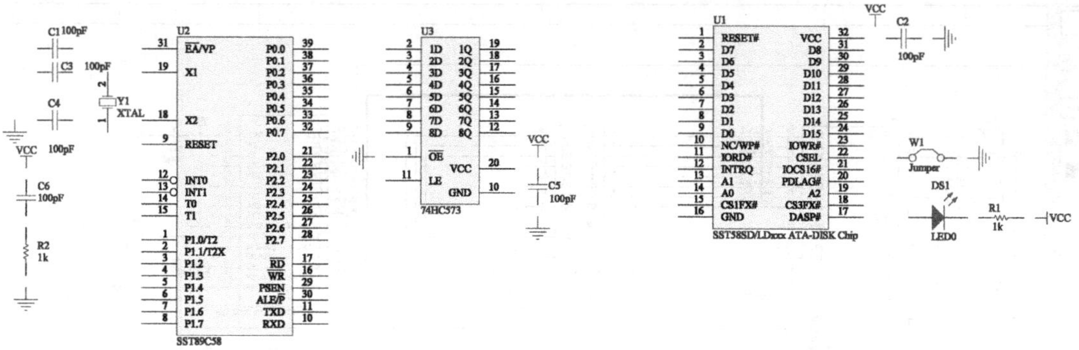

图 4.56　放置元件后的效果

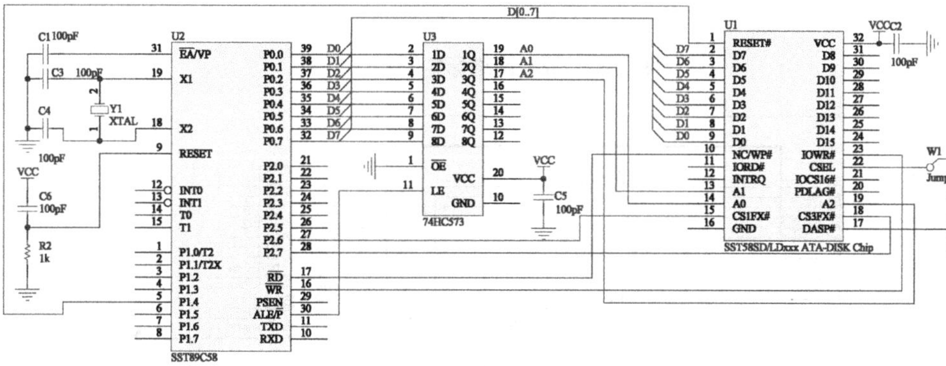

图 4.57　连接导线

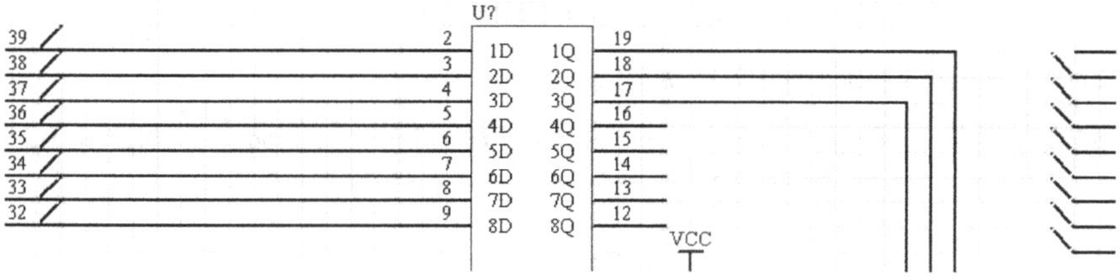

图 4.58　添加总线入口

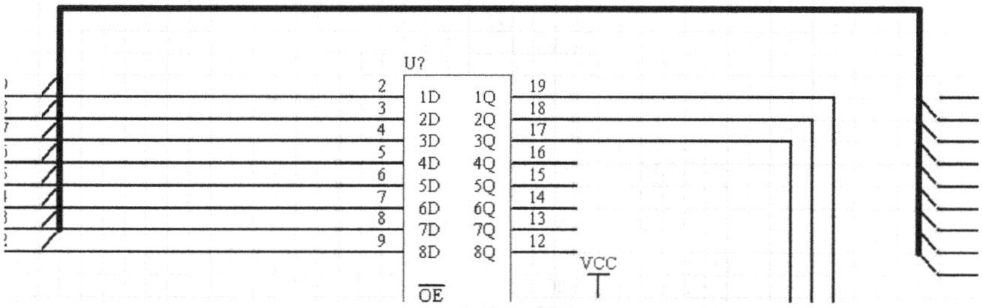

图 4.59　放置总线

（8）放置网络标签，如图 4.60 所示。

（9）编辑网络标签，如图 4.61 所示。

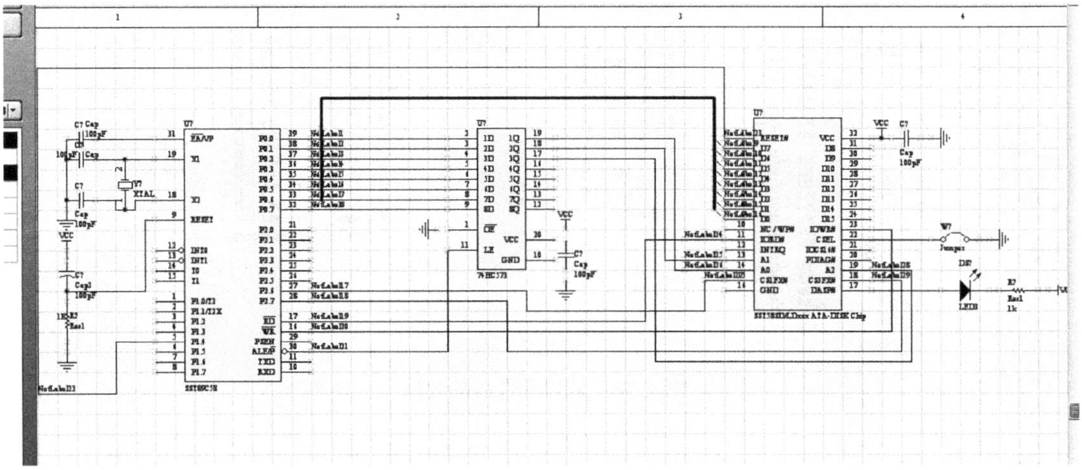

图 4.60　放置网络标签

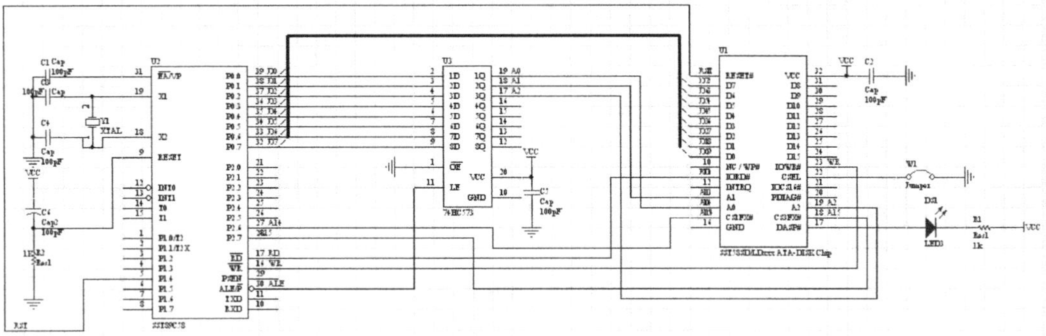

图 4.61　编辑网络标签

（10）对照原理图检查所做的图有无错误。

（11）检查完毕后，单击“工具”→“快捷注释元件”菜单命令，如图 4.62 所示。

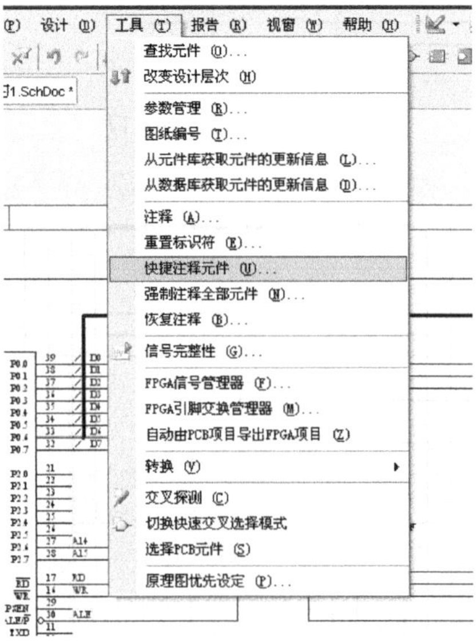

图 4.62　执行“快捷注释元件”菜单命令

（12）单击“全部保存”按钮，保存上面所做的修改。

4.7　创建并添加元件到PCB

（1）在工作区的“练习1.PRJPCB”文件上右击鼠标键，选择“追加新文件到项目中”→“PCB”菜单命令，添加PCB元件图文件，如图4.63所示。

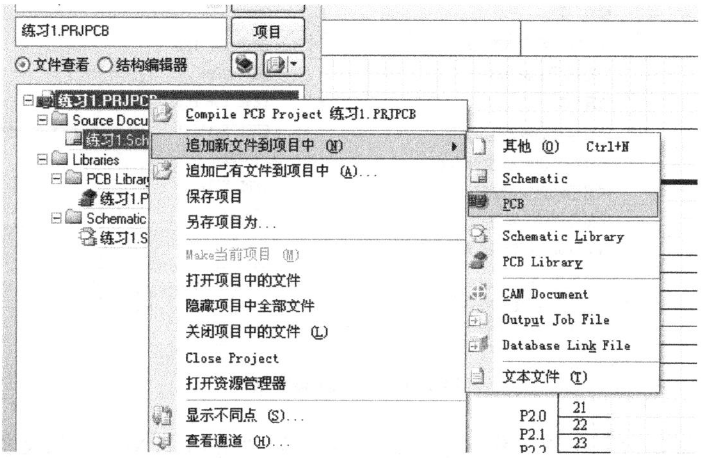

图4.63　添加PCB元件图文件

（2）此时跳转到PCB元件图编辑模式，单击“全部保存”按钮，保存刚刚创建好的文件，同样，我们将它保存在“d:\电子电路设计文件夹”下，并命名为“练习1”，如图4.64所示。(当你保存第一个文件时，系统会记住你当前保存的位置，当你继续保存其他文件时，都会被默认保存到这里，所以不必每次都手动选择这个目录)。

图4.64　保存文件

(3) 单击“练习 1. Schdoc”进入元件图编辑模式，选择“设计”→“设计项目的网络表”→“Protel”菜单命令，创建项目的网络表，如图 4.65 所示。

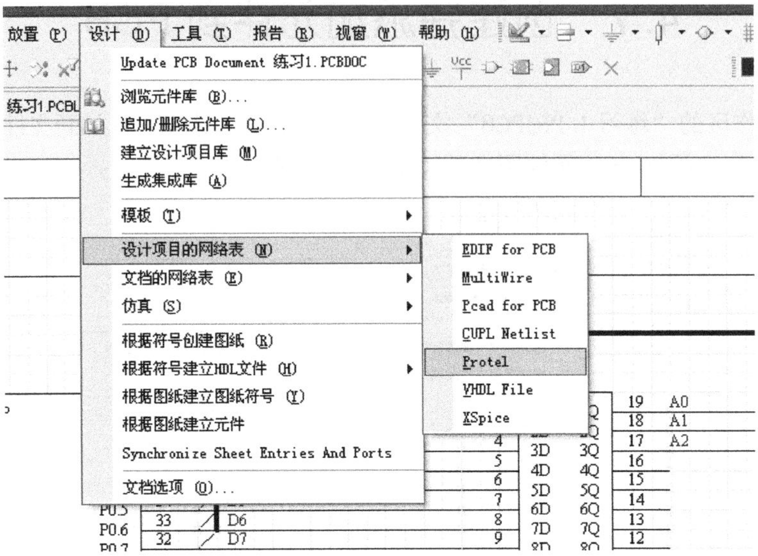

图 4.65 创建网络表

(4) 执行该命令后，左边工作区会出现一个名为“练习 1. NET”的文件，如图 4.66 所示，双击打开此文件，如图 4.67 所示。

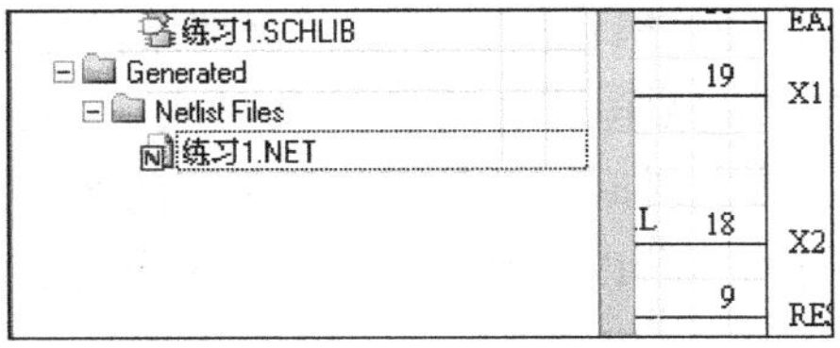

图 4.66 双击“练习 1. NET”文件

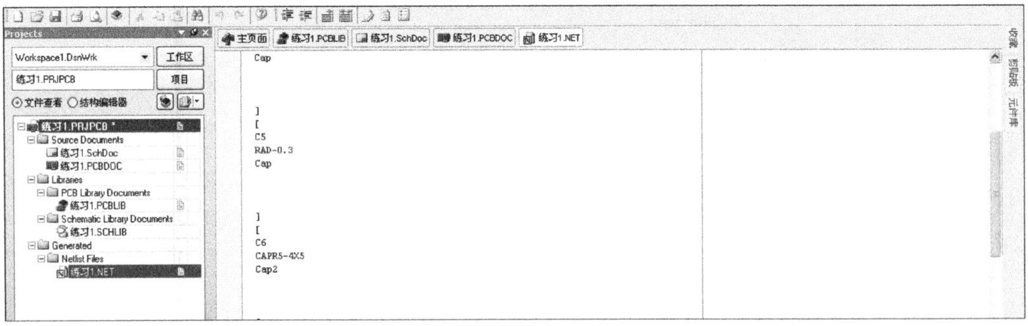

图 4.67 打开“练习 1. NET”文件

(5) 单击“全部保存”按钮，保存刚才生成的网络表。

(6) 回到刚刚创建的 PCB 元件图编辑模式，选择“设计”→“Import Changes From 练习1. PRJPCB”菜单命令，如图4.68所示。

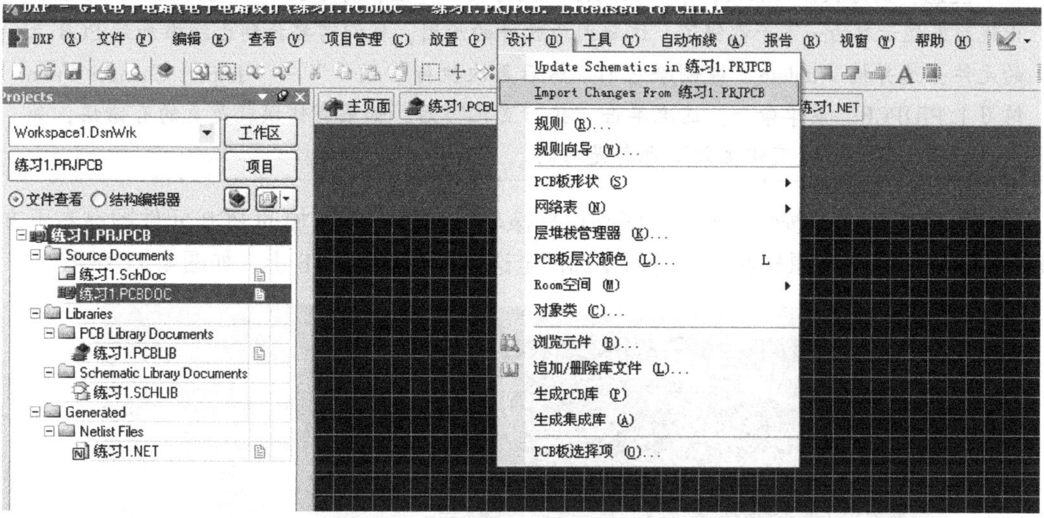

图4.68　执行“Import Change From 练习1.PRJPCB”命令

(7) 在弹出的“工程变化订单”对话框中单击“执行变化”按钮，如图4.69所示。

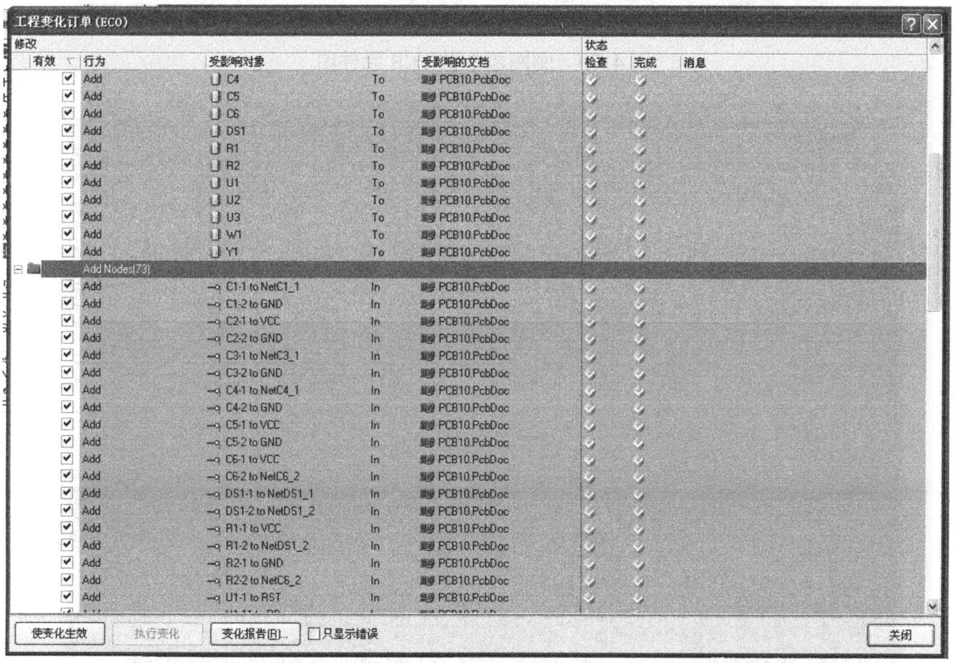

图4.69　“工程变化订单”对话框

(8) 如果窗口右边的“检查”和“完成”都是“√”号，说明命令成功完成，如果有“✕”号，说明原理图中有错误，需要回到原理图编辑模式下修改。

(9) 确定没有错误后单击“使变化生效”按钮。

注意： 因为软件的原因，第一次执行“执行变化”后，再单击“使变化生效”可能会出现原来显示对的一下子都错了，这是因为软件的原因，我们需要找到已经添加到PCB上的元件全选并按“delete”键删除它们，然后再次执行“设计”→“Import Changes From 练习1. PRJPCB”菜单命令。这次单击“执行变化”后，如果有错误就是真的有错误，如果都正确，那么“使变化生效”也都是对的。

（10）命令完成后按住Ctrl键，滚动鼠标滚轮，发现刚刚添加的PCB元件图在右下方，如图4.70所示。按住鼠标左键，拖动复选框全选元件，拖到PCB上，如图4.71所示。

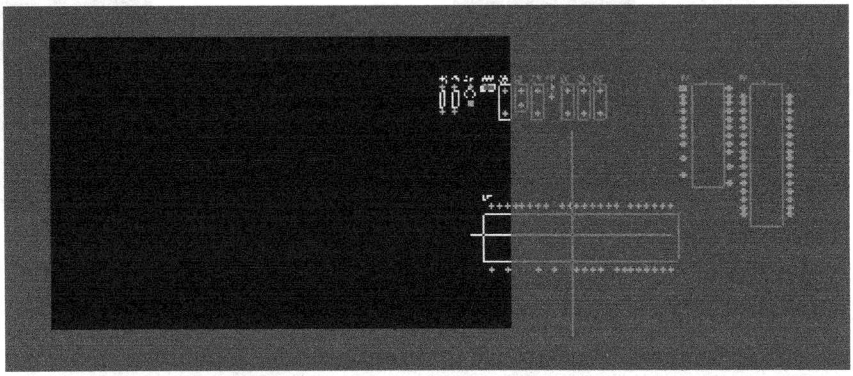

图4.70 刚刚添加的PCB元件图

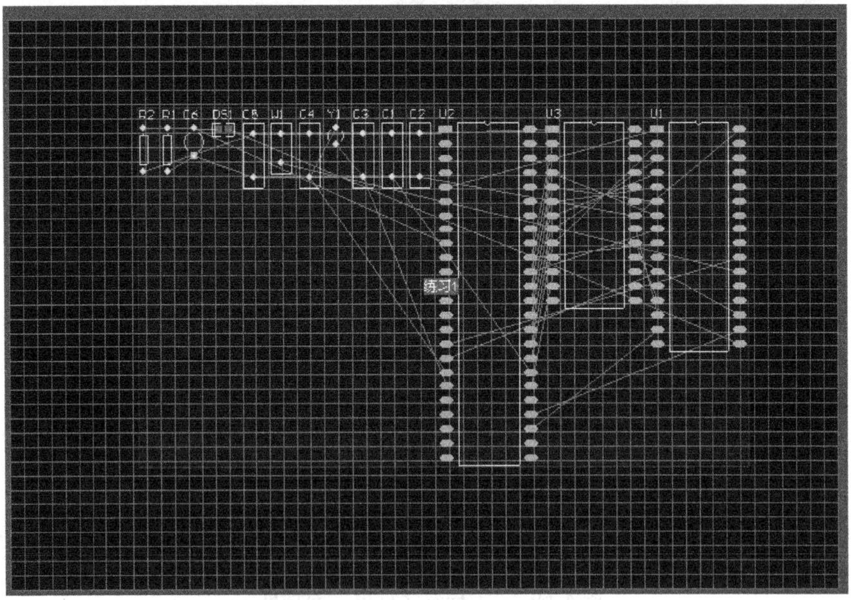

图4.71 调整位置后的元件图

（11）选择“设计”→“PCB板形状”→“重定义PCB板形状”菜单命令，如图4.72所示。

（12）单击鼠标，切割多余的PCB，如图4.73所示。

（13）手动对元件进行合理布局，如图4.74所示。

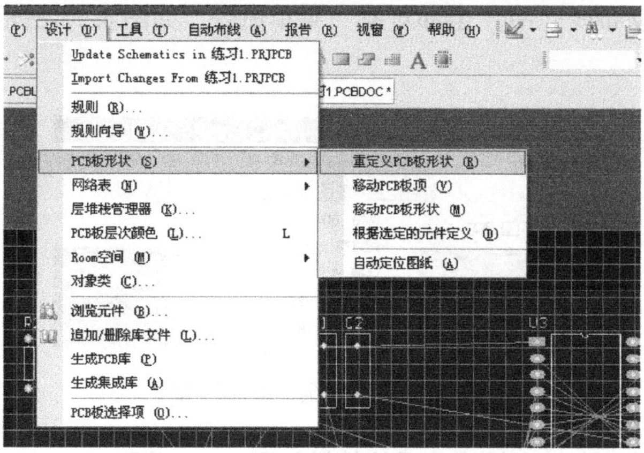

图 4.72　执行“重定义 PCB 板形状”命令

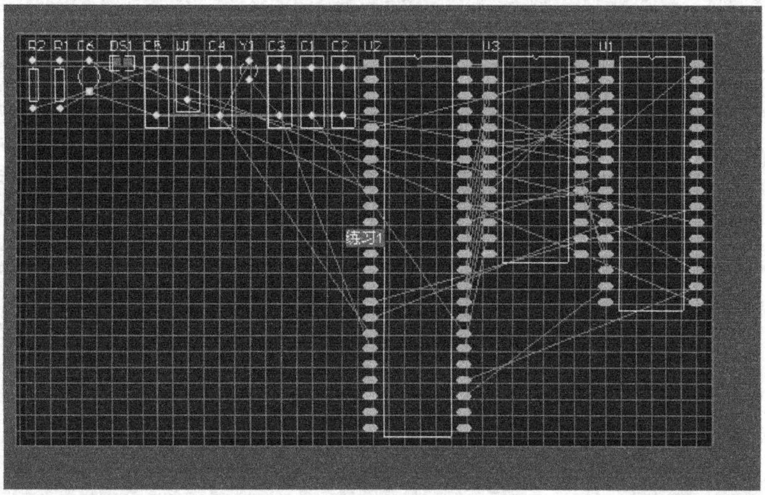

图 4.73　切割多余的 PCB

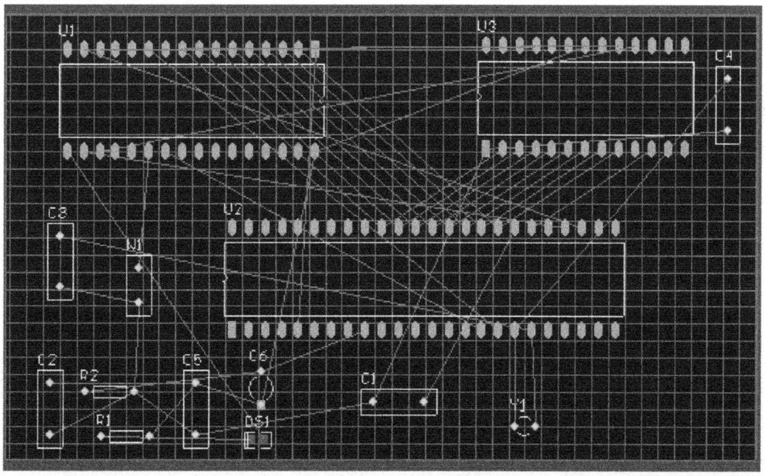

图 4.74　手动进行合理布局

（14）单击“自动布线”→“全部对象”菜单命令，如图4.75所示，然后单击“Route All”按钮。

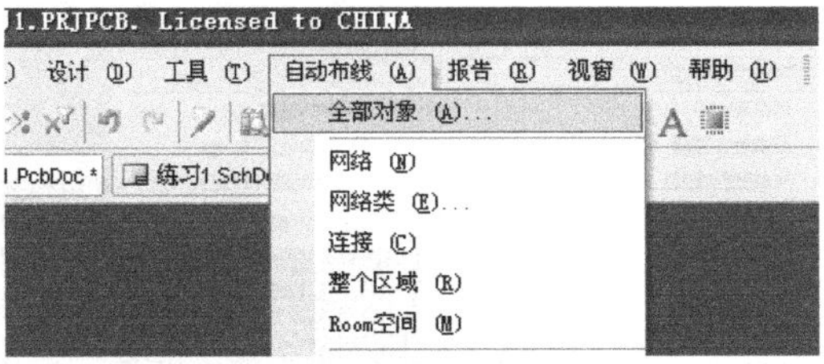

图4.75　执行“全部对象”命令

（15）布局完成并且自动布线成功后的效果如图4.76所示。

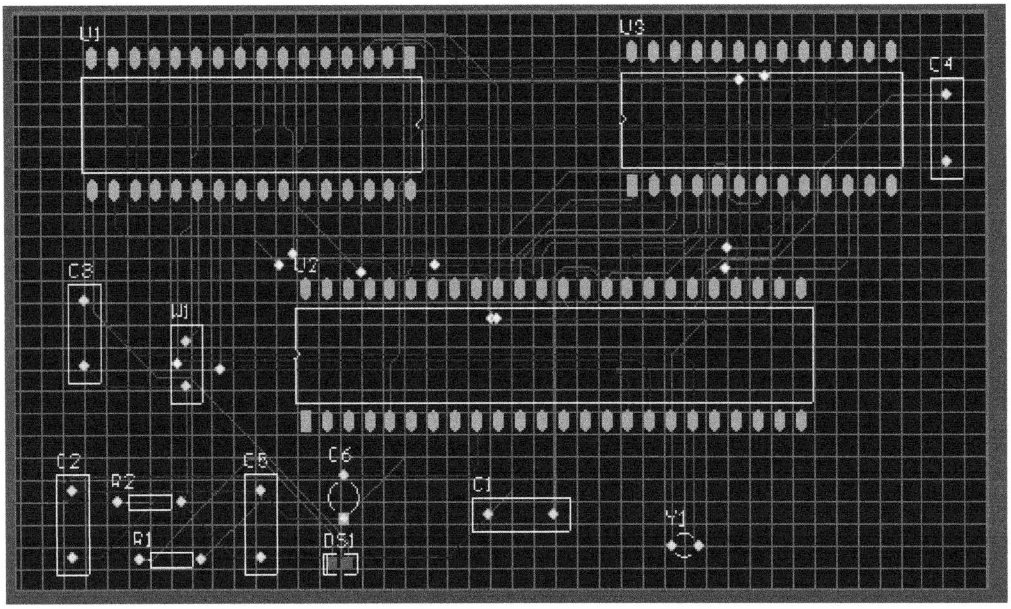

图4.76　布局完成并且自动布线成功后的效果

（16）最后对PCB形状进行最后的修改。

（17）单击“全部保存”按钮，保存上面所做的更改。

4.8　显示三维PCB模型

单击“查看”→“显示三维PCB板”菜单命令，如图4.77所示，显示的三维PCB如图4.78所示。

至此，工程完成，单击“全部保存”按钮，进行下一个工程的创建。

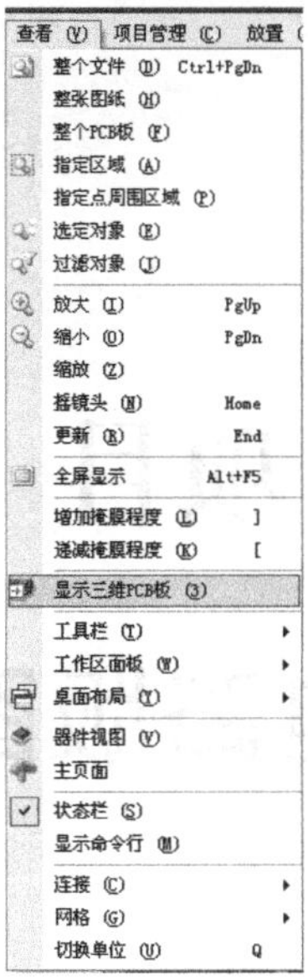

图4.77　执行“显示三维PCB板”命令

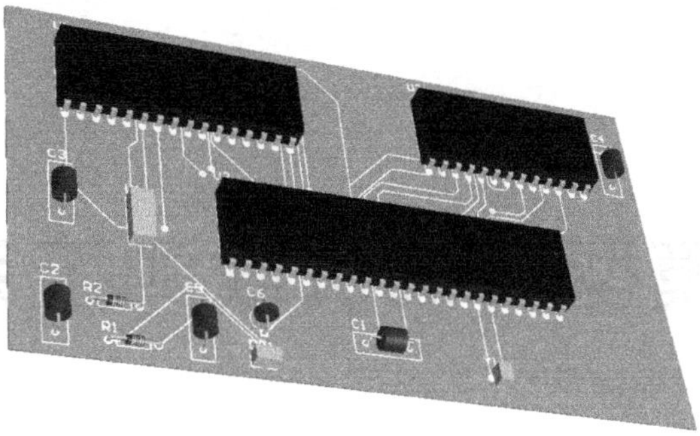

图4.78　显示的三维PCB

4.9　小　　结

通过“硬盘信号控制模块电路版图设计”项目，介绍了在无法确定元件的归属的情况下如何查找元件；介绍了如何用向导设计PCB；如何用设计规则向导设定新规则；介绍手工布线的方法和跳线的设置；以及同时打开多个窗口，又要求同时显示的情况下的窗口排列操作。

项目 5

模型飞机机载测控系统电路版图设计

5.1 设计任务

模型飞机机载测控系统是用来接收、处理和发送模型飞机的信号和数据的系统，并根据控制律控制模型飞机的姿态。该测控系统主要完成两方面的任务：一是完成特定状态下相关参数的测量，从而为基于实验数据的建模方法提供数据；二是基于测控系统对飞行器进行控制。整个测控系统分为主控制模块、传感器模块和执行模块，如图 5.1 所示。

5.2 新建工程

（1）启动 Protel DXP 2004。

（2）在 Protel DXP 2004 主界面中，选择“文件”→“创建”→“项目”→“PCB 项目”菜单命令，建立一个工程文件。

（3）选择“文件”→“另存项目为”菜单命令，保存工程文件，将该文件保存在 d：\Protel 2004\Example\lx\模型飞机机载测控系统文件夹下，文件名为“模型飞机机载测控系统设计”。

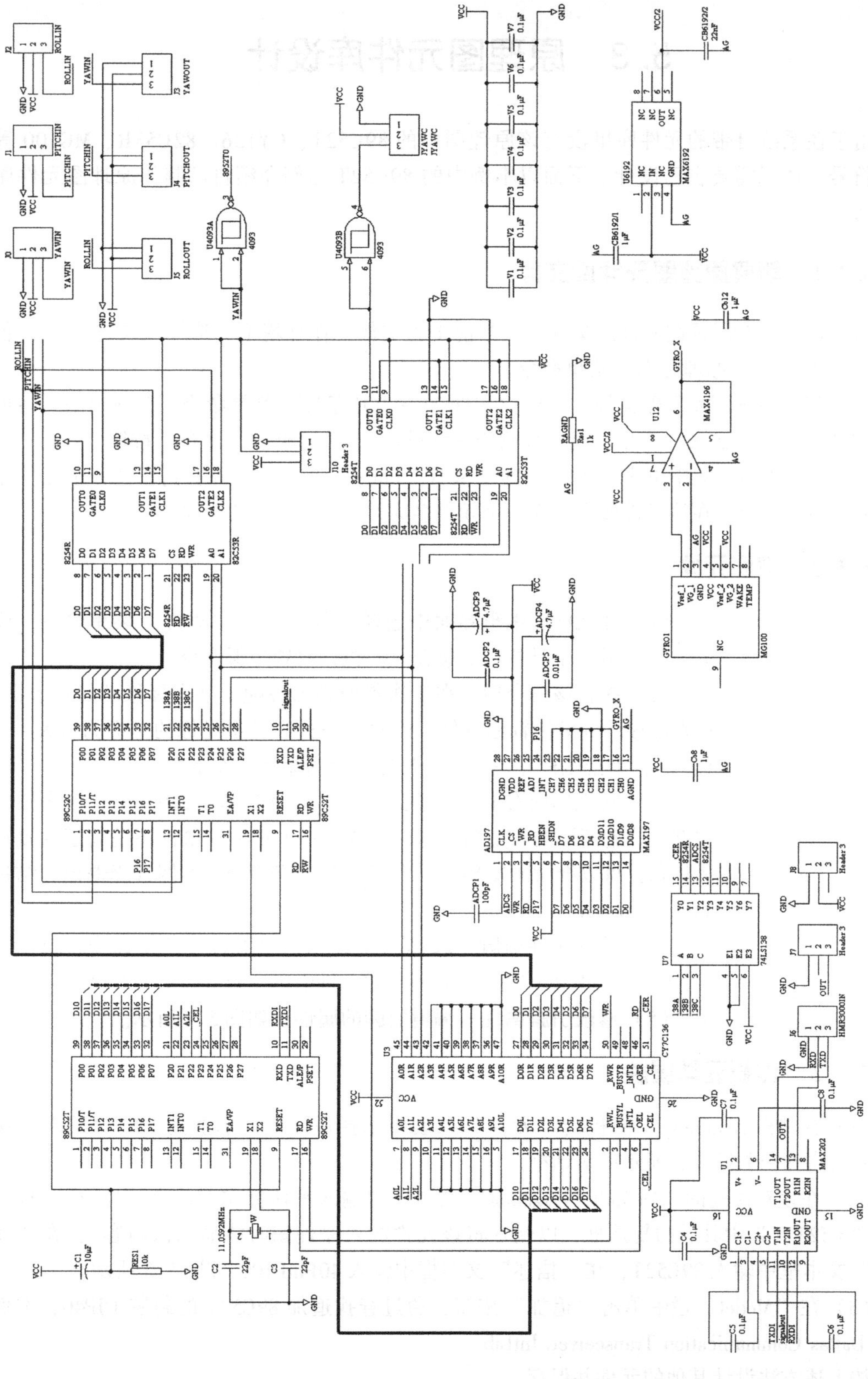

图 5.1　模型飞机机载测控系统原理图

5.3 原理图元件库设计

由于在系统自带的元件库里没有该原理图中的 89C52T、CY136、82C53R、MG100 等元件符号，所以需要自己设计。下面以本例中的 89C52T 为例介绍自己制作原理图元件库的方法。

5.3.1 新建原理图元件库文件

(1) 新建一个原理图元件库文件。在当前工程文件工作环境下，选择“文件”→“创建”→“库”→“原理图库”菜单命令。

(2) 保存原理图元件库文件。选择“文件”→“另存为”菜单命令，在弹出的对话框的“文件名”框中输入“模型飞机机载测控系统设计”，然后单击“保存”按钮。

在元件库编辑界面中单击标签栏中的“SCH Library”标签，可以看到新建一个元件库文件后，系统将自动在该元件库中建立一个元件名为 Component_1 的元件。

5.3.2 制作元件

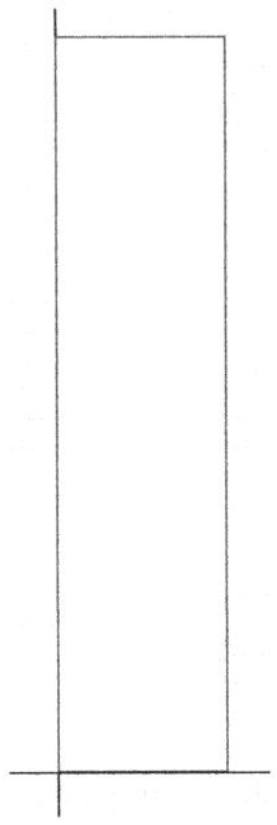

图 5.2 放置矩形

(1) 在元件库编辑界面中选择“放置”→“矩形”菜单命令，或单击“绘图”工具栏中的按钮□，执行放置矩形命令。

(2) 执行该命令后，在工作界面将出现随十字光标移动的矩形框，将光标移动到坐标轴原点处，此时状态栏中显示光标的坐标为（X：0，Y：0），单击鼠标左键，将坐标原点定为矩形的左下角。

(3) 将光标向右上角移动到坐标（X：80，Y：250）处，单击鼠标左键，确定矩形的右上角，这时放置好一个矩形，鼠标还是处于放置矩形状态，可以继续画矩形，右击可以退出该命令，本例选择退出。结果如图 5.2 所示。

(4) 放置元件引脚。选择“放置”→“引脚”菜单命令，或单击“绘图”工具栏的按钮，执行放置元件引脚命令，如图 5.3 所示。

(5) 修改引脚属性。编辑引脚的属性，如图 5.4 所示。

5.3.3 设置元件属性

(1) 在“SCH Library”面板的“元件”列表中选择该元件，单击其下的“编辑”按钮，系统将弹出如图 5.5 所示的对话框。

(2) 在该对话框的“Default Designator”文本框中输入默认标志 U?，在“注释”框中输入 89C52T（选中其后的复选框，以便在将该元件放入原理图时能显示该内容），在“库参考”文本框中输入 89C52T，在“描述”文本框中输入 40PinDIP，如图 5.5 所示。

(3) 在“Model”栏中单击“追加”按钮，通过查找追加 89C52T 的封装 DIP40，本例选择 Dallas Communication Transceiver. IntLib。

按上述方法设计其他的元件并保存。

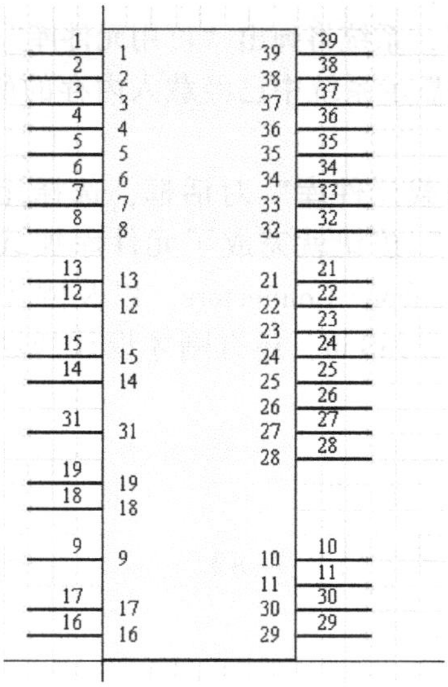

图5.3 放置全部的引脚

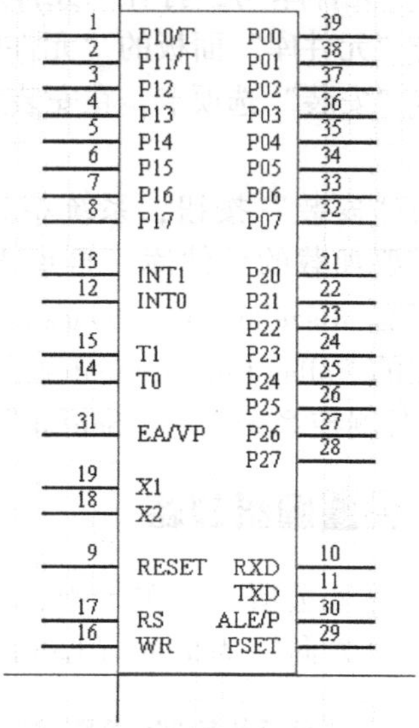

图5.4 修改引脚属性

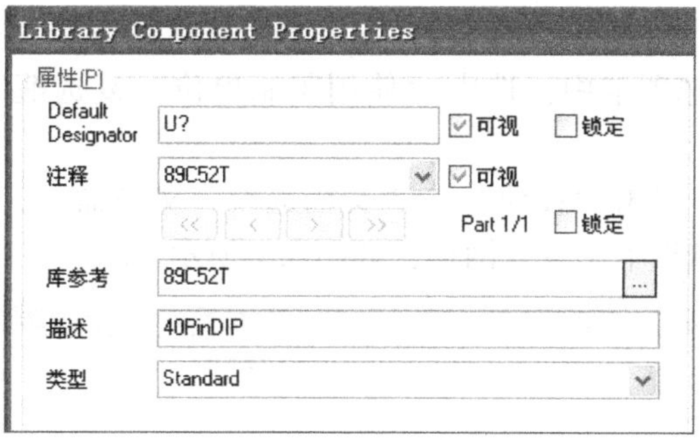

图5.5 设置元件属性

5.4 原理图设计

5.4.1 新建原理图文件

(1) 新建原理图文件。在刚建立的工程文件中添加原理图文件，选择“文件”→“创建”→“原理图”菜单命令，建立一个原理图文件。

(2) 保存原理图文件。选择“文件”→“另存为”菜单命令，保存新建的原理图。

(3) 执行以上命令后，系统将弹出“另存为”对话框，在对话框中输入文件名“模型飞机机载测控系统设计”，并选择保存路径为 d:\Protel 2004\Example\lx\模型飞机机载测控系统设计，单击“保存”按钮，保存该原理图文件。此时完成了工程文件和原理图文件的新建与保存工作。

5.4.2 加载元件库

(1) 在原理图工作界面中，选择“设计”→“浏览元件库”菜单命令（或直接单击右边标签栏中的“元件库”），打开“元件库”面板。

(2) 单击“元件库”面板的“元件库”按钮，系统将弹出“可用元件库”对话框。

(3) 单击“安装”选项卡，在安装元件库中显示系统中已经载入内存的所有元件库的列表及其路径。

(4) 单击“安装”按钮，系统将弹出“加载元件库”对话框，选择元件库所在目录后，单击需要加载的元件库，再单击“打开”按钮就完成了元件库加载工作。本例需要的元件库有 Miscellaneous Devices 和 Miscellaneous Connectors，以及刚才在设计原理图库元件时加的 Dallas Communication Transceiver. IntLib，还有刚才设计的原理图元件库“模型飞机机载测控系统设计 . SchLib”。

5.4.3 设置图纸规格

(1) 在“图纸选项”选项卡中，设置“标准风格”为 A3。

(2) 设置“方向”为横向（Landscape）。

5.4.4 设置原理图编辑器系统参数

(1) 设置单位为英制。单击“设计”→“文档选项”菜单命令，弹出如图 5.6 所示的对话框，在“单位”选项卡中，选中“使用英制单位”复选框。然后单击“确认”按钮完成设置。

(2) 设置网格大小。单击“设计”→“文档选项”菜单命令，弹出如图 5.6 所示的对话框，在“图纸选项”选项卡中设置网格，如图 5.7 所示。

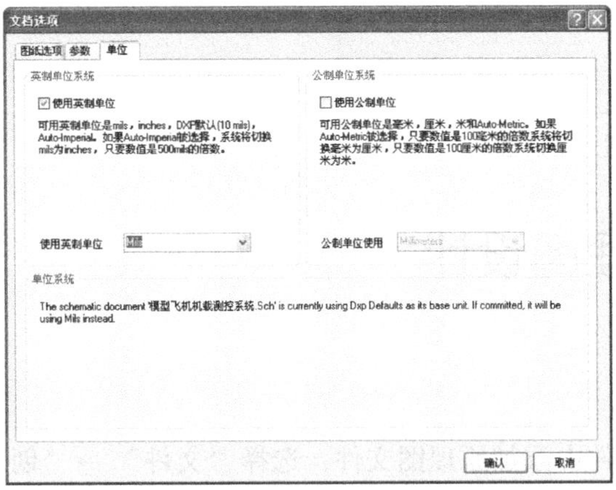

图 5.6 “单位”选项卡

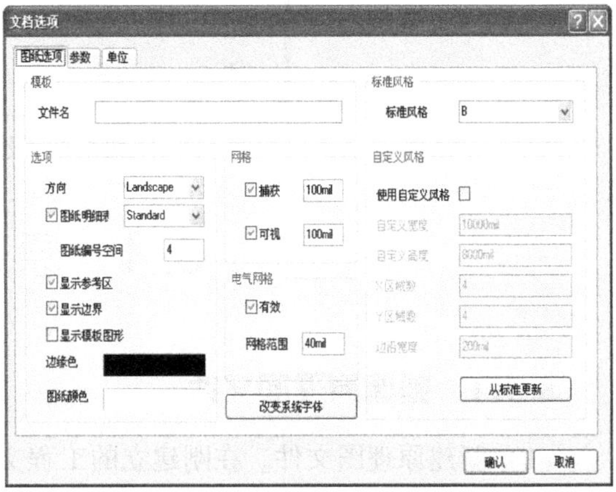

图 5.7 “图纸选项”选项卡

5.4.5 放置元件

(1) 分别选择对应的元件库，然后放置对应的元件。

(2) 放置电源和接地符号。放置好的元件如图 5.8 所示。

5.4.6 元件布局

放置好元件后，需要对其进行合理布局，以便连线和读图。本例的元件布局如图 5.9 所示。

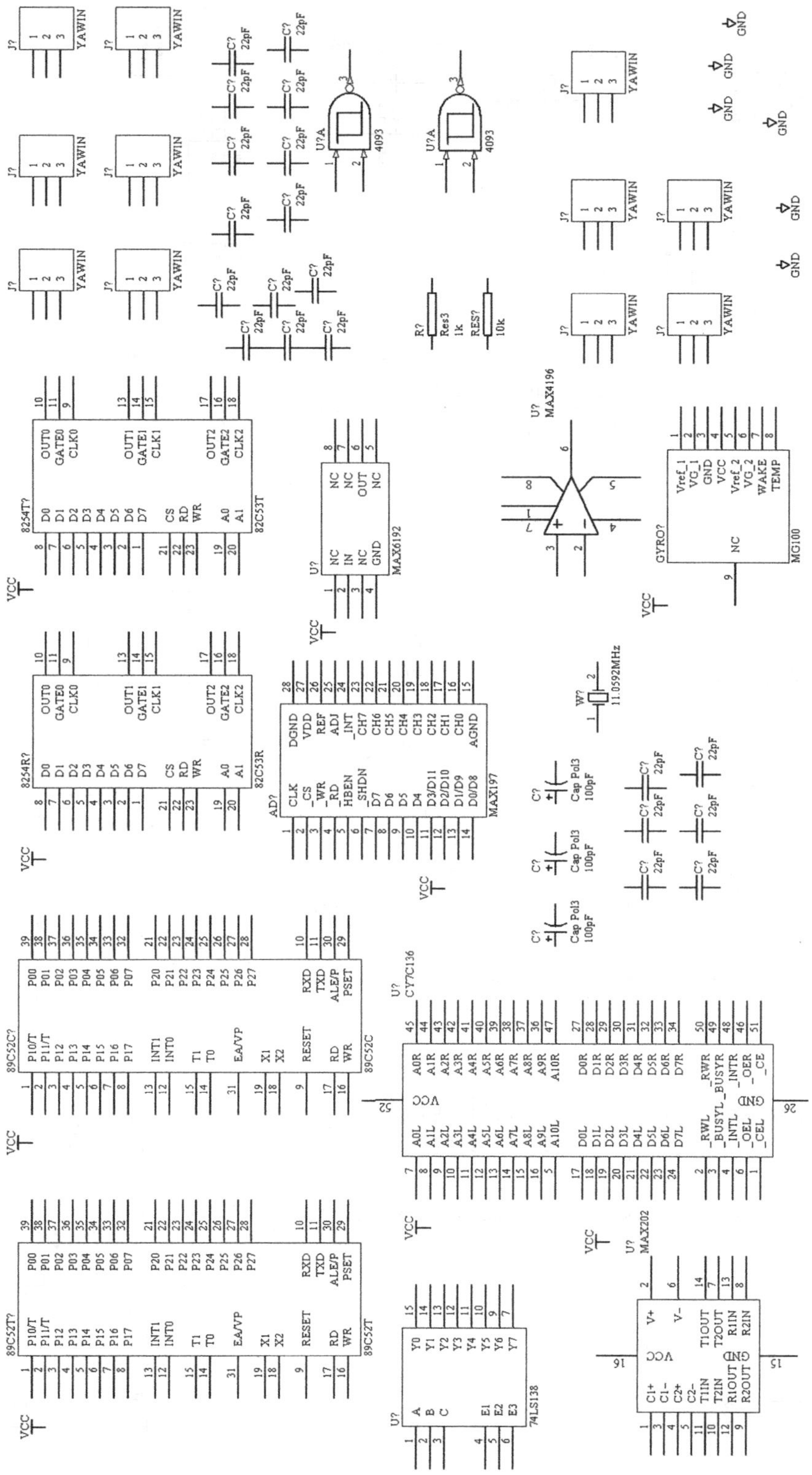
J?
YAWIN
C?
22pF
U?A
4093
R?
Res3
1k
RES?
10k
GND
8254T?
82C53T
8254R?
82C53R
OUT0
GATE0
CLK0
OUT1
GATE1
CLK1
OUT2
GATE2
CLK2
CS
RD
WR
A0
A1
VCC
U?
MAX6192
MAX4196
GYRO?
MG100
AD?
MAX197
W?
11.0592MHz
Cap Pol3
100pF
89C52C?
89C52C
89C52T?
89C52T
CY7C136
74LS138
MAX202

图5.8　放置好的元件

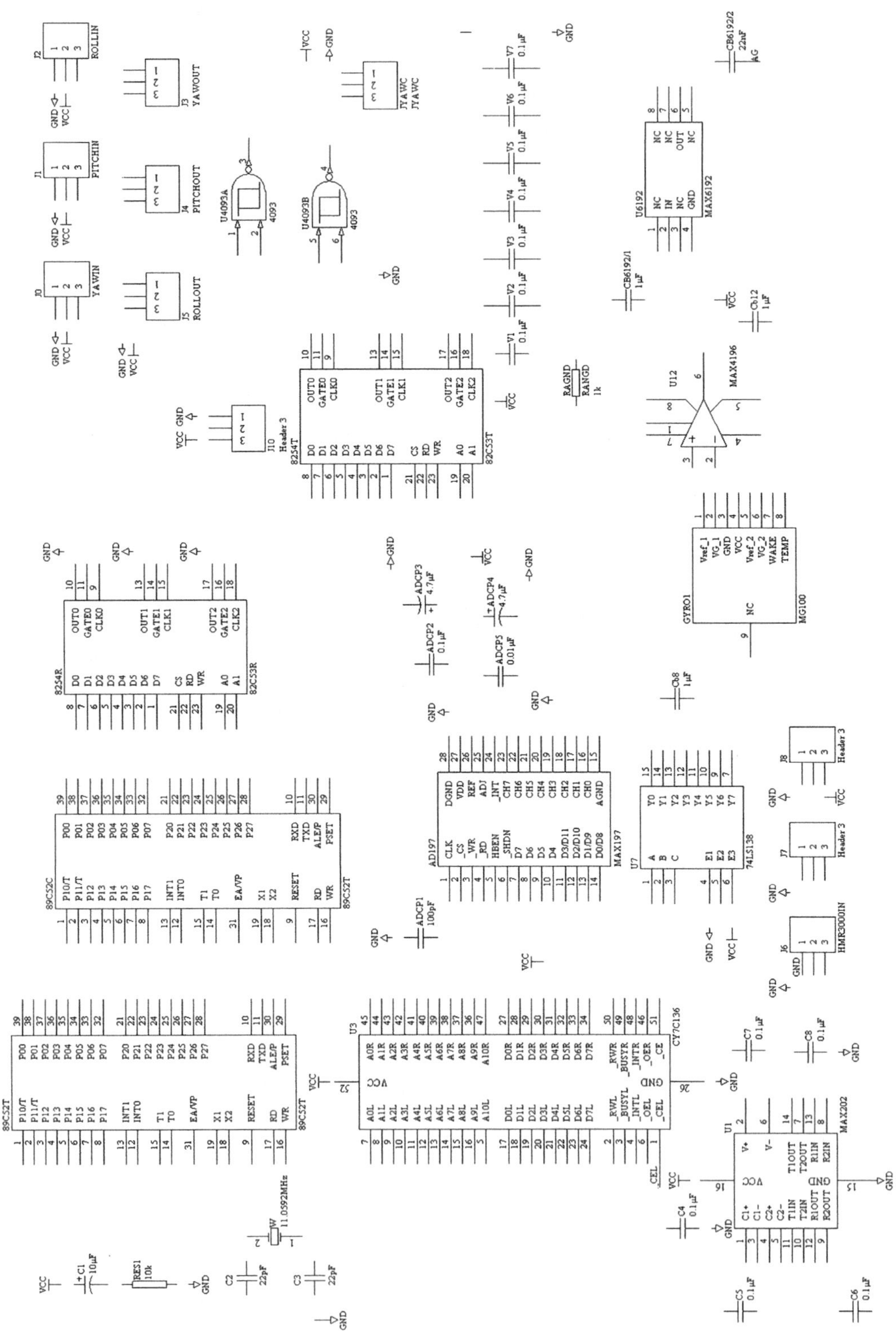
89C52T
89C52C
8254R
82C53R
8254T
82C53T
CY7C136
AD197
MAX197
74LS138
MAX202
GYRO1
MG100
U12
MAX4196
U6192
MAX6192
U4093A
U4093B
4093
J0 YAWIN
J1 PITCHIN
J2 ROLLIN
J3 YAWOUT
J4 PITCHOUT
J5 ROLLOUT
JYAWC
J6 HMR3000IN
J7 Header 3
J8 Header 3
J10 Header 3
RES1 10k
RAGND 1k
11.0592MHz
VCC
GND

图5.9 元件布局

5.4.7　设置元件属性

1. 快捷设置元件标号

逐个元件地进行标号修改比较麻烦，可以选择“工具”→“快捷注释元件”菜单命令完成元件标号的标注。

2. 修改标称值

双击元件，在弹出的元件属性的“Value”中修改标称值。

3. 设置元件封装

双击元件，在弹出的元件属性的“Models”中，在“类型”的“Footprint”左边下拉列表中选择合适的封装，如图5.10所示，然后单击“确认”按钮。

若所需要的封装在下拉列表中没有，则可以进行追加。本例的元件封装属性如图5.11所示。

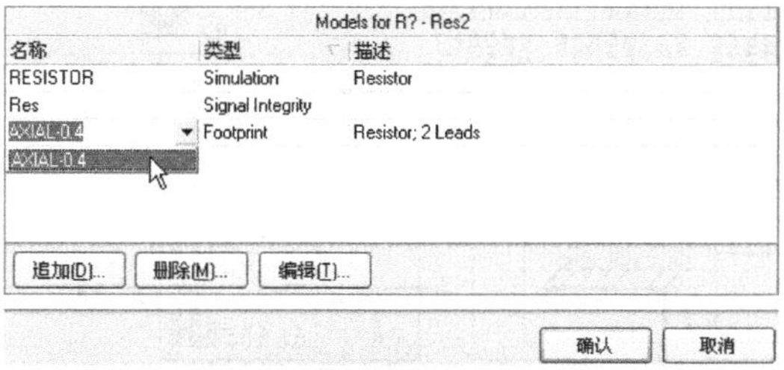

图5.10　设置元件封装

			Component_1	1
	89C52C	dip40	89C52T	1
	89C52T	DIP40	89C52T	1
	8254R	DIP24	82C53R	1
	8254T	DIP24	82C53R	1
	AD197	DIP28	MAX197	1
Capacitor	ADCP1	RAD-0.3	Cap	1
Capacitor	ADCP2	RAD-0.3	Cap	1
Polarized Capacitor (	ADCP3	RB7.6-15	Cap Pol1	1
Capacitor	ADCP5	RAD-0.3	Cap	1
Polarized Capacitor (	C1	CAPPR2-5x6.8	Cap Pol1	1
Capacitor	C2	RAD-0.1	Cap	1
Capacitor	C3	RAD-0.1	Cap	1
Capacitor	C4	RAD-0.1	Cap	1
Capacitor	C5	RAD-0.1	Cap	1
Capacitor	C6	RAD-0.1	Cap	1
Capacitor	C7	RAD-0.1	Cap	1
Capacitor	C8	RAD-0.1	Cap	1
Capacitor	CB8	RAD-0.1	Cap	1
Capacitor	CB12	RAD-0.1	Cap	1
Capacitor	CB6192/2	RAD-0.1	Cap	1
	GYRO1	DIP14	MG100	1
Header, 3-Pin	J0	HDR1X3	Header 3	1
Header, 3-Pin	J1	HDR1X3	Header 3	1
Header, 3-Pin	J2	HDR1X3	Header 3	1
Header, 3-Pin	J3	HDR1X3	Header 3	1
Header, 3-Pin	J4	HDR1X3	Header 3	1
Header, 3-Pin	J5	HDR1X3	Header 3	1
Header, 3-Pin	J6	HDR1X3	Header 3	1
Header, 3-Pin	J7	HDR1X3	Header 3	1
Header, 3-Pin	J8	HDR1X3	Header 3	1
Header, 3-Pin	J9	HDR1X3	Header 3	1
Header, 3-Pin	J10	HDR1X3	Header 3	1
Resistor	R1	AXIAL-0.3	Res2	1
Resistor	RAGND	AXIAL-0.3	Res2	1
	U1	DIP16	MAX202	1
	U3	DIP-52	CY136	1
	U7	DIP16	74LS138	1
	U12	DIP-8	CA080T	1
Quad 2-Input NAND	U4093	N14A	CD4093BCN	1
Capacitor	V1	RAD-0.1	Cap	1
Capacitor	V2	RAD-0.1	Cap	1
Capacitor	V3	RAD-0.1	Cap	1
Capacitor	V4	RAD-0.1	Cap	1
Capacitor	V5	RAD-0.1	Cap	1
Capacitor	V6	RAD-0.1	Cap	1
Capacitor	V7	RAD-0.1	Cap	1
Crystal Oscillator	W	BCY-W2/D3.1	XTAL	1

图5.11　元件封装属性

5.4.8　连接线路

根据要求连接线路，并放置网络标签，结果如图5.12所示。

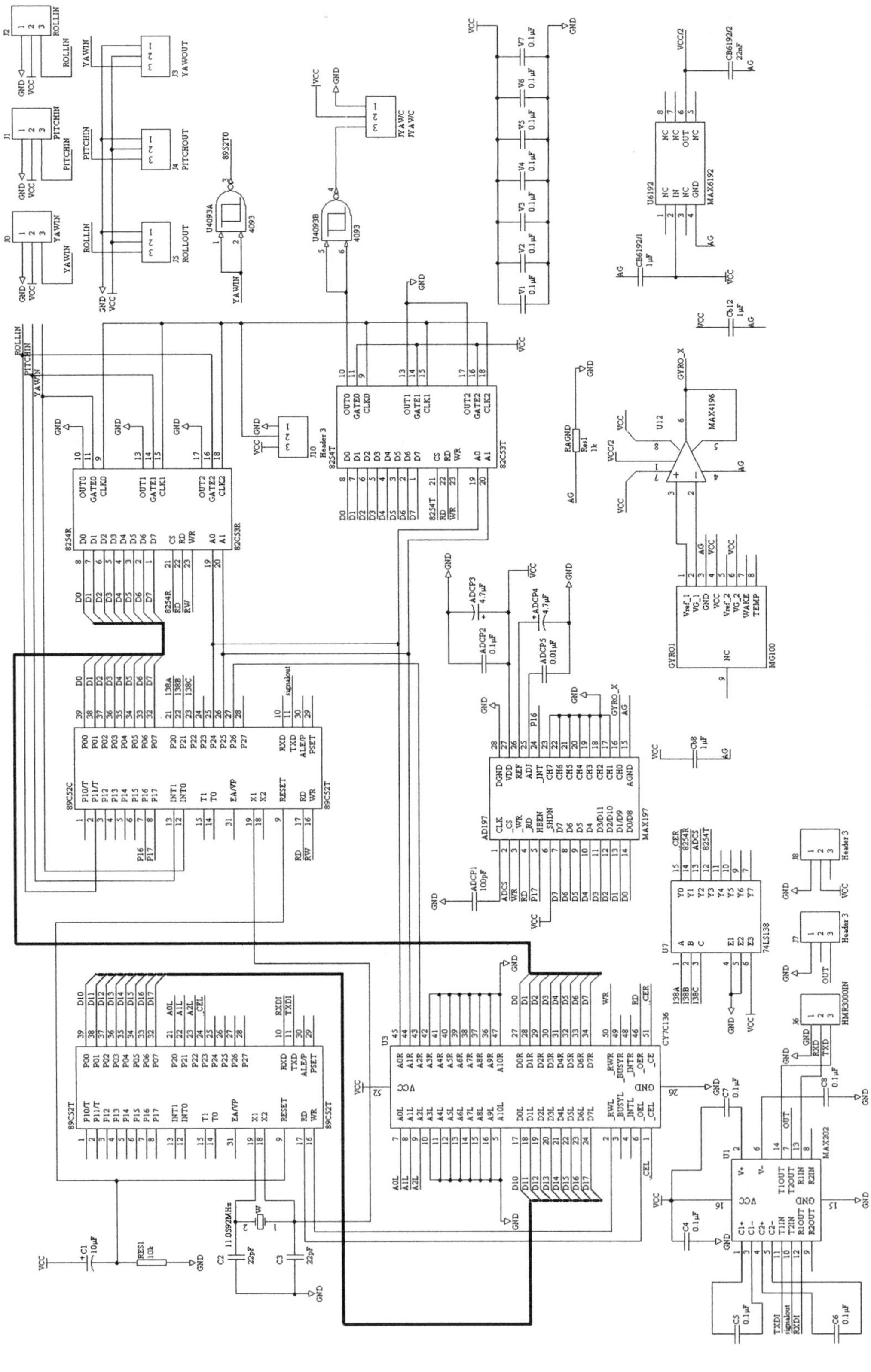

图5.12 绘制完成的原理图

5.4.9　放置说明标注

在原理图中放置该图的名称：模型飞机机载测控系统。

（1）选择“放置”→“文本字符串”菜单命令，或单击“实用工具”工具栏中的按钮。

（2）这时，光标处于放置字符串状态，按Tab键（也可以放置好后双击），进入如图5.13所示的对话框。

（3）设置字体的颜色为“红色”，字体为“楷体”，字形为“加粗”，字号大小为“16”。

（4）移动鼠标到合适位置，左击鼠标，完成字符串放置，右击鼠标，退出放置字符串状态。

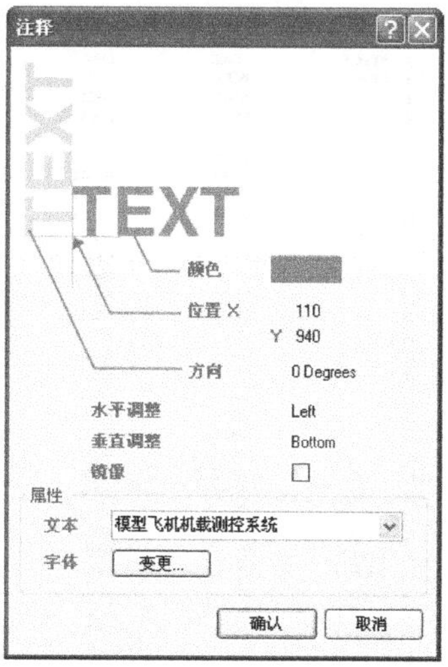

图5.13　“注释”对话框

5.4.10　编译原理图

（1）设置电气连接检查规则。选择“项目管理”→“项目管理选项”菜单命令。在弹出的对话框的“Error Reporting”（错误报告）选项卡中可以设置设计草图的错误报告类型。在“违规类型描述”列表中罗列了网络构成、原理图层次、设计错误类型等信息。在“报告模式”列表中可以设置违反规则的严重程度，即可以设置错误报告类型：无报告、警告、错误及致命错误。

本例采用默认设置。

（2）编译工程并检查电气连接。选择“项目管理”→“Compile PCB Project”菜单命令。执行该命令后，系统弹出“Messages”对话框。

如果电路没错，则对话框应该是空白的。如果给出错误报告，则需要检查电路并确认所有的导线和连接的正确性。双击“Messages”对话框中显示的错误，系统将弹出“Compile Errors”对话框。

在该对话框中将显示错误信息，根据这些错误信息就可以方便地对原理图进行修改，直到没有错误产生为止。

5.4.11　生成报表

1. 生成元件报表

（1）在原理图编辑界面中，选择“报告”→“Bill of Materials”菜单命令。

（2）在弹出的对话框中选择保存文件的目录和保存类型。本例选择EXCEL类型。元件报表如图5.14所示。

2. 生成网络表

（1）选择“设计”→“设计项目的网络表”→“Protel”菜单命令。

（2）执行该命令后，系统将生成网络表文件，如图 5.15 所示。

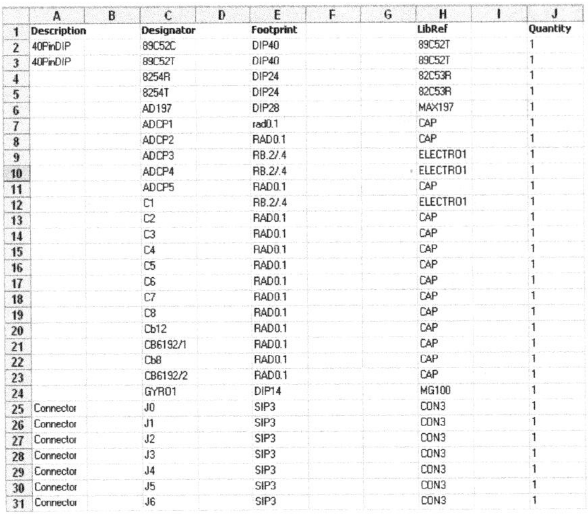

	A	B	C	D	E	F	G	H	I	J
1	Description		Designator		Footprint			LibRef		Quantity
2	40PinDIP		89C52C		DIP40			89C52T		1
3	40PinDIP		89C52T		DIP40			89C52T		1
4			8254R		DIP24			82C53R		1
5			8254T		DIP24			82C53R		1
6			AD197		DIP28			MAX197		1
7			ADCP1		rad0.1			CAP		1
8			ADCP2		RAD0.1			CAP		1
9			ADCP3		RB.2/.4			ELECTRO1		1
10			ADCP4		RB.2/.4			ELECTRO1		1
11			ADCP5		RAD0.1			CAP		1
12			C1		RB.2/.4			ELECTRO1		1
13			C2		RAD0.1			CAP		1
14			C3		RAD0.1			CAP		1
15			C4		RAD0.1			CAP		1
16			C5		RAD0.1			CAP		1
17			C6		RAD0.1			CAP		1
18			C7		RAD0.1			CAP		1
19			C8		RAD0.1			CAP		1
20			Cb12		RAD0.1			CAP		1
21			CB6192/1		RAD0.1			CAP		1
22			Cb8		RAD0.1			CAP		1
23			CB6192/2		RAD0.1			CAP		1
24			GYRO1		DIP14			MG100		1
25	Connector		J0		SIP3			CON3		1
26	Connector		J1		SIP3			CON3		1
27	Connector		J2		SIP3			CON3		1
28	Connector		J3		SIP3			CON3		1
29	Connector		J4		SIP3			CON3		1
30	Connector		J5		SIP3			CON3		1
31	Connector		J6		SIP3			CON3		1

图 5.14　元件报表

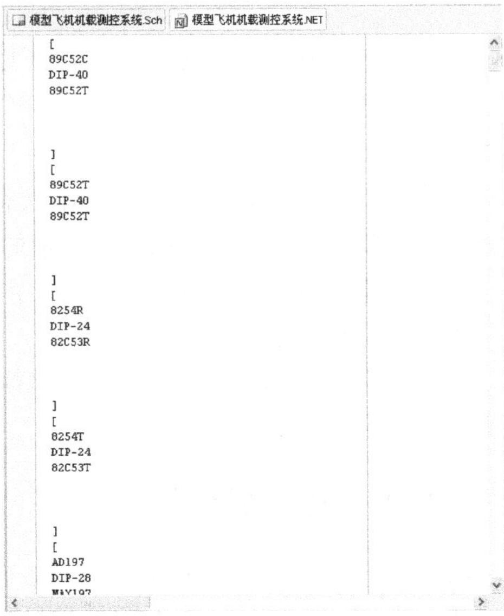

模型飞机机载测控系统.Sch　模型飞机机载测控系统.NET

```
[
89C52C
DIP-40
89C52T

]
[
89C52T
DIP-40
89C52T

]
[
8254R
DIP-24
82C53R

]
[
8254T
DIP-24
82C53T

]
[
AD197
DIP-28
```

图 5.15　网络表文件

5.4.12　原理图打印输出

（1）在原理图界面中，执行“文件”→“打印预览”菜单命令，如图 5.16 所示，或者单击工具栏中的按钮，弹出如图 5.17 所示的对话框。

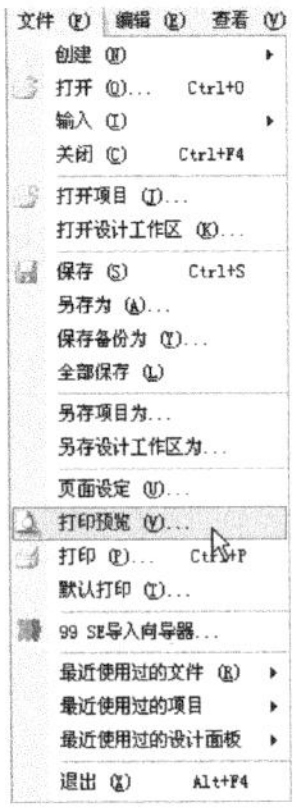

图 5.16　打印预览菜单命令

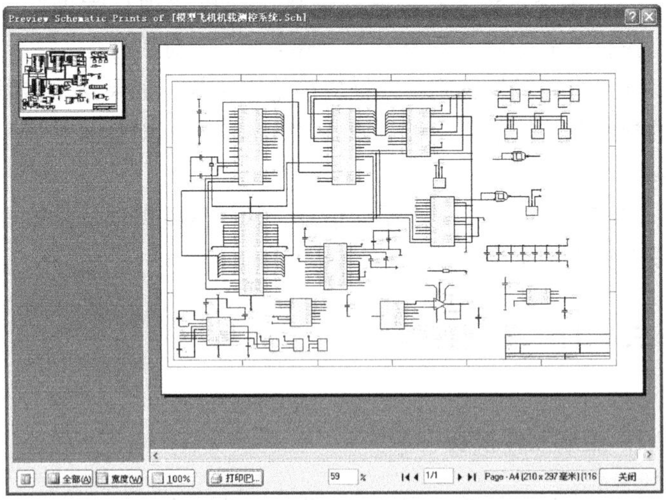

图 5.17　打印预览

（2）单击图 5.17 左下方的按钮，隐藏左方的缩略图标志。

（3）单击图 5.17 下方的“全部”按钮 全部(A)，显示整个打印页的打印预览，如图 5.18 所示。

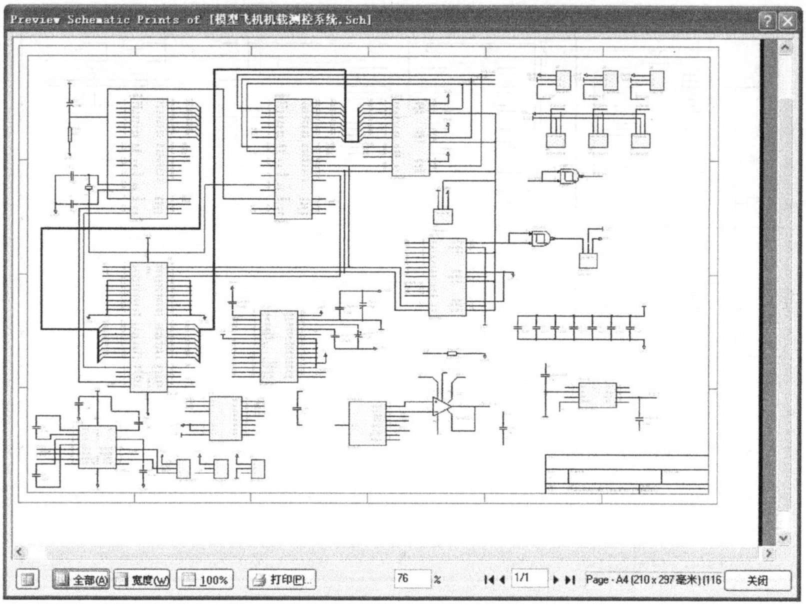

图5.18　显示整个打印页的打印预览

（4）单击图5.17下方的“宽度”按钮 宽度(W)，显示结果如图5.19所示。

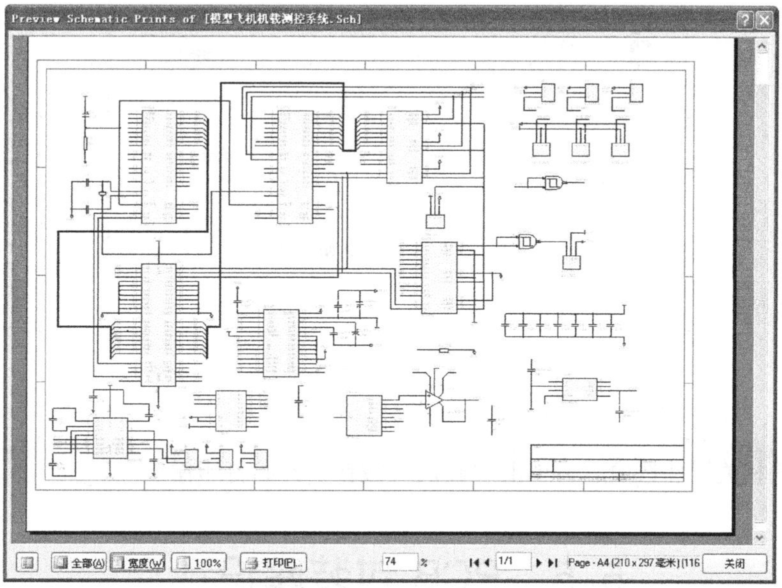

图5.19　宽度预览显示结果

（5）单击图5.17下方的“100%”按钮 100%，显示结果如图5.20所示。

（6）单击图5.17下方的“打印”按钮 打印(P)...，弹出“Printer Configuration for [Documentation Output]”对话框，如图5.21所示。

（7）单击“属性”按钮，弹出“打印属性”对话框。

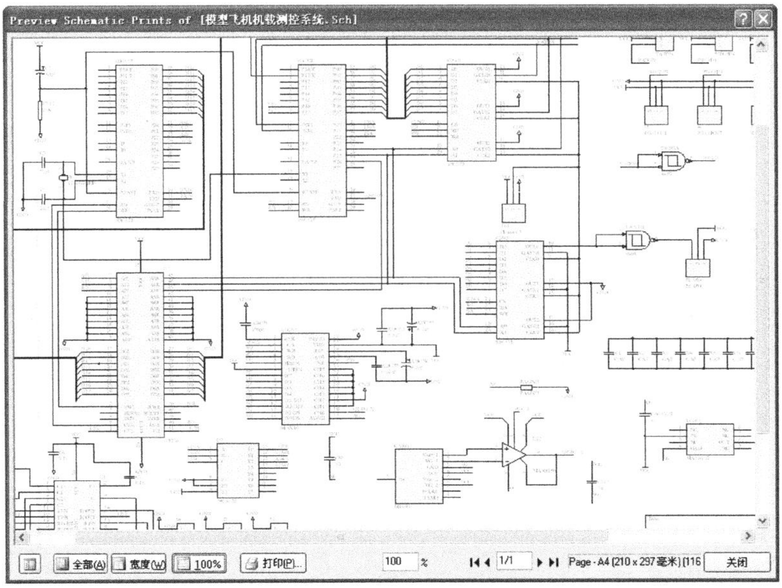

图 5.20　100% 显示预览

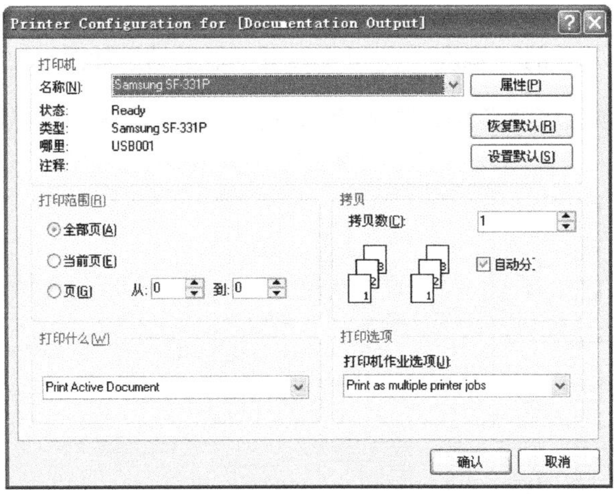

图 5.21　“Printer Configuration for [Documentation Output]”对话框

(8) 设置相关属性选项后，单击“确认”按钮，开始打印输出。

5.5　PCB 封装库设计

5.5.1　新建 PCB 封装库文件

1. 新建 PCB 封装库文件

选择“文件”→“创建”→“库”→“PCB 库”菜单命令。

2. 保存 PCB 元件库文件

选择“文件”→“另存为”菜单命令，在弹出的对话框的“文件名”框中输入“模型飞机机载测控系统设计”，然后单击“保存”按钮。

在元件库编辑界面中单击标签栏中的“PCB Library”标签，在“PCB Libray”面板中可以看到，新建一个元件库文件后，系统将自动在该元件库中建立一个元件名为 PCBCOMPONENT_1 的元件。

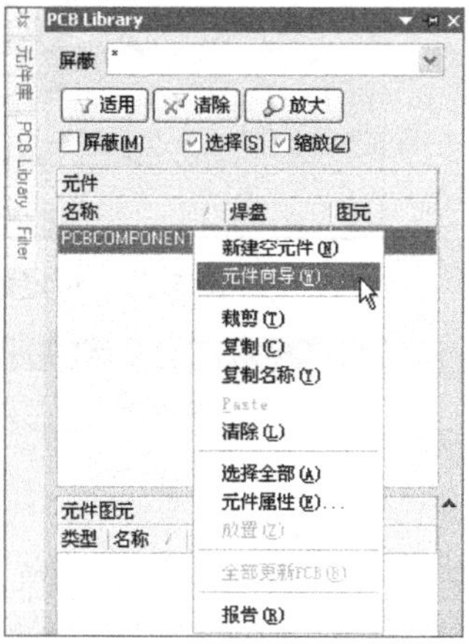

图 5.22　元件向导菜单

5.5.2　制作元件

1. 利用向导新建一个元件封装（MAX4196 封装）

（1）在“PCB Library”面板中，在“元件”列表中右击鼠标，系统将弹出如图 5.22 所示的快捷菜单。

（2）在该菜单中选择“元件向导”，打开“元件封装向导”对话框，如图 5.23 所示。

（3）在该对话框中单击“下一步”按钮，此时系统将弹出如图 5.24 所示的对话框。

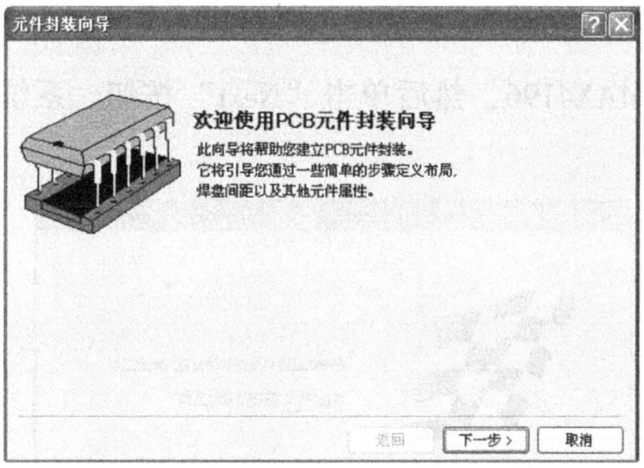

图 5.23　“元件封装向导”对话框

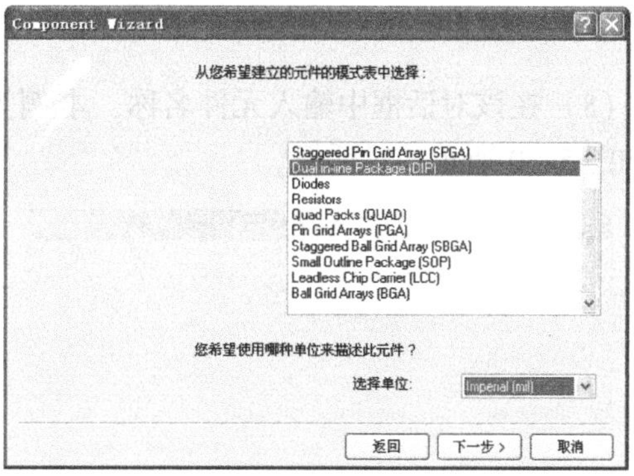

图 5.24　选择元件封装模式和单位

Protel 在该对话框中提供了 12 种元件封装模式。本例选择 DIP 模式，然后在“选择单位”框中选择 Imperial（mil）。单击“下一步”按钮，系统弹出如图 5.25 所示的对话框。

在该对话框中可以设置焊盘的有关尺寸，这时只需要在需要修改的地方单击鼠标，然后输入对应尺寸即可，本例采用默认设置。

（4）设置好焊盘的尺寸后，单击“下一步”按钮，系统弹出如图 5.26 所示的对话框。

（5）在该对话框中输入焊盘的间距值，然后单击“下一步”按钮，系统弹出如图 5.27 所示的对话框。

（6）在该对话框中输入轮廓宽度值后，单击“下一步”按钮，系统弹出如图 5.28 所示的对话框。

（7）在该对话框中输入元件的总焊盘数，然后单击“下一步”按钮，系统弹出如图 5.29 所示的对话框。

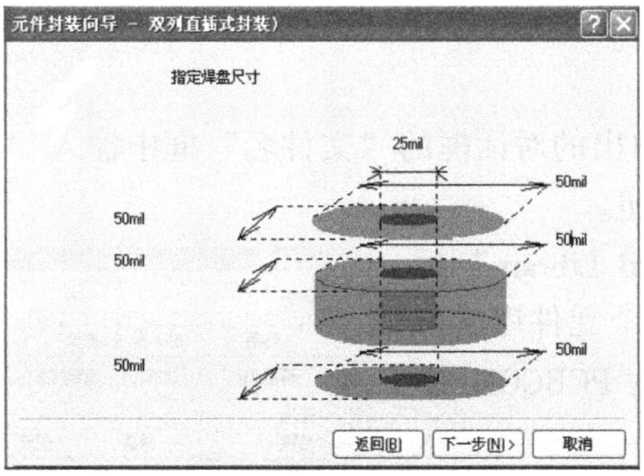

图 5.25　指定焊盘尺寸

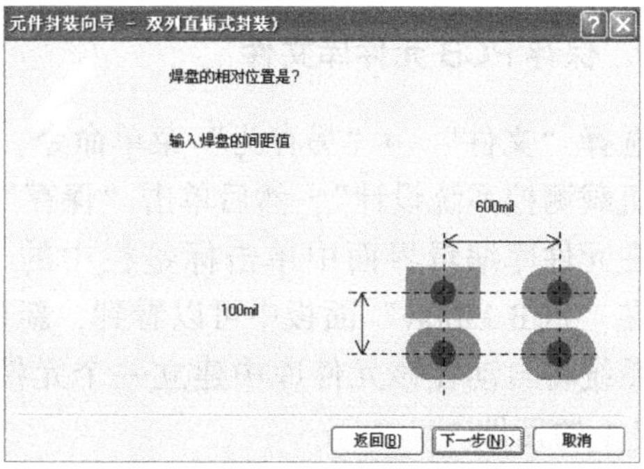

图 5.26　输入焊盘的间距值

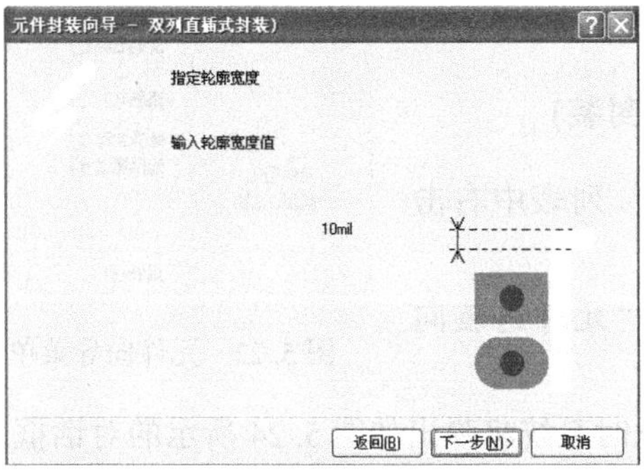

图 5.27　指定轮廓宽度

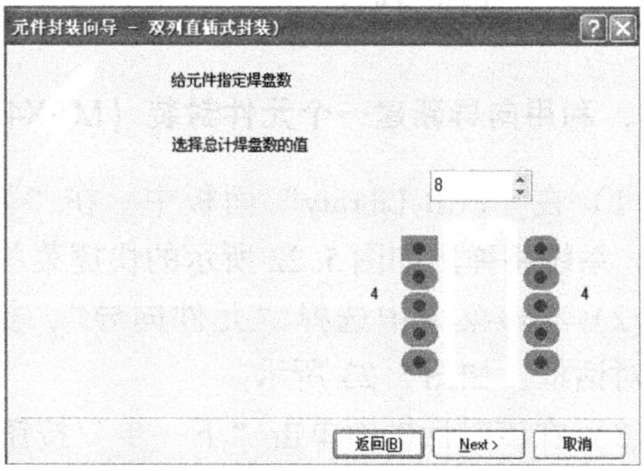

图 5.28　指定元件的总焊盘数

（8）在该对话框中输入元件名称，本例为 MAX4196，然后单击“Next”按钮，系统弹出如图 5.30 所示的对话框。

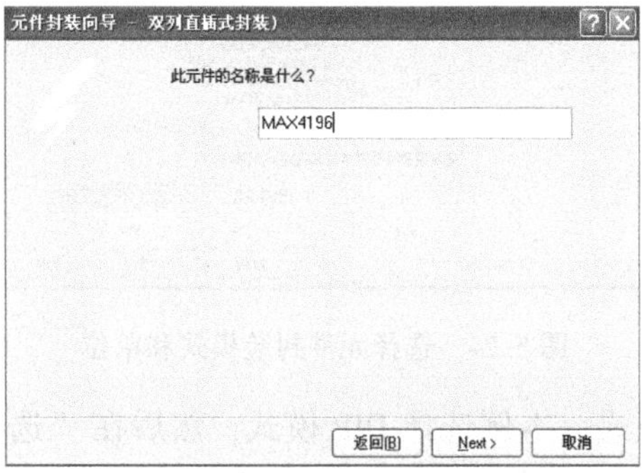

图 5.29　输入元件名称

图 5.30　确认完成工作

（9）单击“Finish”按钮完成元件封装的设计，如图 5.31 所示。

2. 直接在编辑界面中制作元件封装（电解电容封装）

（1）单击系统自动在该元件库中建立的元件名为 PCBComponent_1 的元件，进入该元件的编辑界面。

（2）双击该元件封装，系统将弹出如图 5.32 所示的“PCB 库元件”对话框，在“名称”框中输入 PCAP，然后单击“确认”按钮即可完成元件封装的重命名操作。

（3）选择“工具”→“库选择项”菜单命令，或在元件封装编辑区中右击鼠标，在系

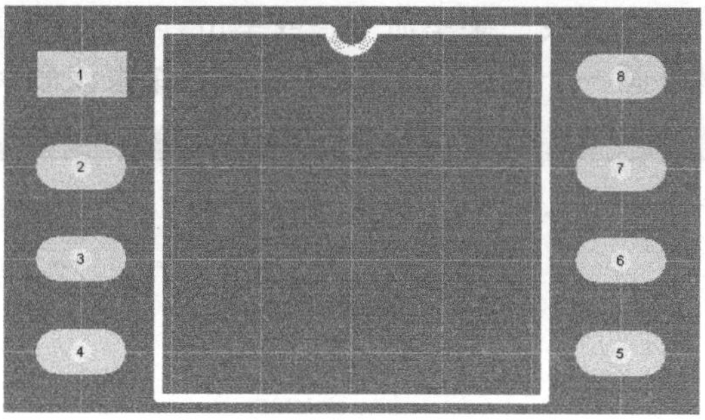

图 5.31 完成元件封装的设计

统弹出的快捷菜单中选择“库选择项”命令。

(4) 执行以上命令后，系统将弹出如图 5.33 所示的“PCB 选择项”对话框，本例采用默认设置。

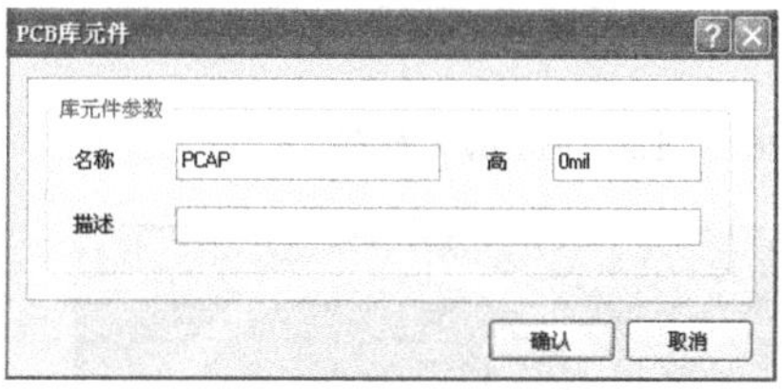

图 5.32 元件封装的重命名

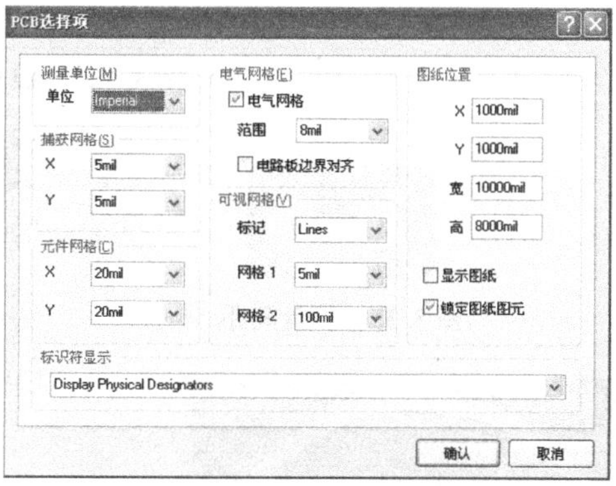

图 5.33 “PCB 选择项”对话框

(5) 选择“编辑”→“跳转到”→“参考”菜单命令，光标将会跳转到元件封装编辑区的坐标原点。

(6) 选择“放置”→“焊盘”菜单命令，或在元件封装编辑区中右击鼠标，在系统弹出的快捷菜单中选择“放置”→“焊盘”菜单命令，或按键盘 J 键和 L 键，或单击图标 ，激活放置焊盘命令。此时光标处于放置焊盘的状态。

(7) 此时按 Tab 键，将弹出“焊盘”对话框，如图 5.34 所示。在该对话框中设置焊盘相关参数（本例把“标识符”设置为 1，其他采用默认设置），然后单击“确认”按钮，结束属性设置。

(8) 移动鼠标，单击鼠标左键完成该焊盘的放置，两个焊盘的间距为 100mil，如图 5.35 所示。

(9) 双击焊盘 1，在弹出的“焊盘”对话框中将焊盘 1 的形状改为方形，以示区别。

(10) 单击“Top Overlay”标签，将工作面板切换到顶层丝印层（“Top Overlay”层），如图 5.36 所示。

(11) 选择“放置”→“圆”菜单命令，或单击 图标，激活放置圆命令。

(12) 此时光标处于画圆的状态，在两个焊盘中间左击鼠标，确定圆心位置，然后移动光标到合适位置，再左击鼠标完成画圆操作。此时，光标还是处于画圆状态，右击鼠标结束该状态。结果如图 5.37 所示。

(13) 选择“放置”→“直线”菜单命令，或单击 图标，激活放置直线命令。在圆内画一个电容符号，在圆外画一个正号，画完后右击鼠标结束该命令，结果如图 5.38 所示。

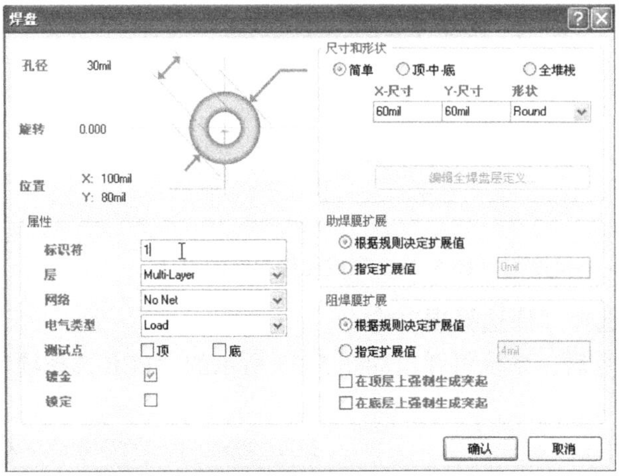

图 5.34 “焊盘”对话框

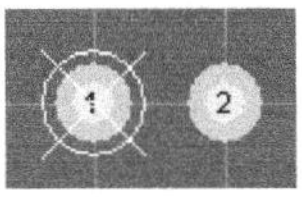

图 5.35 焊盘间距

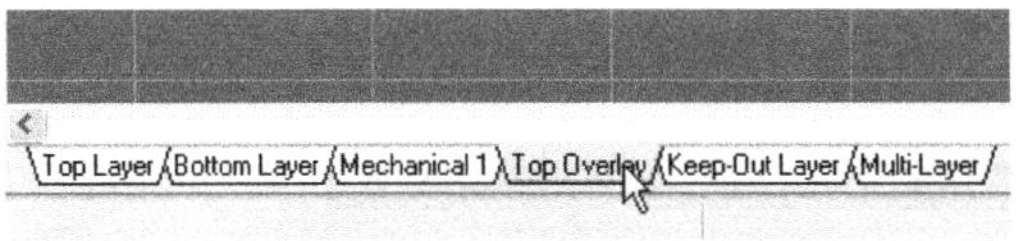

图 5.36 “Top Overlay”标签

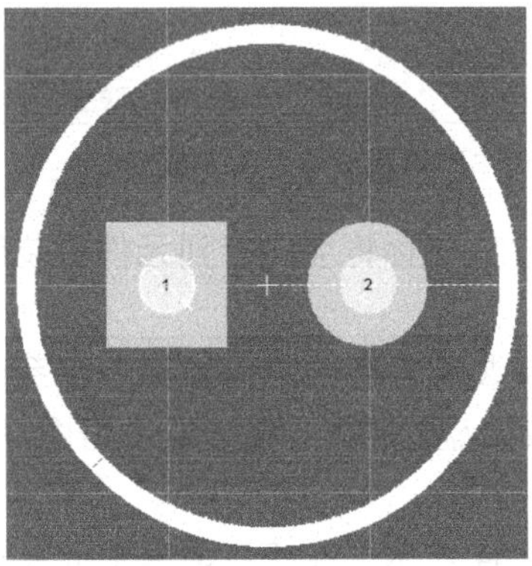

图 5.37 绘制外形

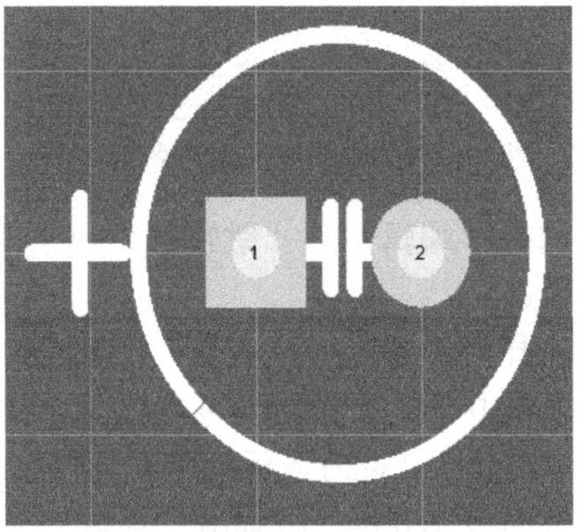

图 5.38 绘制好的电容封装

(14) 保存，结束该元件封装的设计。

5.6 PCB 设计

5.6.1 新建 PCB 文件

1. 新建 PCB 文件

选择“文件”→“创建”→“PCB 文件”菜单命令，建立一个 PCB 文件。

2. 保存PCB文件

选择“文件”→“另存为”菜单命令，保存新建的PCB文件（也可以单击图标）。执行以上命令后，系统将弹出“另存为”对话框，在对话框中输入文件名“模型飞机机载测控系统设计”，并选择保存路径为d:\Protel 2004\Example\lx\模型飞机机载测控系统，单击“保存”按钮，保存该PCB文件。

5.6.2　加载封装库

因为本例中封装需要用到的库在原理图中都加过了，所以不需要再加。

5.6.3　设置PCB编辑系统参数

（1）选择“设计”→“PCB选择项”菜单命令。

（2）在弹出的对话框中设置单位、网格等参数。本例设置如图5.39所示。

（3）单击“确认”按钮完成设置。

5.6.4　规划电路板

（1）选择结构模板。单击“设计”→“图层堆栈管理器”菜单命令，本例采用默认设置。

（2）显示原点标记。单击“工具”→“优先设定”菜单命令，在弹出的对话框中选中“表示”选项组中的“原点标记”复选框，如图5.40所示，然后单击“确认”按钮，在PCB设计界面中将出现原点标记，即坐标为（0，0）。

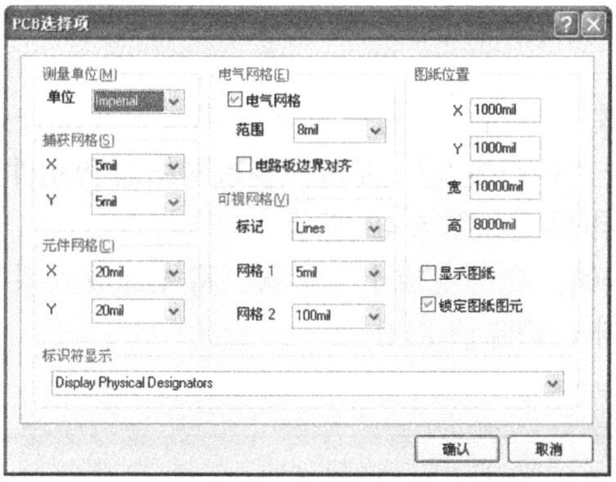

图5.39　“PCB选择项”对话框

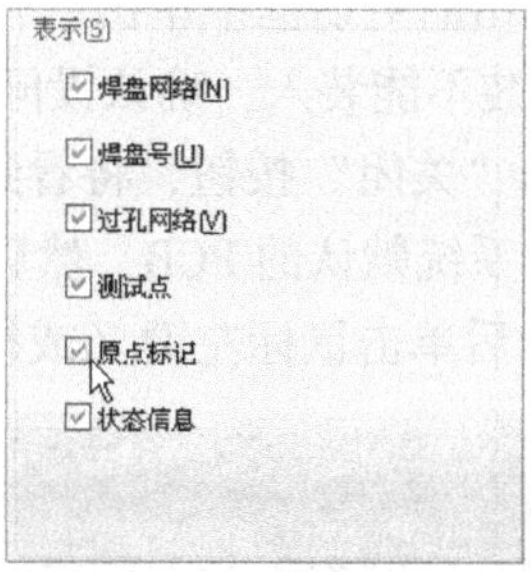

图5.40　选中“原点标记”复选框

（3）设定物理边界。单击“Mechanical 1”标签，如图5.41所示，选择第一个机械层来设定物理边界。单击“放置”→“直线”菜单命令，或单击“实用工具”工具栏中的按钮，或分别按键盘P键和L键，激活绘制导线命令，在“Mechanical 1”中绘制电路板矩形边框（6010mil×4014mil）。

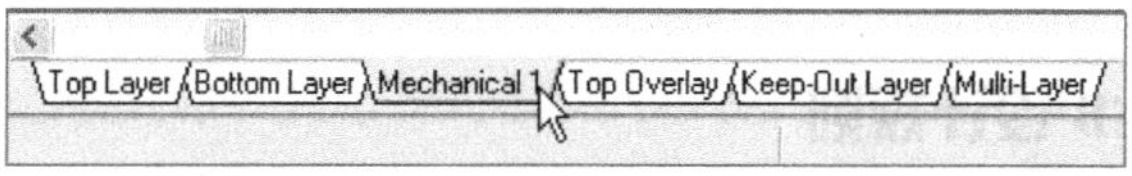

图5.41　“Mechanical 1”标签

(4) 设置电气边界。在PCB工作界面下方单击“Keep-Out Layer”标签，将当前工作层设置为“Keep-Out Layer”层。进入“Keep-Out Layer”层后，与设置物理边界方法一样，设置电气边界。在一般情况下，电气边界和物理边界大小一样。

5.6.5 加载网络表

(1) 在PCB工作界面中，选择“设计”→“Import Changes From 模型飞机机载测控系统.PrjPcb”菜单命令，如图5.42所示；或在原理图工作界面中，选择“设计”→“Update PCB Document 模型飞机机载测控系统.PcbDoc”菜单命令。

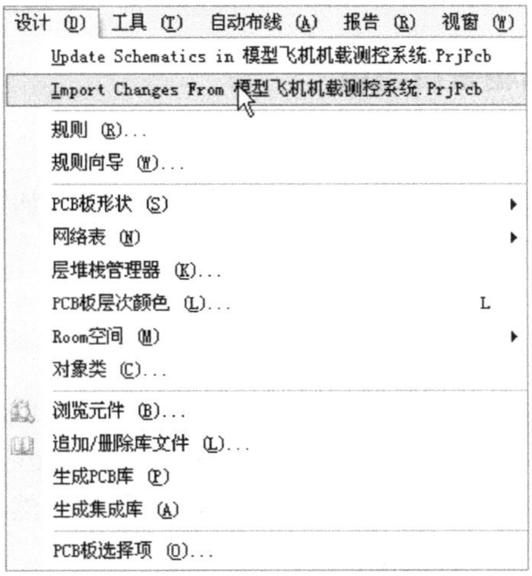

图5.42 加载网络表菜单命令

(2) 在弹出的对话框中单击“使变化生效”按钮，确定所有元件装入，并检查是否有网络和元件封装不能装入，确认没问题后单击“执行变化”按钮，装入网络表和元件封装。

(3) 单击“关闭”按钮，将看到PCB工作界面如图5.43所示。

(4) 选中系统默认的PCB，然后单击按钮。光标变成十字形状，将光标放入系统默认的PCB中，然后单击鼠标左键（或按Delete键）删除该PCB。

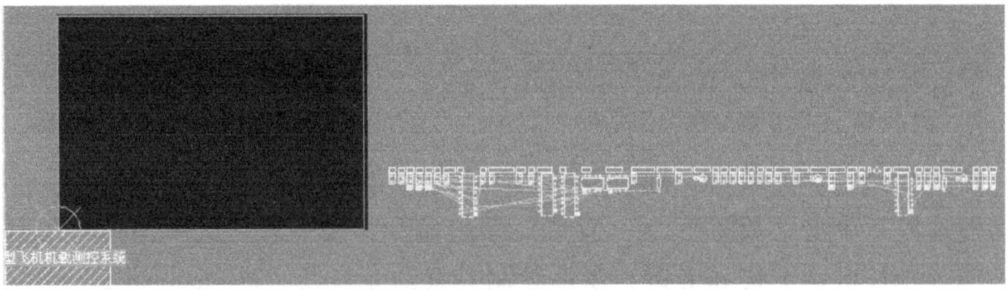

图5.43 加载网络表后的PCB工作界面

5.6.6 设置PCB设计规则

(1) 在PCB编辑界面中，选择“设计”→“规则”菜单命令。

（2）在弹出的对话框中打开“Electrical”（电气特性设置）中的“Clearance”（安全间距设置）选项，如图5.44所示，将最小间距设置为10mil。

（3）打开“Routing”（布线规则设置）中的“Width”（布线宽度设置）选项，如图5.45所示。在对话框中将最小尺寸设置为20mil，优选尺寸设置为32mil，最大宽度设置为40mil。

（4）打开“Routing”（布线规则设置）中的“Routing Layers”（布线工作层设置）选项，如图5.46所示。在该对话框中可以设置自动布线过程中哪些信号层可以用。因为本例是双面板设计，需要在顶层和底层都布线，所以在“有效的层”中选中“Top Layer”和“Bottom Layer”复选框（允许布线）。

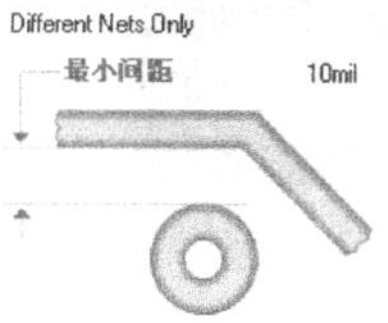

图5.44　设置安全间距

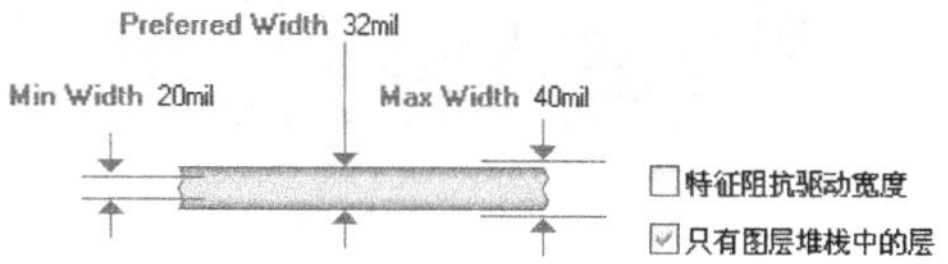

图5.45　设置布线宽度

（5）打开“Routing”（布线规则设置）中的“Routing Corners”（布线转角设置）选项，如图5.47所示。在该对话框中可以设置45°转角。

图5.46　设置布线工作层

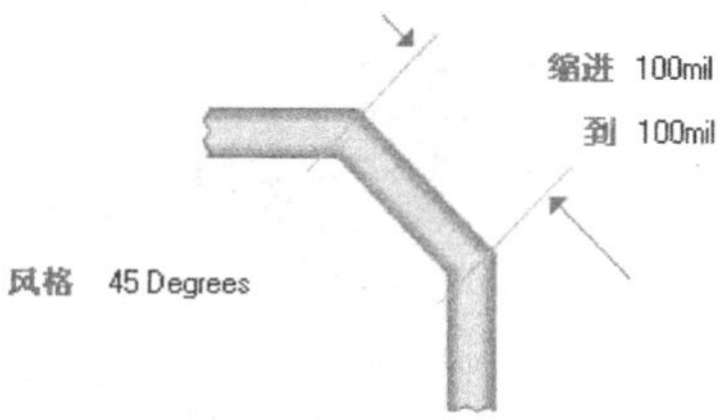

图5.47　设置布线转角

（6）其他选择默认设置，单击“确认”按钮完成设置。

5.6.7　元件布局

1. 自动布局

（1）选择“工具”→“放置元件”→“自动布局”菜单命令。

（2）执行上述命令后，系统将弹出“自动布局”对话框，选中“分组布局”单选钮，然后单击“确认”按钮，系统将对元件自动布局。自动布局后的PCB界面如图5.48所示。

2. 手工布局

（1）与原理图的方法类似，通过选择、移动、翻转元件来实现手工布局。

（2）修改元件标号到合适的位置和合适的方向。

（3）手工布局结果如图5.49所示。

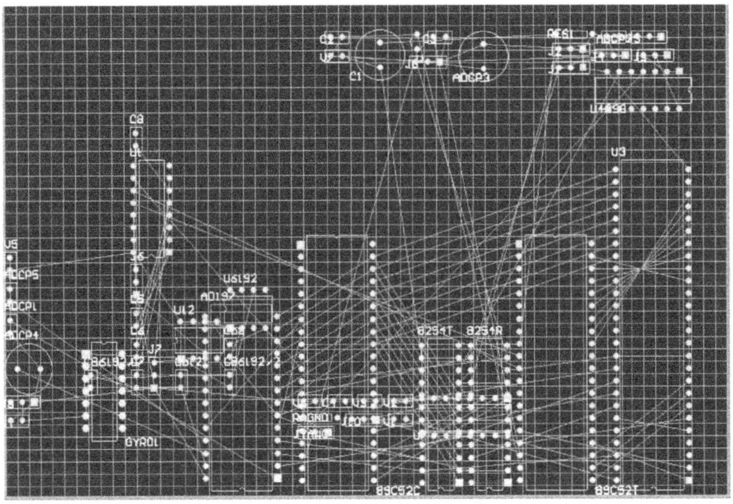

图 5.48　自动布局后的 PCB 界面

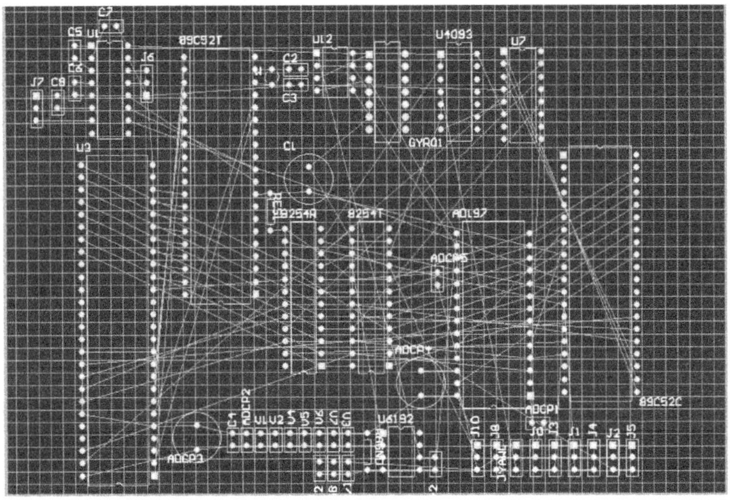

图 5.49　手工布局结果

5.6.8　元件布线

（1）选择“自动布线”→“设定”菜单命令，完成设定（本例采用默认设置）。

（2）选择“自动布线”→“全部对象”菜单命令，结果如图 5.50 所示。如果自动布线的结果符合要求，则不需要进行手工调整。

5.6.9　PCB 设计规则检查

（1）选择“工具”→“设计规则检查”菜单命令。

（2）执行上述命令后，系统将弹出“设计规则检查器”对话框（本例采用默认设置）。

（3）单击“运行设计规则检查”按钮，开始进行设计规则检查。检查结束后，系统将产生一个设计规则检查报表，如图 5.51 所示。

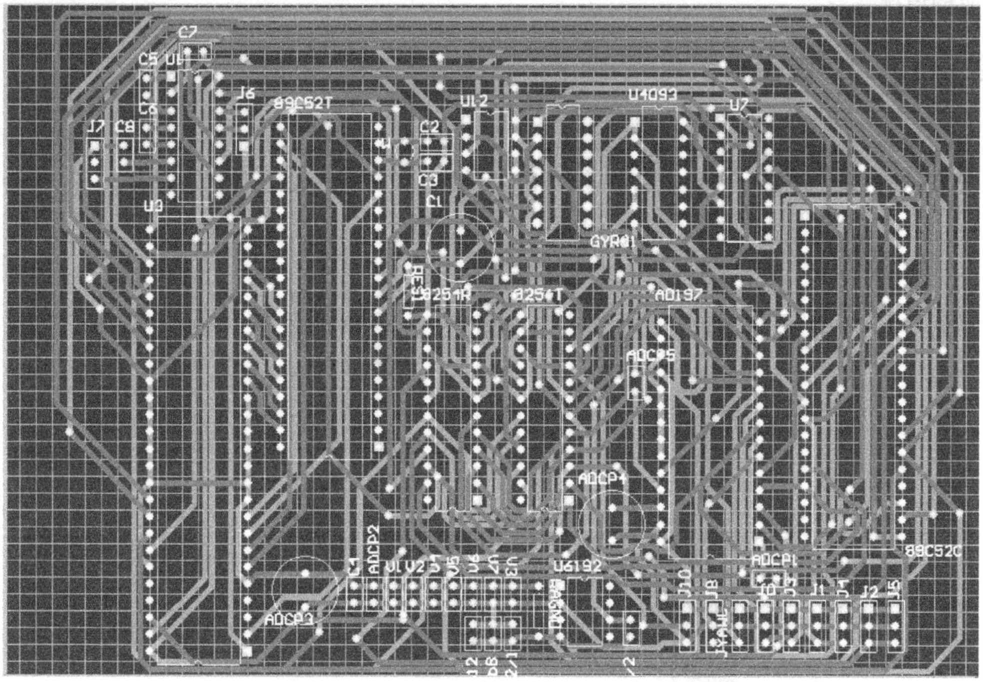

图 5.50　自动布线结果

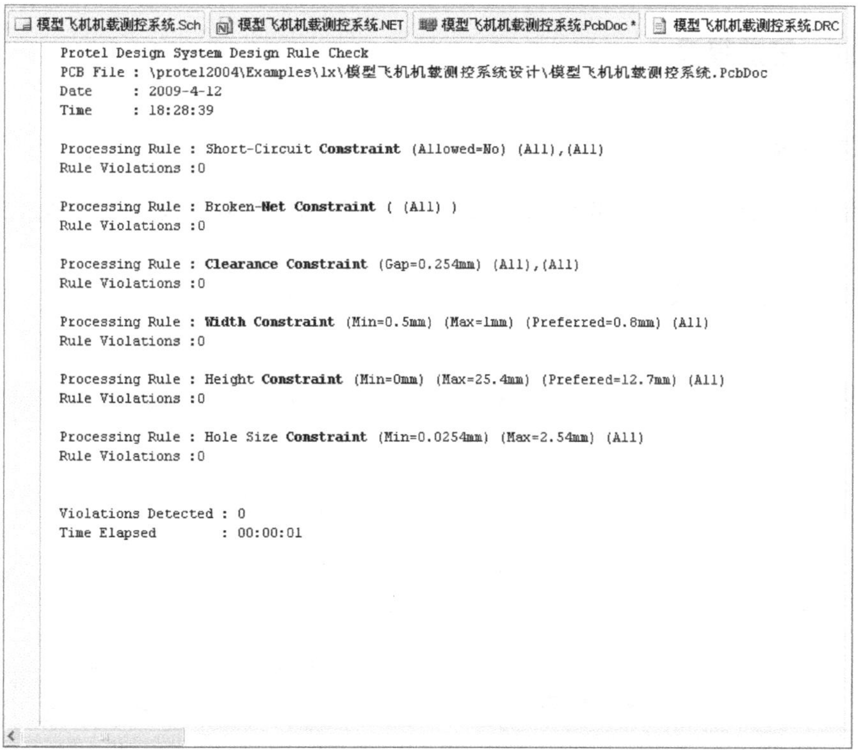

模型飞机机载测控系统.Sch | 模型飞机机载测控系统.NET | 模型飞机机载测控系统.PcbDoc * | 模型飞机机载测控系统.DRC

```
Protel Design System Design Rule Check
PCB File : \protel2004\Examples\lx\模型飞机机载测控系统设计\模型飞机机载测控系统.PcbDoc
Date     : 2009-4-12
Time     : 18:28:39

Processing Rule : Short-Circuit Constraint (Allowed=No) (All),(All)
Rule Violations :0

Processing Rule : Broken-Net Constraint ( (All) )
Rule Violations :0

Processing Rule : Clearance Constraint (Gap=0.254mm) (All),(All)
Rule Violations :0

Processing Rule : Width Constraint (Min=0.5mm) (Max=1mm) (Preferred=0.8mm) (All)
Rule Violations :0

Processing Rule : Height Constraint (Min=0mm) (Max=25.4mm) (Prefered=12.7mm) (All)
Rule Violations :0

Processing Rule : Hole Size Constraint (Min=0.0254mm) (Max=2.54mm) (All)
Rule Violations :0


Violations Detected : 0
Time Elapsed        : 00:00:01
```

图 5.51　设计规则检查报表

（4）从该报表可以看出，本例没有出现违反规则的情况。如果有，则会在该报表中显示对应的情况。

5.6.10 3D 效果图

（1）选择“查看”→“显示三维 PCB”菜单命令。

（2）执行以上命令后，系统将弹出该 PCB 的 3D 效果图，如图 5.52 所示。

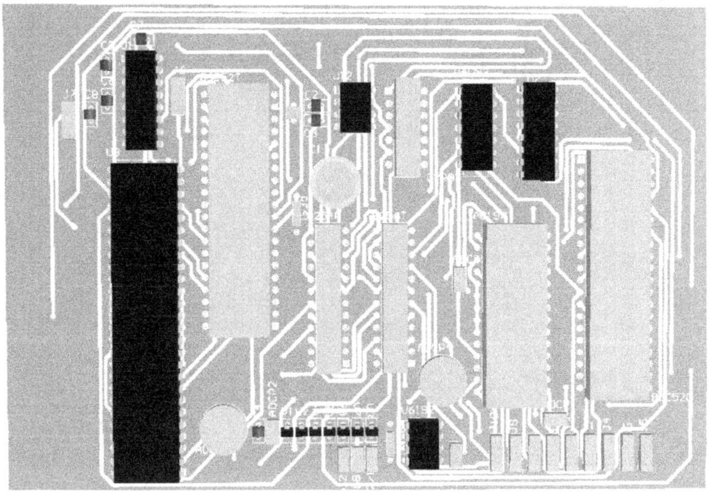

图 5.52 3D 效果图

5.6.11 生成报表

1. PCB 信息

（1）选择“报告”→“PCB 信息”菜单命令，弹出“PCB 信息”对话框，如图 5.53 所示。

（2）单击“报告”按钮，弹出如图 5.54 所示的对话框。

图 5.53 “PCB 信息”对话框

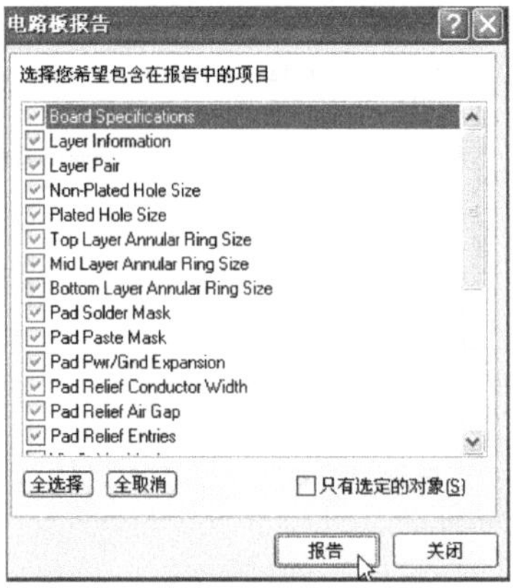

图 5.54 “电路板报告”对话框

（3）根据要求选择需要报告的内容，然后单击“报告”按钮，将弹出对应的报告。

2. 输出简单的元件清单

（1）选择“报告”→“Simple BOM”菜单命令。

（2）执行上述命令后，将弹出简单的元件清单报表，如图5.55所示。

（3）其他报表用户可以根据需求选择输出。

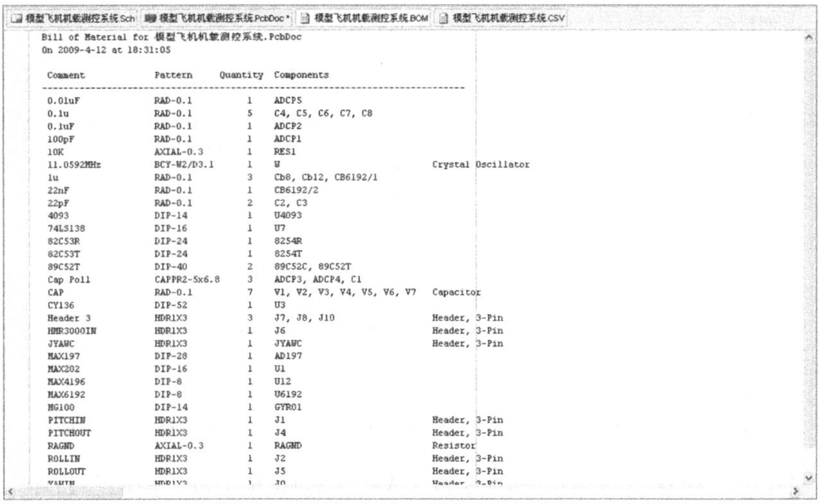


```
Bill of Material for 模型飞机机载测控系统.PcbDoc
On 2009-4-12 at 18:31:05

 Comment              Pattern       Quantity  Components
------------------------------------------------------------------------
 0.01uF               RAD-0.1          1      ADCP5
 0.1u                 RAD-0.1          5      C4, C5, C6, C7, C8
 0.1uF                RAD-0.1          1      ADCP2
 100pF                RAD-0.1          1      ADCP1
 10K                  AXIAL-0.3        1      RES1
 11.0592MHz           BCY-W2/D3.1      1      W                     Crystal Oscillator
 1u                   RAD-0.1          3      Cb8, Cb12, CB6192/1
 22nF                 RAD-0.1          1      CB6192/2
 22pF                 RAD-0.1          2      C2, C3
 4093                 DIP-14           1      U4093
 74LS138              DIP-16           1      U7
 82C53R               DIP-24           1      8254R
 82C53T               DIP-24           1      8254T
 89C52T               DIP-40           2      89C52C, 89C52T
 Cap Poll             CAPPR2-5x6.8     3      ADCP3, ADCP4, C1
 CAP                  RAD-0.1          7      V1, V2, V3, V4, V5, V6, V7   Capacitor
 CY136                DIP-52           1      U3
 Header 3             HDR1X3           3      J7, J8, J10           Header, 3-Pin
 HMR3000IN            HDR1X3           1      J6                    Header, 3-Pin
 JYAWC                HDR1X3           1      JYAWC                 Header, 3-Pin
 MAX197               DIP-28           1      AD197
 MAX202               DIP-16           1      U1
 MAX4196              DIP-8            1      U12
 MAX6192              DIP-8            1      U6192
 MG100                DIP-14           1      GYR01
 PITCHIN              HDR1X3           1      J1                    Header, 3-Pin
 PITCHOUT             HDR1X3           1      J4                    Header, 3-Pin
 RAGND                AXIAL-0.3        1      RAGND                 Resistor
 ROLLIN               HDR1X3           1      J2                    Header, 3-Pin
 ROLLOUT              HDR1X3           1      J5                    Header, 3-Pin
```

（a）简单的元件清单报表1

```
"Bill of Material for 模型飞机机载测控系统.PcbDoc"
"On 2009-4-12 at 18:31:05"

"Comment","Pattern","Quantity","Components"

"0.01uF","RAD-0.1","1","ADCP5",""
"0.1u","RAD-0.1","5","C4, C5, C6, C7, C8",""
"0.1uF","RAD-0.1","1","ADCP2",""
"100pF","RAD-0.1","1","ADCP1",""
"10K","AXIAL-0.3","1","RES1",""
"11.0592MHz","BCY-W2/D3.1","1","W","Crystal Oscillator"
"1u","RAD-0.1","3","Cb8, Cb12, CB6192/1",""
"22nF","RAD-0.1","1","CB6192/2",""
"22pF","RAD-0.1","2","C2, C3",""
"4093","DIP-14","1","U4093",""
"74LS138","DIP-16","1","U7",""
"82C53R","DIP-24","1","8254R",""
"82C53T","DIP-24","1","8254T",""
"89C52T","DIP-40","2","89C52C, 89C52T",""
"Cap Poll","CAPPR2-5x6.8","3","ADCP3, ADCP4, C1",""
"CAP","RAD-0.1","7","V1, V2, V3, V4, V5, V6, V7","Capacitor"
"CY136","DIP-52","1","U3",""
"Header 3","HDR1X3","3","J7, J8, J10","Header, 3-Pin"
"HMR3000IN","HDR1X3","1","J6","Header, 3-Pin"
"JYAWC","HDR1X3","1","JYAWC","Header, 3-Pin"
"MAX197","DIP-28","1","AD197",""
"MAX202","DIP-16","1","U1",""
"MAX4196","DIP-8","1","U12",""
"MAX6192","DIP-8","1","U6192",""
"MG100","DIP-14","1","GYR01",""
"PITCHIN","HDR1X3","1","J1","Header, 3-Pin"
"PITCHOUT","HDR1X3","1","J4","Header, 3-Pin"
"RAGND","AXIAL-0.3","1","RAGND","Resistor"
"ROLLIN","HDR1X3","1","J2","Header, 3-Pin"
"ROLLOUT","HDR1X3","1","J5","Header, 3-Pin"
```

（b）简单的元件清单报表2

图5.55　简单的元件清单报表

5.6.12　打印输出PCB图

印制电路板设计完成后，需要打印输出，以便人工检查错误等。同时生成文件存档，以备焊接元器件时使用。Protel DXP 2004可以打印输出一张完整的PCB图，也可以单独打印输出各个层。

1. 设置打印页面

(1) 在 PCB 图界面中，执行“文件”→“页面设定”菜单命令，如图 5.56 所示，弹出“Composite Properties”对话框，如图 5.57 所示。

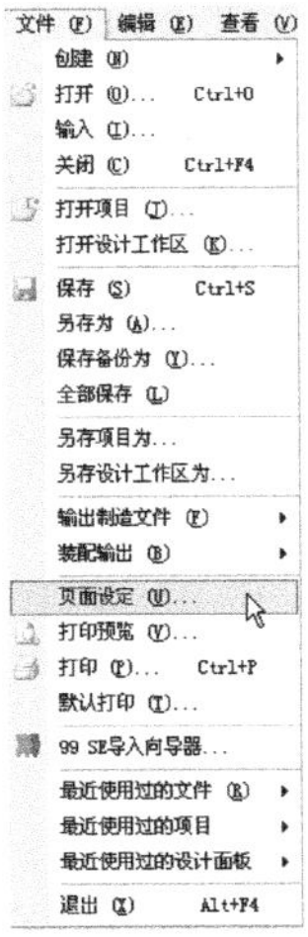

图 5.56 “页面设定”菜单命令

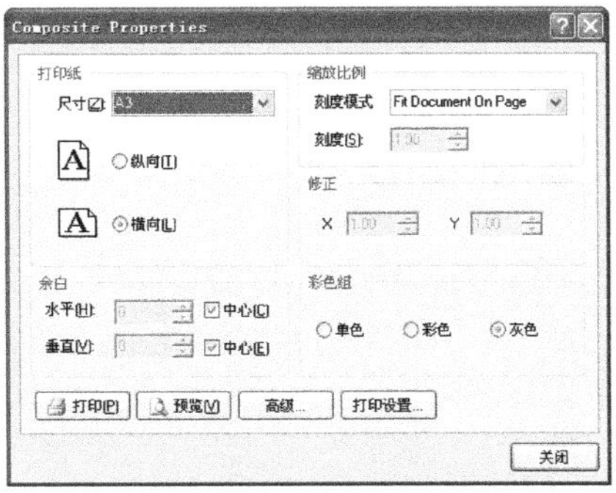

图 5.57 “Composite Properties”对话框

(2) 在“尺寸”框中，设置纸张型号为“A3”，打印方式为“横向”打印。

(3) 在“缩放比例”选项组的“刻度模式”框中，选择“Fit Document On Page”选项。

(4) 在“彩色组”选项组中，选择“灰色”单选钮。

2. 设置打印层

(1) 在如图 5.57 所示的对话框中选择“高级”按钮，打开如图 5.58 所示的“PCB 打印输出属性”对话框。

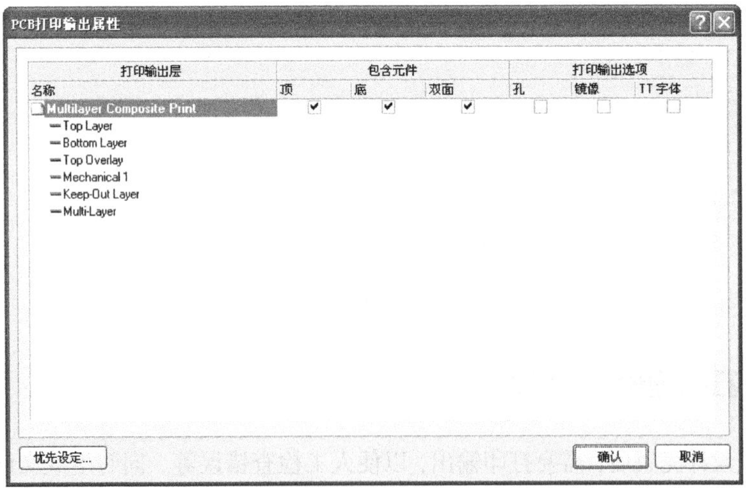

图 5.58 “PCB 打印输出属性”对话框

（2）“PCB打印输出属性”对话框中显示该项目的PCB图用到的板层（因本项目是双面板，故包括了Top层和Bottom层）。用鼠标右键单击需要的板层，然后在弹出的快捷菜单中选择相应命令，即可在打印时添加或删除一个板层，如图5.59所示。

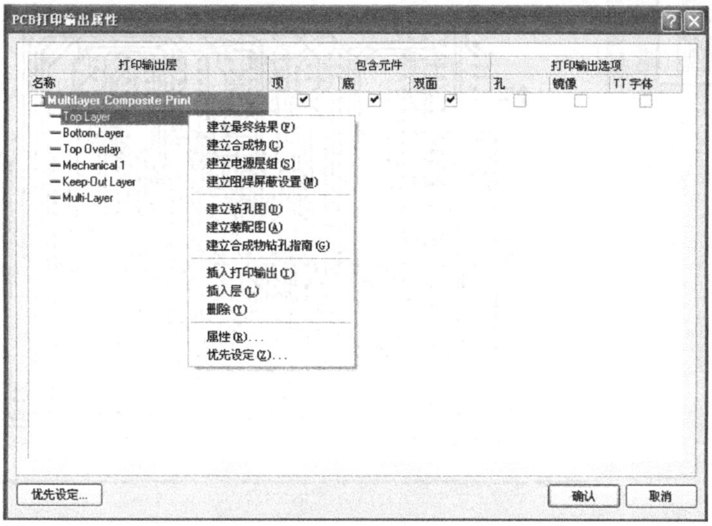

图5.59　添加或删除一个板层

（3）单击“PCB打印输出属性”对话框中的“优先设定”按钮，打开“PCB打印优先设定”对话框，如图5.60所示。

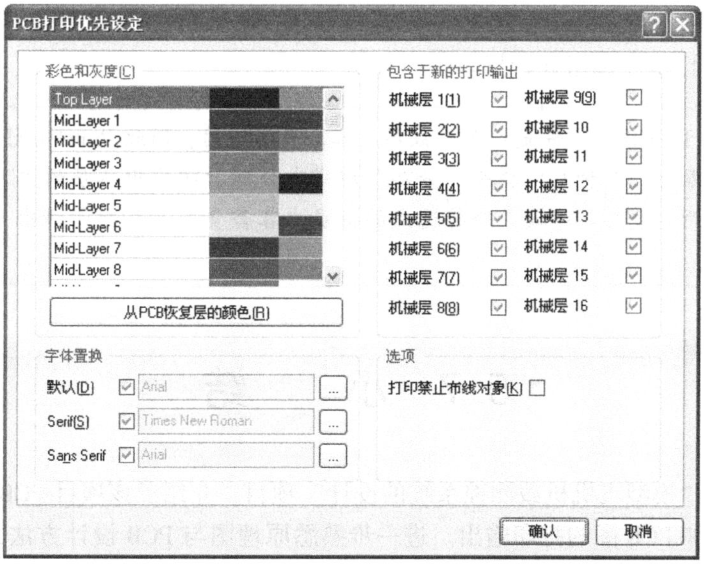

图5.60　“PCB打印优先设定”对话框

（4）设置各层的打印颜色和打印字体，然后单击“确认”按钮完成设置。

3. 打印预览

（1）单击“Composite Properties”对话框中的“预览”按钮，显示图纸和打印设置后的打印效果，如图5.61所示。

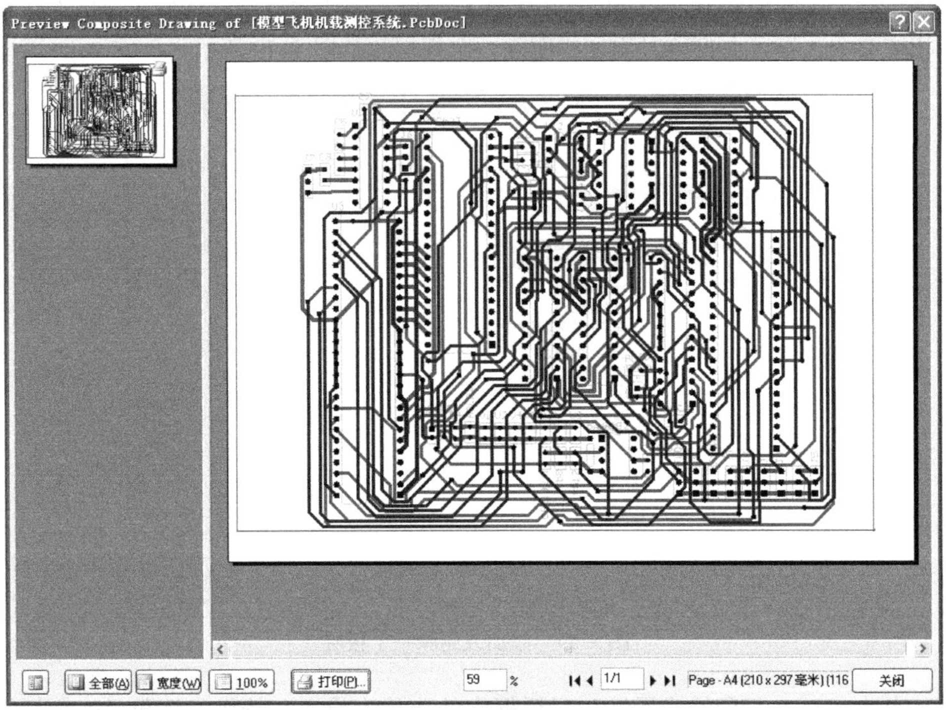

图5.61　打印预览

（2）如果不满意打印效果，则重新设置打印机选项。

（3）单击“打印”按钮开始打印。

> **注意：** 由于PCB图文件是由多个板层内容套叠而成的，因此Protel DXP 2004提供了分层打印和叠层打印两种打印模式。分层打印模式分别打印输出各层的内容，主要供制作电路板时使用；叠层打印模式会将选定的板层内容套叠在一起打印输出，主要供设计者检查使用。

5.7　小　　结

本项目通过“模型飞机机载测控系统的设计”项目，介绍了该项目PCB设计的全过程，还介绍了原理图和PCB图的打印输出。进一步熟悉原理图与PCB设计方法，学习原理图与PCB库设计方法，各种报表生成方法与设计规则设置方法等。

项目 6 串行接口电路版图设计

6.1 设计任务

串行通信接口是用于计算机与计算机、计算机与外设之间的远距离通信的接口。串行通信接口的通信方式是数据一位一位地依次传输，每一位数据占据一个固定的时间长度。其特点是，只需少数几条线就可以在系统间交换信息，连接设备接口有 SATA、USB 等。该电路包括 ISA 总线和地址译码电路、异步串行通信驱动电路两个部分。

（1）ISA 总线和地址译码电路如图 6.1 所示。

（2）异步串行通信驱动电路如图 6.2 所示。

6.2 新建工程

视频：创建项目文件

（1）启动 Protel DXP 2004。

（2）在 Protel DXP 2004 主界面中，选择“文件”→“创建”→“项目”→“PCB 项目”菜单命令，建立一个工程文件。

（3）选择“文件”→“另存项目为”菜单命令，将新建的工程文件保存到 d:\Protel 2004\Examples\lx 文件夹下，并命名为“串行接口电路 . PrjPCB”。

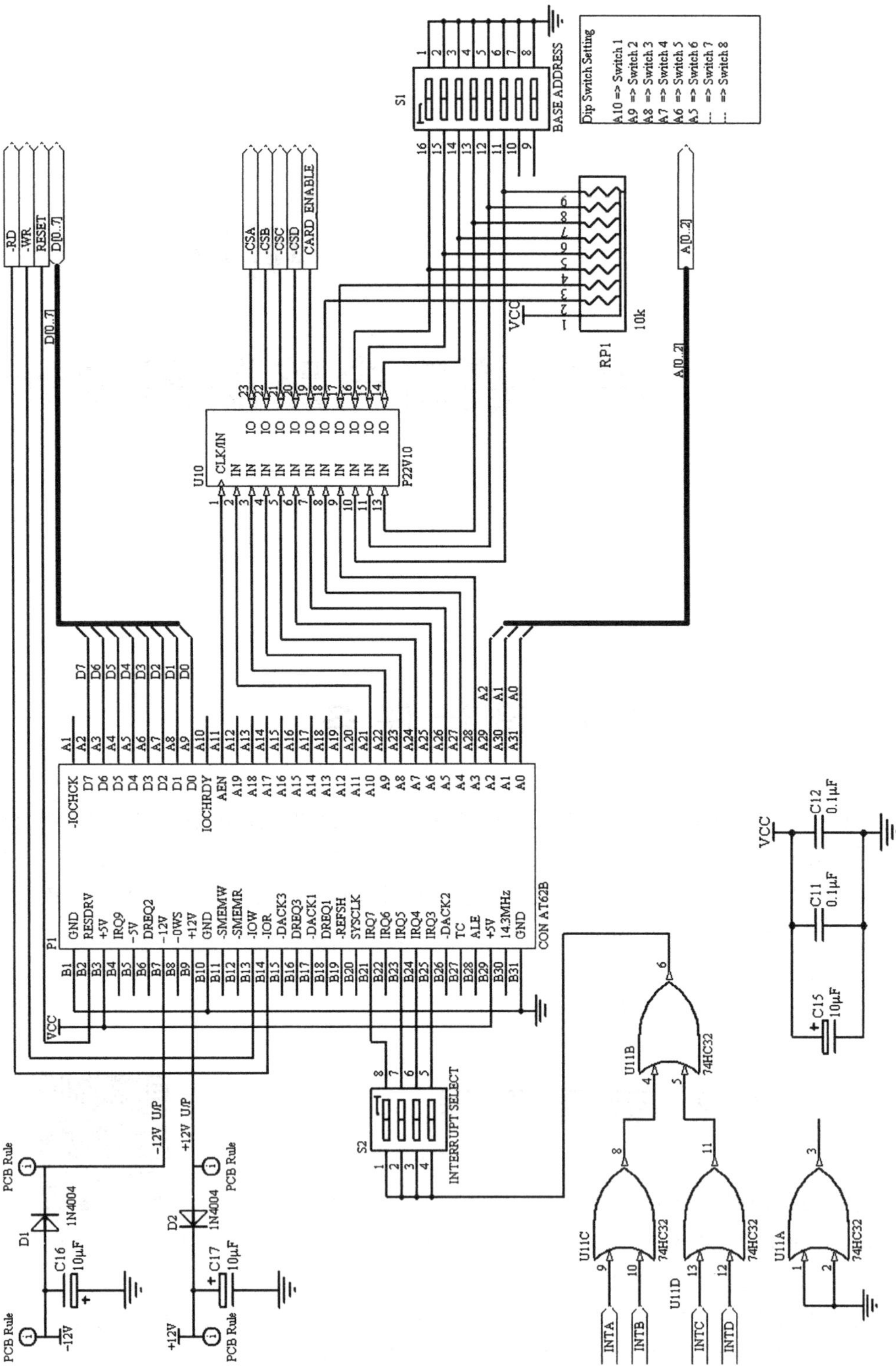

图 6.1 ISA 总线和地址译码电路

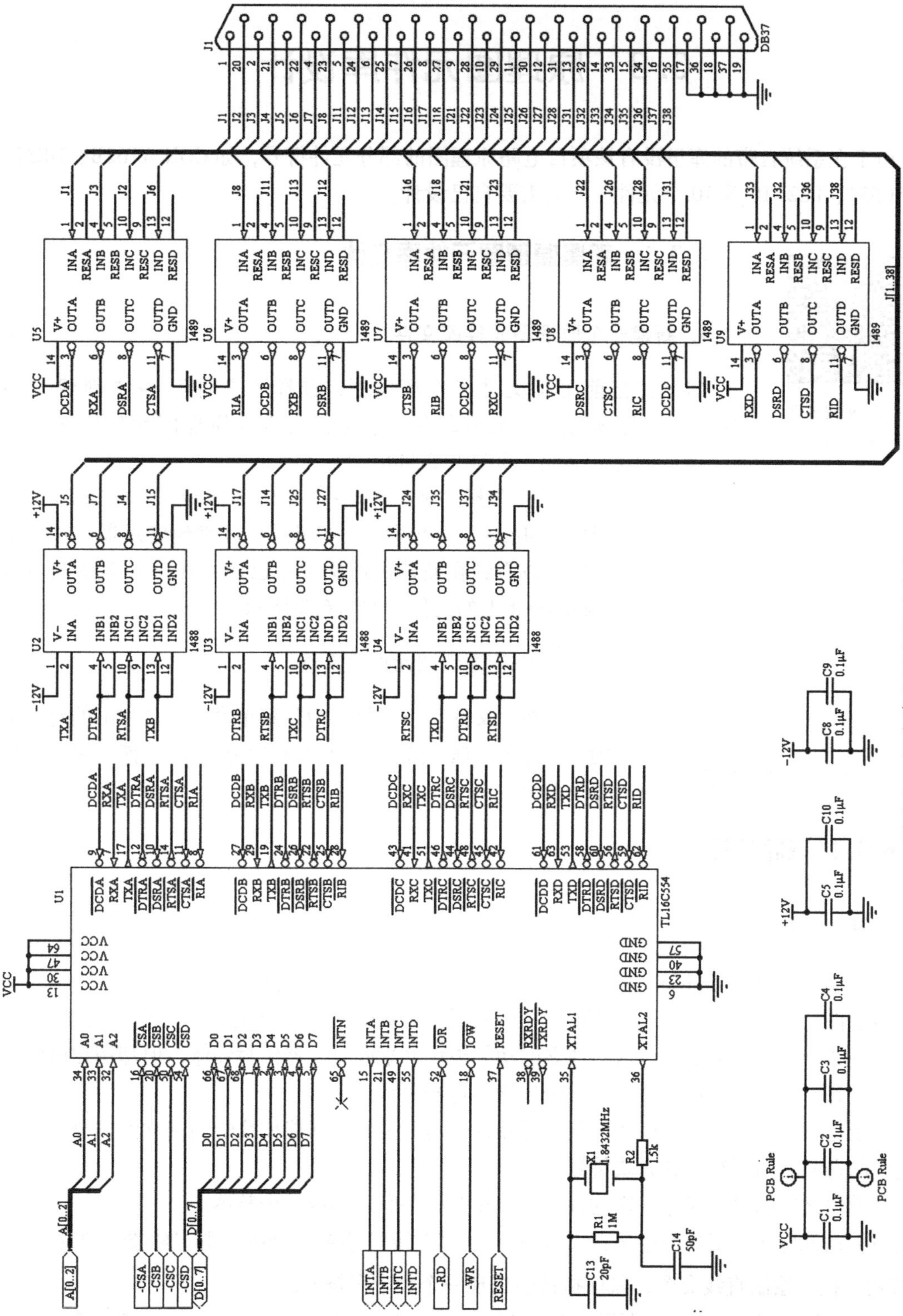

图 6.2 异步串行通信驱动电路

6.3 原理图元件库设计

由于在系统自带的库里没有该项目电路原理图的部分元件符号，如 CON AT62B、DB37、TL16C554、P22V10 等 10 个元件，所以需要自己设计。

视频：创建原理图库文件

6.3.1 新建原理图元件库文件

1. 新建一个原理图元件库文件

(1) 在当前工程文件工作环境下，选择“文件”→“创建”→“库”→“原理图库”菜单命令，系统将会进入原理图元件库编辑界面，默认的文件名是 Schilib1. Schlib。

(2) 选择“查看”→“工作区面板”→“SCH”→“SCH Library”菜单命令，打开元件库编辑管理器，在管理器中可以看到在新建的库文件中已经存在一个默认的名为 Component_1 的元件，如图 6.3 所示。

图 6.3 元件库编辑管理器

2. 保存原理图元件库文件

选择“文件”→“另存为”菜单命令，在弹出的对话框的“文件名”框中输入“串行接口电路设计”，然后单击“保存”按钮。

6.3.2 制作元件

1. 制作 74HC32

下面以本例中的 74HC32 为例，介绍多组件元件原理图库的制作过程。

多组件元件是指在电子元器件中的一个元器件体内具有多个功能完全相同的功能模块，如集成电路中的门电路系列。这些独立的功能模块共享同一元器件封装体，但却用在电路的不同处，每一个功能模块都必须用一个独立的符号表示。

对于这种含有多个功能模块的集成元器件，需要为每个功能模块绘制独立的与分离元器件类似的符号，而不绘制其方块符号。

各模块之间的符号通过一定的方法建立相应的关联，形成一个整体。

(1) 在元件库编辑界面中选择“放置”→“直线”菜单命令或单击“绘图”工具栏的按钮，执行绘制直线命令，鼠标指针会出现一个大十字符号。

(2) 绘制如图 6.4 所示的图形，坐标分别为 (0, 0)、(0, 30)、(20, 0)、(20, 30)。

(3) 执行“放置”→“椭圆弧”菜单命令或单击“绘图”工具栏中的按钮，指针变成圆弧形，表明此时可以绘制圆弧，如图 6.5 所示。

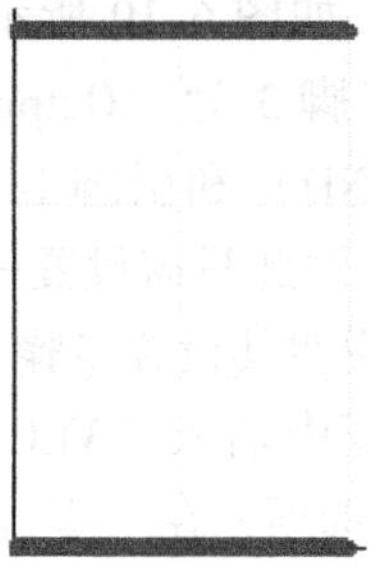

图 6.4 绘制元件轮廓

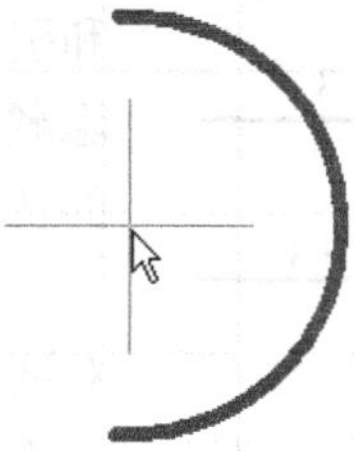

图 6.5 圆弧形指针

(4) 按下 Tab 键，显示如图 6.6 所示的“椭圆弧”对话框。

(5) 在“Y 半径”文本框中输入“15”，在“X 半径”文本框中输入“38.476”，在“线宽”下拉列表中选择“Small”选项，将“起始角”设为“267”，“结束角”设为“90”，如图 6.6 所示。

(6) 单击“确认”按钮，在已经绘制的矩形边绘制一个圆弧，如图 6.7 所示。

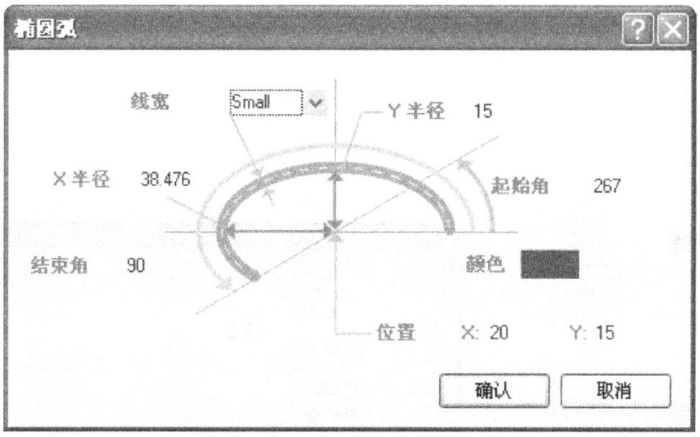

图 6.6 “椭圆弧”对话框

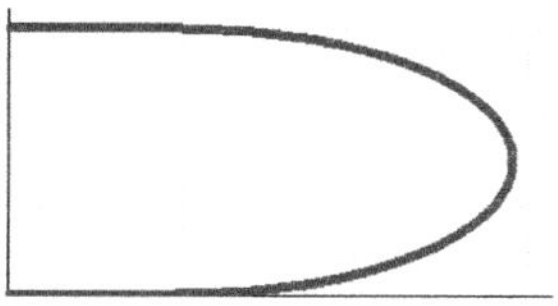

图 6.7 绘制圆弧

(7) 用同样的方法绘制另外一段圆弧，其参数设置如图 6.8 所示。绘制结果如图 6.9 所示。

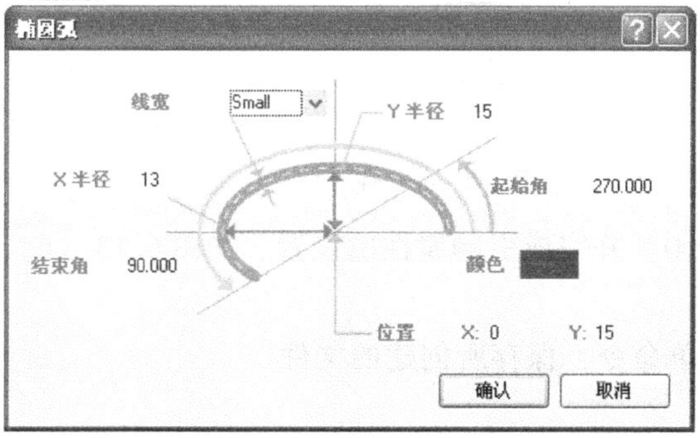

图 6.8 设置椭圆弧参数

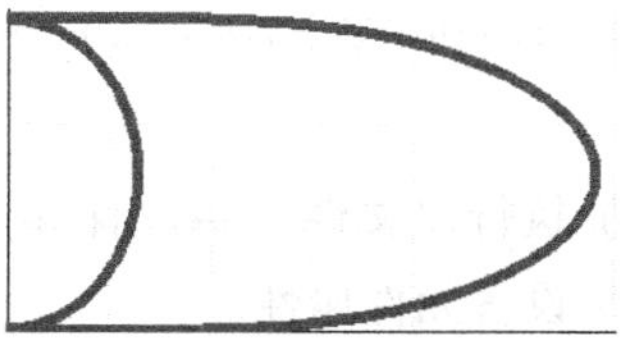

图 6.9 绘制结果

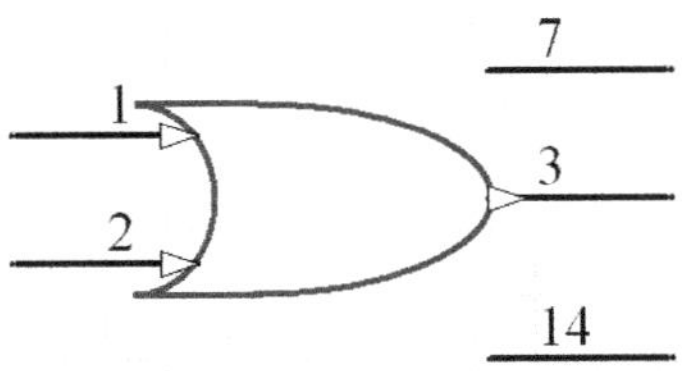

图 6.10　添加引脚

（8）添加 5 个引脚，如图 6.10 所示。其中，引脚 1 和引脚 2 为“Input”，引脚 3 为“Output”，电源引脚是隐藏的引脚。引脚 7（GND）和引脚 14（VCC）对所有的功能模块都是公用的，因此只需设置一次即可。

（9）以引脚 14 为例说明其设置步骤。在“引脚属性”对话框的“显示名称”框中输入“VCC”，在“标识符”框中输入“14”，在“电气类型”下拉列表中选择“Power”选项，在“零件编号”框中输入“0”，设置结果如图 6.11 所示。引脚 7 的设置方式与此相同，只需把 VCC 改为 GND。

（10）创建新部件。

① 执行“工具”→“创建元件”菜单命令，显示一个空白的元器件设计区。“SCH Library”面板中的器件自动更新为 Part A 和 Part B，如图 6.12 所示。

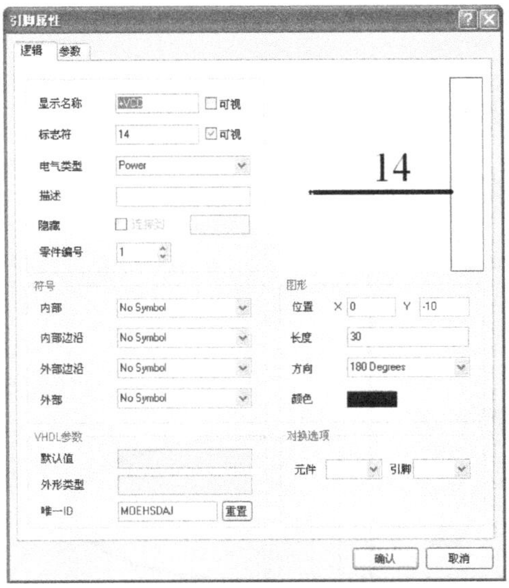

图 6.11　设置引脚属性

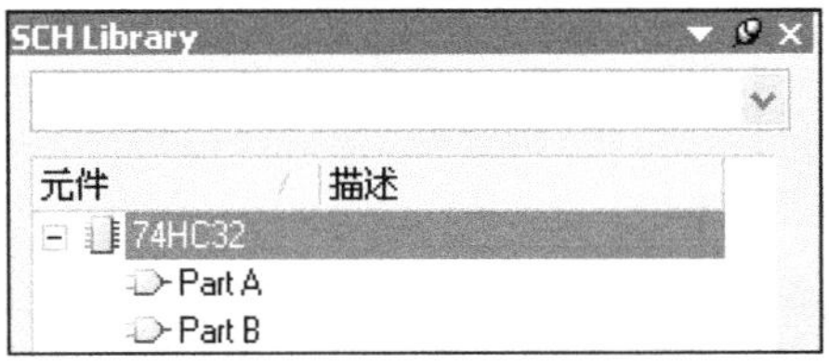

图 6.12　自动更新为 PartA 和 PartB

② 按（1）～（9）的步骤绘制 Part B，并设置引脚属性，如图 6.13（a）所示。

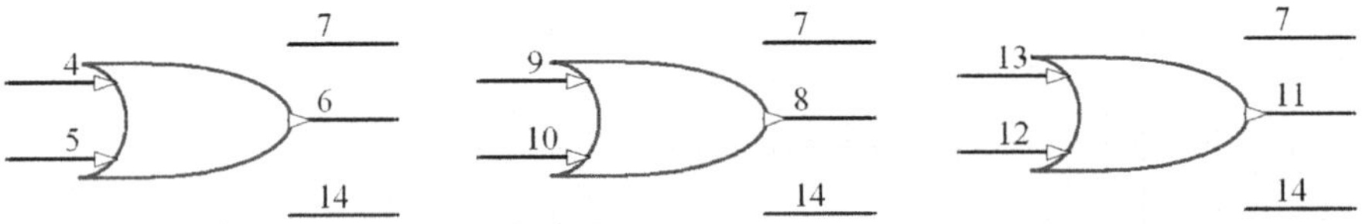

（a）Part B　　（b）Part C　　（c）Part D

图 6.13　Part B、Part C 和 Part D 的引脚属性

③ 用同样的方法创建 Part C 和 Part D，并完成引脚属性的设置，如图 6.13（b）和（c）所示。

（11）执行“文件”→“保存”菜单命令，保存所创建的文件。

（12）设置元件属性。

① 在“SCH Library”面板中单击刚创建的元件 74HC32，单击“编辑”按钮，在弹出的“Library Component Properties”对话框中设置元件属性，如图 6.14 所示。

② 在“Model”栏中单击“追加”按钮，系统将弹出如图 6.15 所示的对话框，在“加新的模型”下拉列表中选择“Footprint”选项，为该元件添加封装，单击“确认”按钮将弹出如图 6.16 所示的“PCB 模型”对话框。

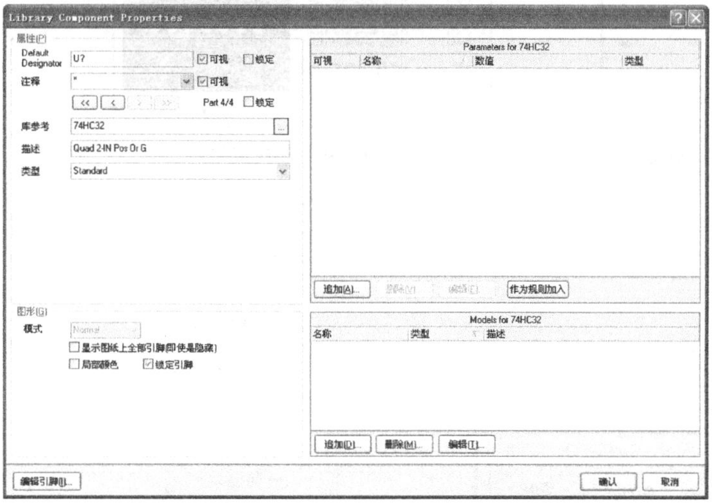

图 6.14　设置元件属性

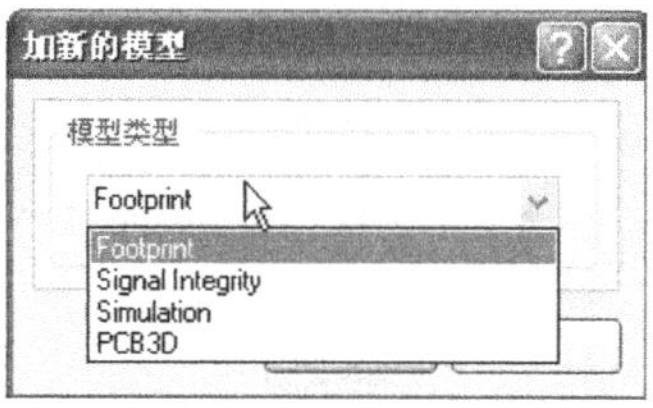

图 6.15　追加模型

③ 在该对话框中单击“浏览”按钮，系统将弹出如图 6.17 所示的“库浏览”对话框。

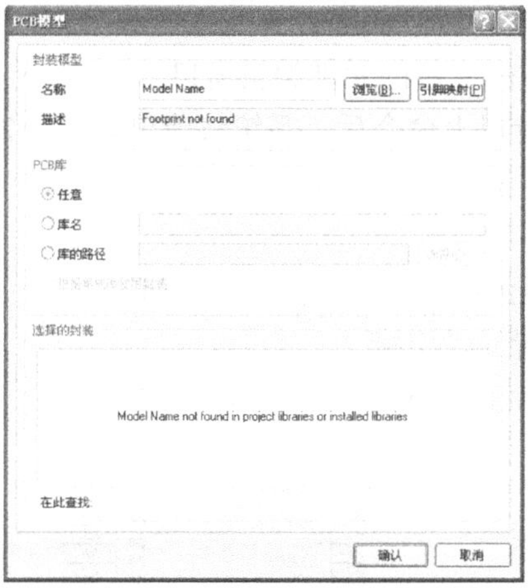

图 6.16　“PCB 模型”对话框

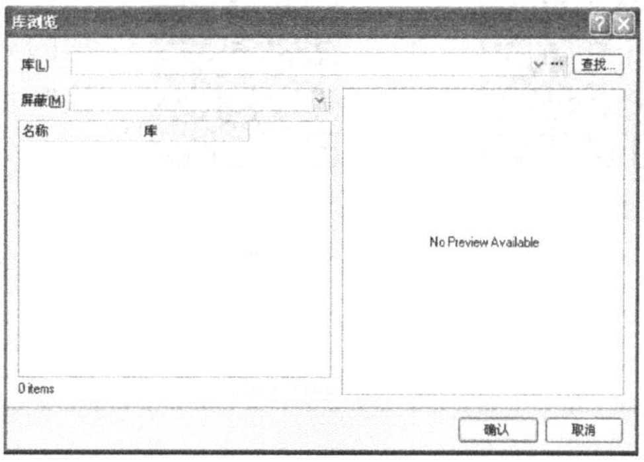

图 6.17　“库浏览”对话框

④ 由于系统内存中没有装载所需的 PCB 封装库，单击“查找”按钮可以查找所需的元件封装。在如图 6.18 所示的“元件库查找”对话框中输入 DIP14 进行查找，查找结果如图 6.19 所示。

⑤ 在该对话框中选中元件封装所在的元件库（本例选择 ST Logic Gate. IntLib），然后单击“确认”按钮，系统弹出如图 6.20 所示的对话框。

⑥ 单击“是”按钮，把该库文件加载到当前工程中。在弹出的对话框中再单击“确认”按钮完成属性设置。这时，单击“SCH Library”面板的“放置”按钮就可以直接将元件放置到原理图编辑区中，当然也可以在原理图中加载该元件库后再放置，如图 6.21 所示。

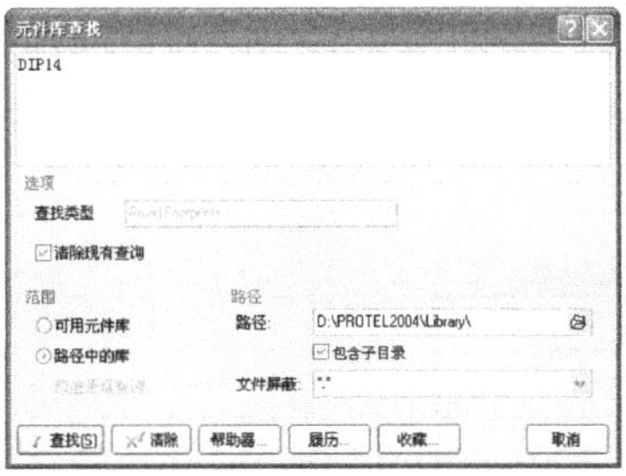

图 6.18 “元件库查找”对话框

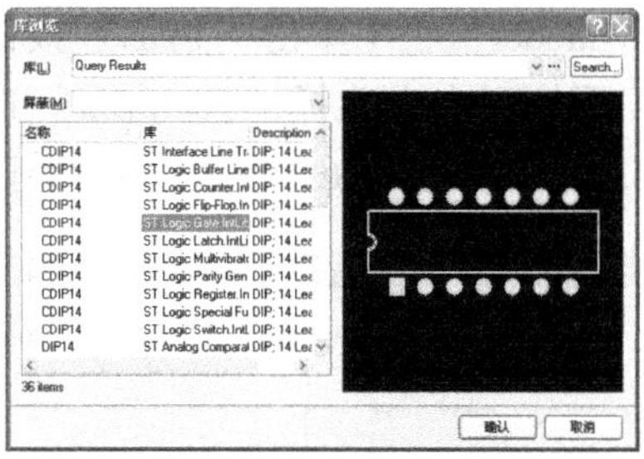

图 6.19 查找结果

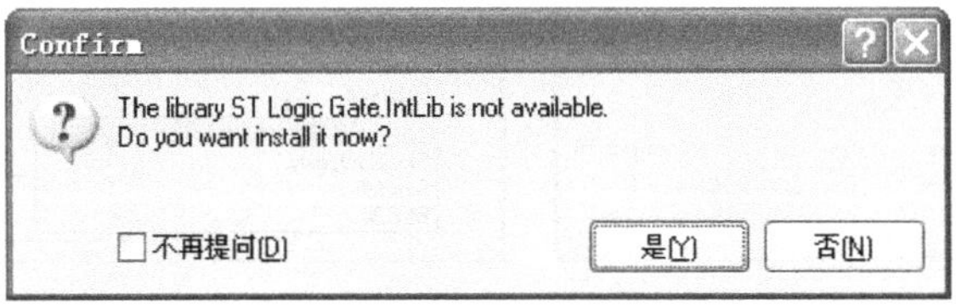

图 6.20 “Confirm”对话框

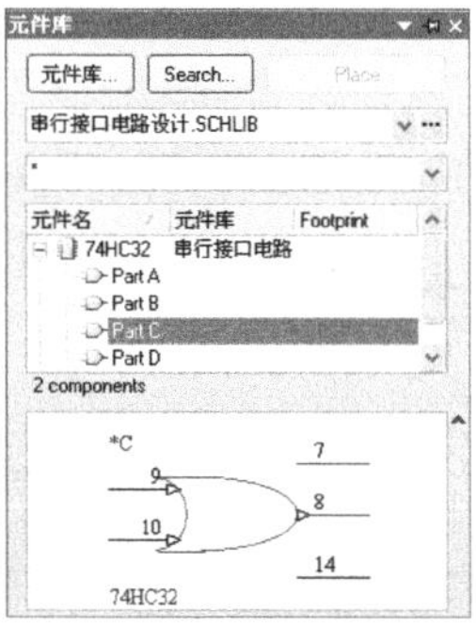

图 6.21 元件库中的 74HC32

2. 制作 CON AT62B

(1) 选择“工具”→“新元件”菜单命令，打开一个新的元件编辑窗口。

视频：制作 CON AT62B

视频：修改引脚标注

(2) 执行以上命令后，系统将弹出如图 6.22 所示的对话框，在文本框中输入元件名称后单击“确认”按钮。

(3) 在元件库编辑界面中放置矩形。

(4) 放置元件引脚。

(5) 修改引脚属性，结果如图 6.23 所示。

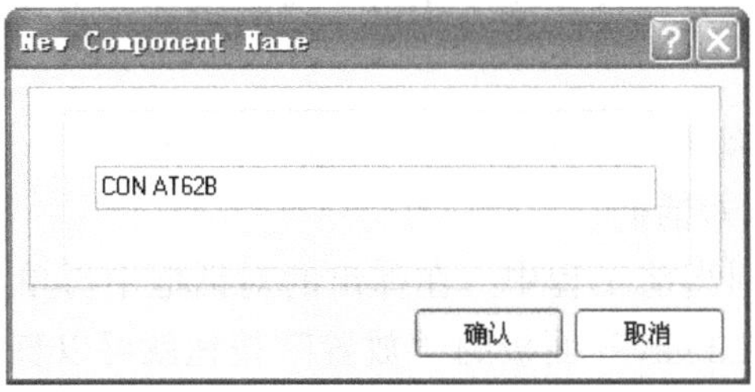

图 6.22 “New Component Name（新元件命名）”对话框

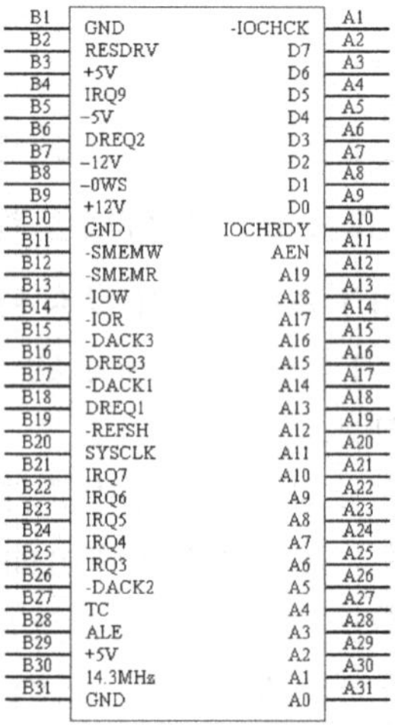

图 6.23 引脚属性

(6) 设置元件属性，如图 6.24 所示。

说明：封装库中没有该元件对应的封装，需要在 PCB 库中设计。

(7) 单击“确认”按钮退出，并选择“文件”→“保存”菜单命令保存文件。

3. 制作 DB37

(1) 在原理图库编辑界面中，选择“工具”→“新元件”菜单命令，或单击原理图库元件列表下的“追加”按钮，打开一个新元件编辑器。

(2) 执行以上命令后，系统将弹出如图 6.25 所示的对话框，在文本框中输入元件名称后单击“确认”按钮。

视频：制作 DB37

图 6.24　设置元件属性

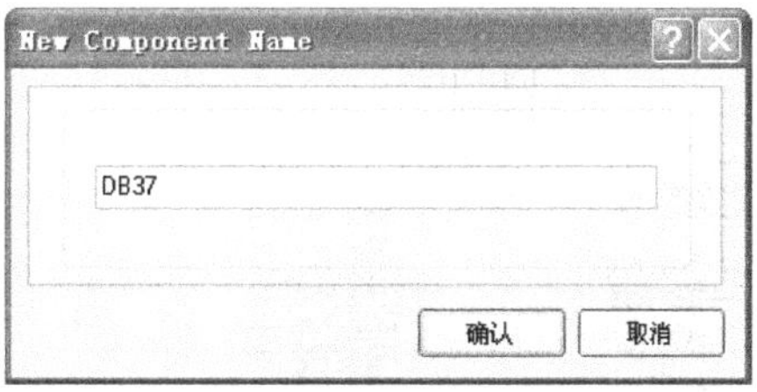

图 6.25　命名新元件

(3) 在元件库编辑界面中放置直线和椭圆。

(4) 放置元件引脚。

(5) 修改引脚属性，结果如图 6.26 所示。

(6) 设置元件属性，如图 6.27 所示。

说明：封装库中没有该元件，需要在 PCB 库中设计。

视频：修改元件

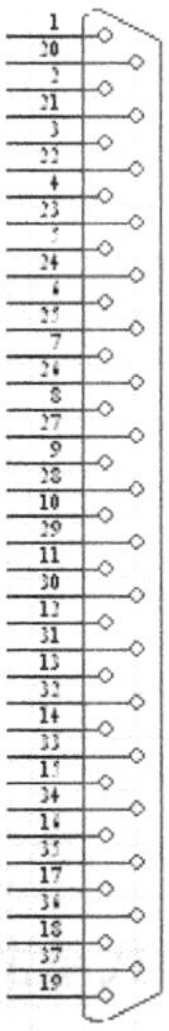

图 6.26　引脚属性

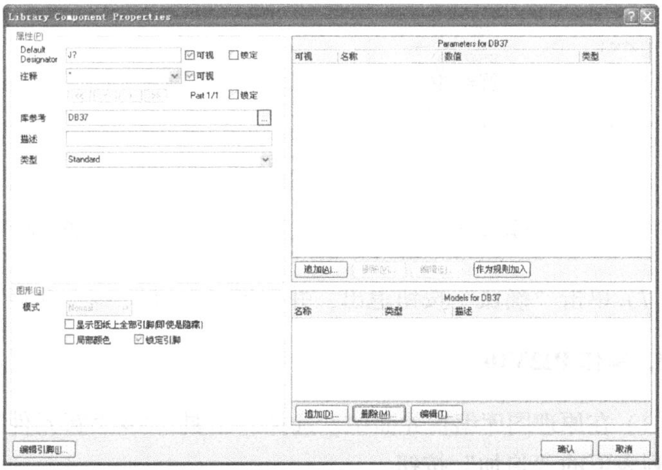

图 6.27　设置元件属性

（7）单击“确认”按钮退出，并选择“文件”→“保存”菜单命令保存文件。

视频：制作 TL16C554

4. 制作 TL16C554

（1）在原理图库编辑界面中，选择“工具”→“新元件”菜单命令，或单击原理图库元件列表下的“追加”按钮。

（2）执行以上命令后，系统将弹出对话框，在文本框中输入元件名称后单击“确认”按钮。

（3）在元件库编辑界面中放置矩形。

（4）放置元件引脚。

（5）修改引脚属性，结果如图 6.28 所示。

（6）设置元件属性，如图 6.29 所示。

说明：封装库中没有该元件，需要在 PCB 库中设计。

视频：制作 TL16C554 引脚

视频：修改属性

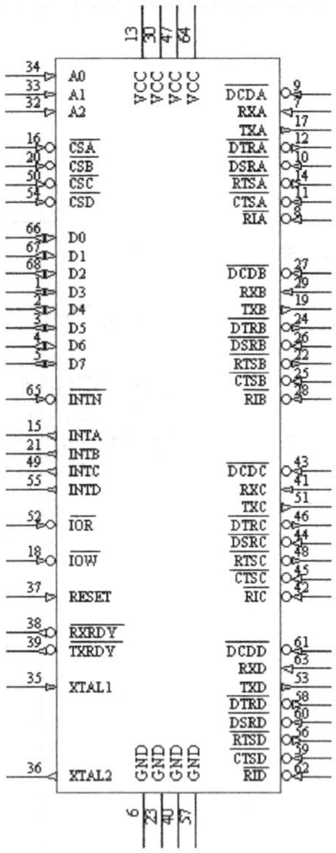

图 6.28 引脚属性

图 6.29 设置元件属性

（7）单击“确认”按钮退出，并选择“文件”→“保存”菜单命令保存文件。

5. 制作 P22V10

（1）在原理图库编辑界面中，选择“工具”→“新元件”菜单命令，或单击原理图库元件列表下的“追加”按钮。

(2) 执行以上命令后，系统将弹出对话框，在文本框中输入元件名称 P22V10 后单击“确认”按钮。

(3) 在元件库编辑界面中放置矩形。

(4) 放置元件引脚。

(5) 修改引脚属性，结果如图 6.30 所示。

(6) 设置元件属性，并追加封装 DIP24（ST Interface Stepper Motor Controller. IntLib），结果如图 6.31 所示。

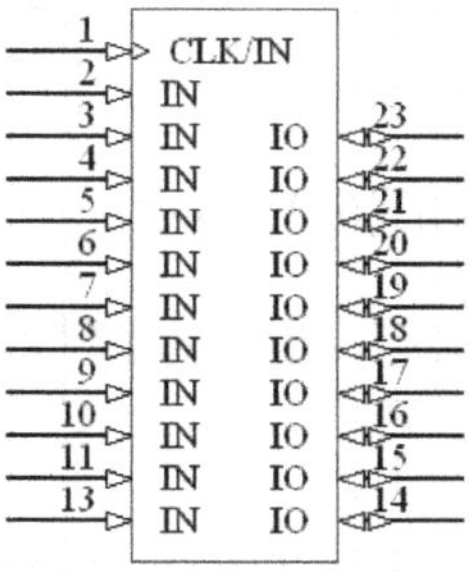

图 6.30　引脚属性

图 6.31　设置元件属性

(7) 单击“确认”按钮退出，并选择“文件”→“保存”菜单命令保存文件。

6. 制作 1488

(1) 在原理图库编辑界面中，选择“工具”→“新元件”菜单命令，或单击原理图库元件列表下的“追加”按钮。

(2) 执行以上命令后，系统将弹出对话框，在文本框中输入元件名称 1488 后单击“确认”按钮。

(3) 在元件库编辑界面中放置矩形。

(4) 放置元件引脚。

(5) 修改引脚属性，结果如图 6.32 所示。

(6) 设置元件属性，并追加封装 DIP14（ST Logic Gate. IntLib），结果如图 6.33 所示。

(7) 单击“确认”按钮退出，并选择“文件”→“保存”菜单命令保存文件。

7. 制作 1489

(1) 在原理图库编辑界面，选择“工具”→“新元件”菜单命令，或单击原理图库元件列表下的“追加”按钮。

(2) 执行以上命令后，系统将弹出对话框，在文本框中输入元件名称 1489 后单击“确认”按钮。

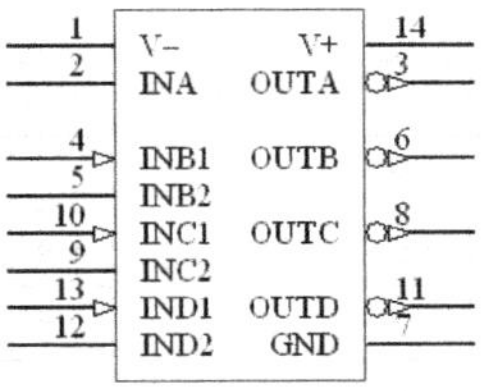

图 6.32　引脚属性

图 6.33　设置元件属性

(3) 在元件库编辑界面中放置矩形。

(4) 放置元件引脚。

(5) 修改引脚属性，结果如图 6.34 所示。

(6) 设置元件属性，并追加封装 DIP14（ST Logic Gate. IntLib），如图 6.35 所示。

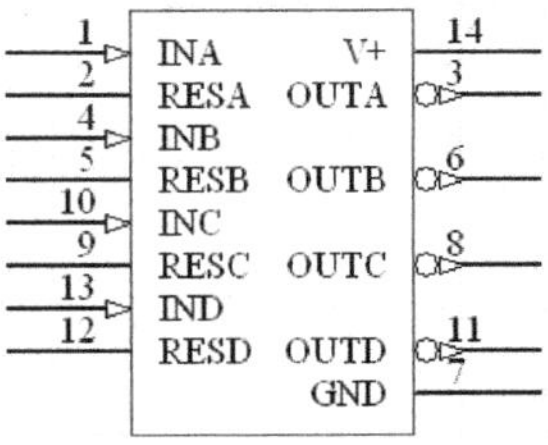

图 6.34　引脚属性

图 6.35　设置元件属性

(7) 单击“确认”按钮退出，并选择“文件”→“保存”菜单命令保存文件。

8. 制作 SW DIP-4

(1) 在原理图库编辑界面中，选择“工具”→“新元件”菜单命令，或单击原理图库元件列表下的“追加”按钮。

(2) 执行以上命令后，系统将弹出对话框，在文本框中输入元件名称 SW DIP-4 后单击“确认”按钮。

(3) 在元件库编辑界面中放置直线。

(4) 放置元件引脚。

(5) 修改引脚属性，结果如图 6.36 所示。

(6) 设置元件属性，并追加封装 DIP8（ST Analog Comparator. IntLib），如图 6.37 所示。

(7) 单击“确认”按钮退出，并选择“文件”→“保存”菜单命令保存文件。

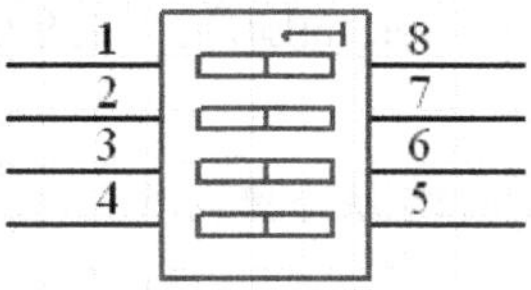

图 6.36　引脚属性

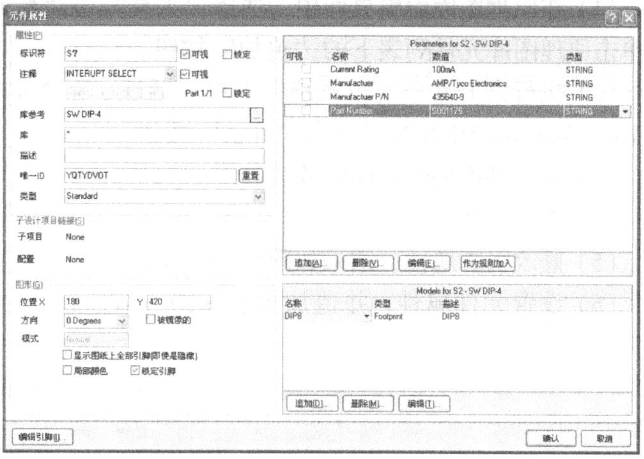

图 6.37　设置元件属性

9. 制作 SW DIP-8

(1) 在原理图库编辑界面中，选择“工具”→“新元件”菜单命令，或单击原理图库元件列表下的“追加”按钮。

(2) 执行以上命令后，系统将弹出对话框，在文本框中输入元件名称 SW DIP-8 后单击“确认”按钮。

(3) 在元件库编辑界面中放置直线。

(4) 放置元件引脚。

(5) 修改引脚属性，结果如图 6.38 所示。

(6) 设置元件属性，并追加封装 DIP16（ST Logic Gate. IntLib），如图 6.39 所示。

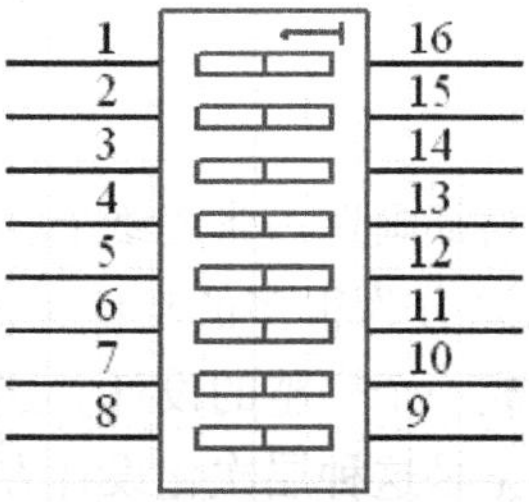

图 6.38　引脚属性

图 6.39　设置元件属性

（7）单击“确认”按钮退出，并选择“文件”→“保存”菜单命令保存文件。

10. 制作排阻 RESPACK 8COMMON

（1）在原理图库编辑界面中，选择“工具”→“新元件”菜单命令，或单击原理图库元件列表下的“追加”按钮。

（2）执行以上命令后，系统将弹出对话框，在文本框中输入元件名称 RESPACK 8COMMON 后单击“确认”按钮。

视频：制作 RESPACK 8COMMON

（3）在元件库编辑界面中放置直线。

（4）放置元件引脚。

（5）修改引脚属性，结果如图 6.40 所示。

（6）设置元件属性，并追加封装 SIP9（ST Interface Peripheral Driver. IntLib），如图 6.41 所示。

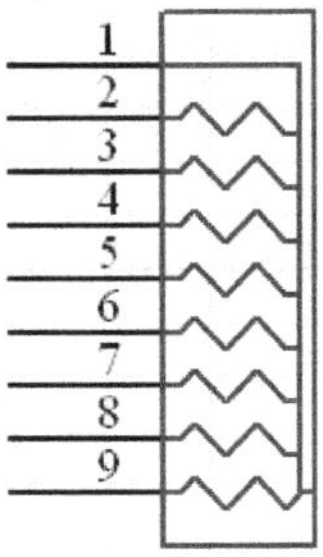

图 6.40　引脚属性

图 6.41　设置元件属性

（7）单击“确认”按钮退出，并选择“文件”→“保存”菜单命令保存文件。

6.4　原理图设计

6.4.1　层次原理图设计方法

对于一个大型的电路设计项目而言，设计者不可能将全部的电路都画在一张图纸上，更不可能由一个人单独完成。通常，需要将这种比较庞大的设计项目划分为很多的功能模块，由不同的设计人员分别完成，然后再将各个功能模块整合到一起构成一个完整的设计。这样可以大大提高设计速度，做到多层次模块化并行设计。层次原理图正是这种层次化设计方法的具体体现。

Protel DXP 2004 提供了强大的层次原理图设计功能，用户可以将原理图划分成多个功能模块分别进行设计，这样可以使本来很复杂的电路变成相对简单的模块，使电路结构显得清晰明了。设计好基本模块后，再定义模块之间的连接关系，即可完成整个设计。在设计过程中，用户可以从系统开始，逐级向下进行，也可以从最基本的模块开始，逐级向上进行。不同的设计方法，对应的层次原理图的建立过程也不尽相同。

1. 自上而下的设计方法

所谓自上而下的设计就是先绘制最上层的原理图，然后再向下分别绘制各个模块的原理图。应用此方法进行设计时，用户应对系统有比较充分的了解，对电路模块的划分比较清楚。设计流程如图 6.42 所示。

2. 自下而上的设计方法

所谓自下而上设计就是先绘制各个模块的原理图，然后再绘制上层总的模块连接结构图。在不确定每个模块有哪些端口时，如果再使用自上而下的设计方法就显得力不从心，此时应该采用自下而上的设计方法。用户要先设计出下层模块的原理图，再由这些原理图产生方块电路，进而产生上层原理图。这样层层向上组织，最后生成母图。设计流程如图 6.43 所示。

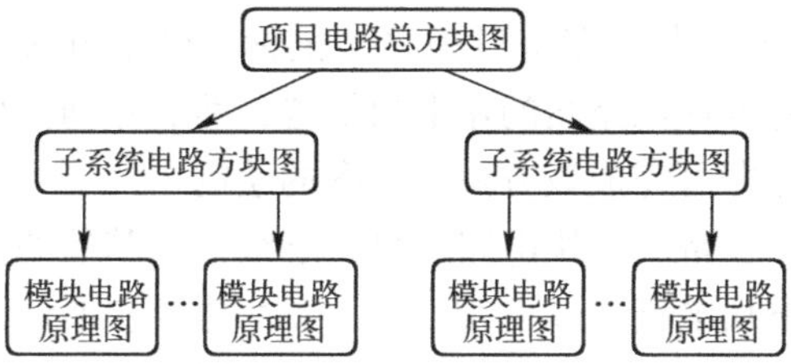

图 6.42　自上而下的层次原理图设计流程

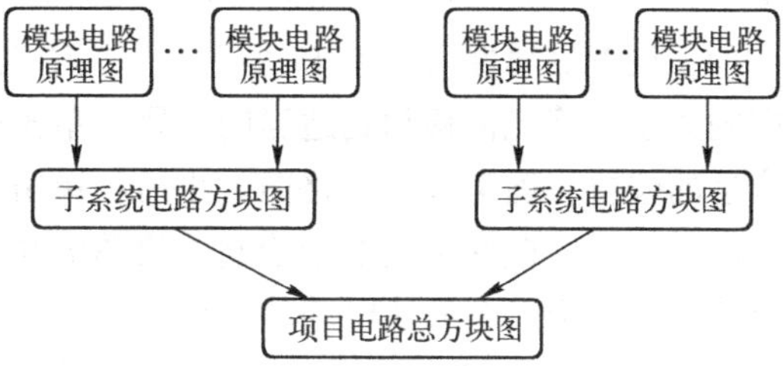

图 6.43　自下而上的层次原理图设计流程

6.4.2　原理图母图设计

视频：创建 ISA 原理图

(1) 在“串行接口电路 . PrjPCB”项目文件中，选择“文件”→“创建”→“原理图”菜单命令，建立一个原理图文件，然后选择“文件”→“另存为”菜单命令，将新建的原理图文件保存到 Example 文件夹下，并命名为“串行接口电路 . SchDoc”。

(2) 单击工具栏中的 按钮或者如图 6.44 所示选择“放置”→“图纸符号”菜单命令进入放置电路方框图状态。此时，指针变为十字形状，同时出现一个虚线矩形，如图 6.45 所示。

(3) 按 Tab 键，打开“图纸符号”对话框，设置属性，如图 6.46 所示。

在“图纸符号”对话框中，可以直观地看到并设置图纸符号，即方块电路的大小、颜色、文件名、标识符等属性。单击“边缘色”、“填充色”右边的色块可以选择图纸符号的边缘和填充的颜色。也可以单击修改 X、Y 的尺寸，该尺寸是方块电路符号的大小，也可以在绘制的过程中确定。

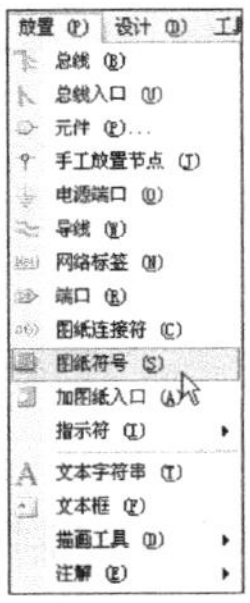

图 6.44　放置图纸符号菜单命令

图 6.45　绘制方块电路的命令状态

“标识符”：用来设置方块电路的名称。

“文件名”：用来设置文件的名称，以表明电路代表的是哪个模块。

“唯一 ID”：用来设置系统的标识码，用户不需要修改。

在“标识符”框中设置方块电路图的名称为“异步串行通信驱动电路”，在“文件名”框中设置文件名为“异步串行通信驱动电路.SchDoc”，表明该电路代表异步串行通信驱动电路模块。

注：以上属性的设置也可以先绘制好方块图，然后双击方块图后进行设置。

(4) 设置好属性后，单击“确认”关闭对话框。在工作窗口中移动鼠标，确定方块电路图的大小，将光标移动到适当的位置，单击确定方块电路图的左上角位置，然后移动鼠标到合适的位置，确定方块电路图大小后，单击鼠标即可完成该方块电路图的绘制。

(5) 此时，鼠标仍然处于绘制方块图的状态下，带着方块电路，可以继续绘制其他的方块电路图。在第二个方块电路的属性设置中，把方块电路的标识符设为“ISA 总线和地址译码电路”，文件名设为“ISA 总线和地址译码电路.SchDoc”。也可以在完成绘制后，双击新的方块图上方的标识符和文件名，会弹出如图 6.47 所示的对话框。在“标识符”框中将标识符改为“ISA 总线和地址译码电路”，在“文件名”框中将文件名改为“ISA 总线和地址译码电路.SchDoc”。

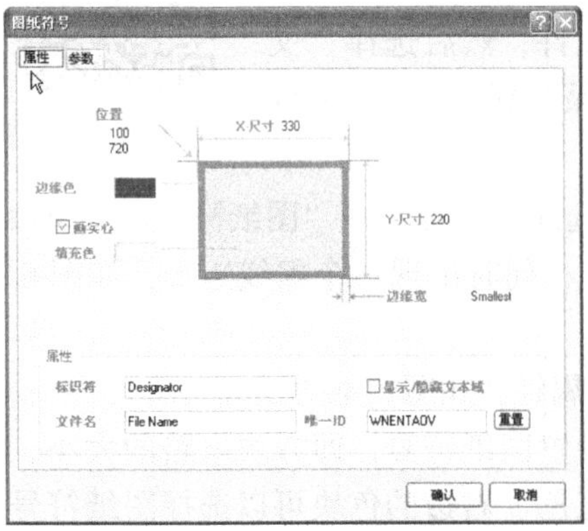

图 6.46　方块电路属性设置

(a) 修改标识符　　(b) 修改文件名

图 6.47　方块电路文字标注

(6) 单击工具栏中的按钮或者执行“放置”→“加图纸入口”菜单命令，进入放置方块电路I/O口状态。

(7) 单击方块电路内部，出现一个方块电路端口，可以随着光标的移动而移动，并且只能在方块电路的边框上移动，如图6.48所示。

(8) 在方块电路的适当位置单击鼠标左键，确定一个方块电路端口，右击鼠标或按Esc键退出。

(9) 双击方块电路端口或在放置端口命令状态下按Tab键，将弹出如图6.49所示的对话框。在该对话框中，进行端口属性设置。

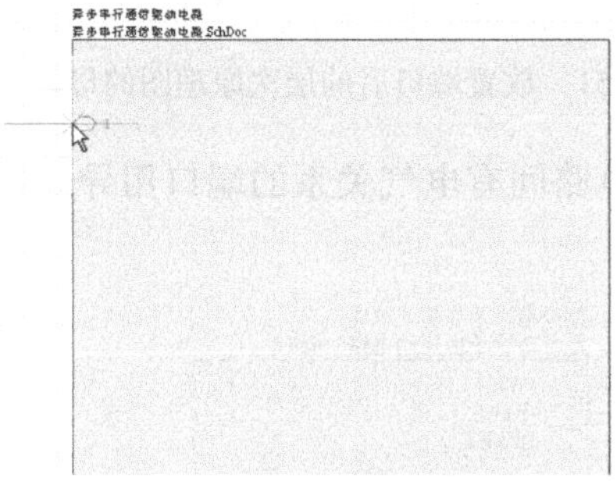

图6.48　放置方块电路端口

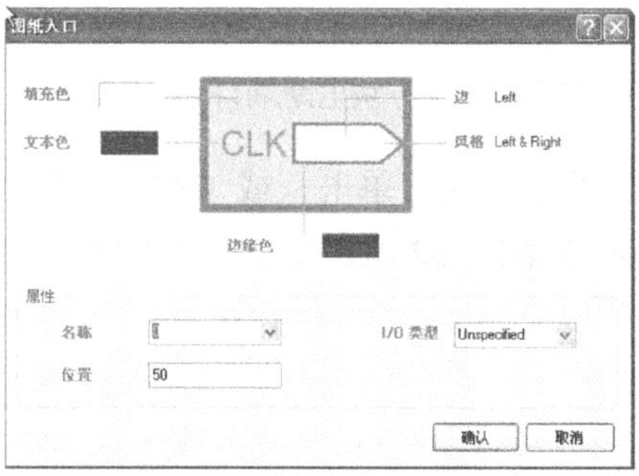

图6.49　设置端口属性

在“图纸入口”对话框中，可以对端口的“填充色”、“文本色”、“风格”、“名称”、“I/O类型”等属性进行设置。该对话框中各主要选项的功能说明如下。

①“名称”：该选项代表了方块电路端口的名称。注意，该名称有连接意义，必须与内层电路中要连接的端口名称一样。

本例将名称改为“－WR”。

②“I/O类型”：该选项用来设置方块电路端口的输入/输出类型。可在右侧的下拉列表中选择一种输入/输出类型。4种I/O类型分别是“Unspecified”（不指定）、“Output”（输出端口）、“Input”（输入端口）和“Bidirectional”（双向输入/输出端口）。

本例选择“Input”。

③“位置”：该选项用来设置端口放置处距离方块电路的上边框或左边框的距离。

本例设置为“10”。

④“边”：该选项用来设置方块电路端口在方块电路中的位置。有“Right”（右侧）、“Left”（左侧）、“Top”（顶部）、“Bottom”（底部）4个选项。

本例选择“Left”。

⑤“风格”：该选项用来设置方块电路端口的外观样式。分为“Vertical”（垂直）和“Horizontal”（水平）两类，每类各有“Right”（箭头向右）、“Left”（箭头向左）、“None”（无箭头）、“Right& Left”（双向箭头）4个选项。

本例选择“Right”。

“填充色”、“文本色”、“边缘色”这3个选项分别用于设置方块电路端口的内部填充、文字标注及边缘的颜色。本例不做修改。

(10) 设置结束后，单击“确认”按钮退出。结果如图6.50所示。

(11) 根据以上方法，放置所有的方块电路和方块电路端口，如图6.51所示。

图6.50 放置第一个方块电路端口

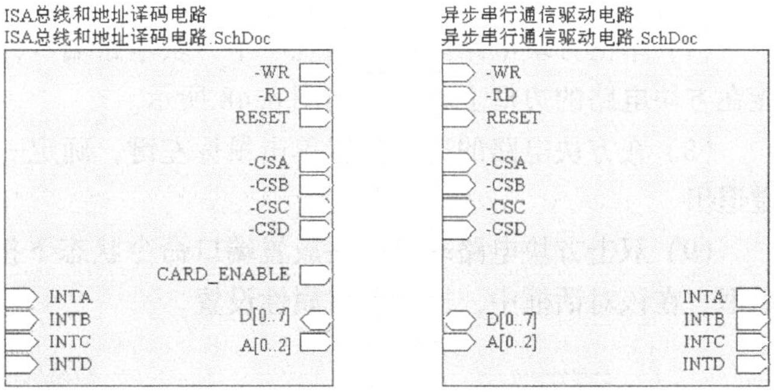

图6.51 放置端口后的层次原理图的母图

(12) 绘制导线。单击 或 按钮将各个方块电路间有电气关系的端口用导线或总线连接在一起，如图6.52所示。

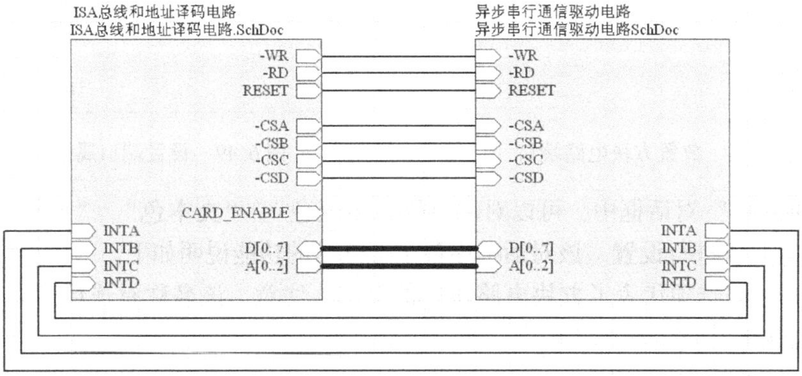

图6.52 完成连线后的层次原理图的母图

(13) 保存原理图。通过上述步骤，就建立了一个层次原理图的方块电路原理图，即母图——“串行接口电路.SchDoc”。

6.4.3 子原理图设计

1. ISA总线和地址译码电路的设计

(1) 在母图工作界面中执行“设计”→“根据符号创建图纸”菜单命令，光标变为十字状态。单击名为“ISA总线和地址译码电路”的方块电路内部，弹出如图6.53所示的“Confirm”对话框。

(2) 单击“No”按钮，生成一个新建的子原理图文件，该文件的名称就是在方块电路属性设置中的文件名。

(3) 打开该文件，如图6.54所示。Protel DXP 2004已经为该子原理图布局输入、输出端口。

(4) 设置图纸大小。选择“设计”→“文档选项”菜单命令，将图纸标准风格设置为A4、横向，网格和电气网格采用默认设置。

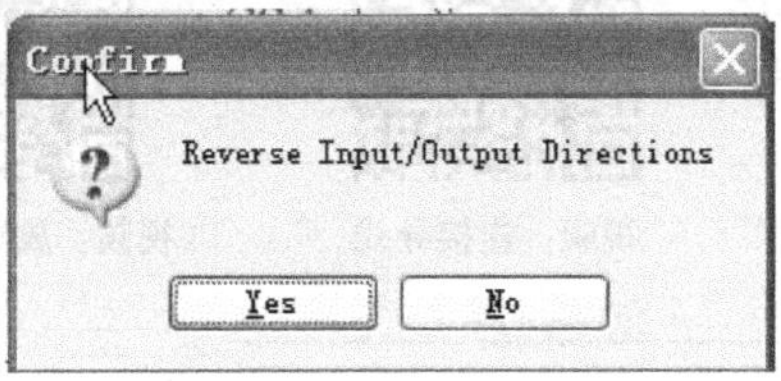

图 6.53 “Confirm”对话框

图 6.54 打开新建的子原理图文件

(5) 装载元件库。加载该原理图中所需元件所在的元件库，包括 Miscellaneous Devices. LntLib、Miscellaneous Connectors. LntLib，还有 ST Logic Gate. IntLib（DIP14 和 DIP16 的封装库）、ST Logic Switch. IntLib（DIP24 的封装库）、ST Analog Comparator. IntLib（DIP8 的封装库）、ST Interface Peripheral Driver. IntLib（SIP9 的封装库）及我们自己设计的“串行通信接口 . SCHLib”元件库。

视频：放置元件　　视频：放置电源

(6) 放置元器件。该电路模块中用到的元件有 CON AT62B、P22V10、74HC32 和一些阻容元件。将通用的元件库 Miscellaneous Devices. LntLib 中的阻容元件放入原理图中，其他的元器件都在之前设计的“串行通信接口 . SCHLib”元件库中选择放置。

视频：放置地　　视频：元件布局

(7) 元件的布局。分别对元件的各项属性进行设置，对元件进行布局，以便连线和读图。元件的布局如图 6.55 所示。

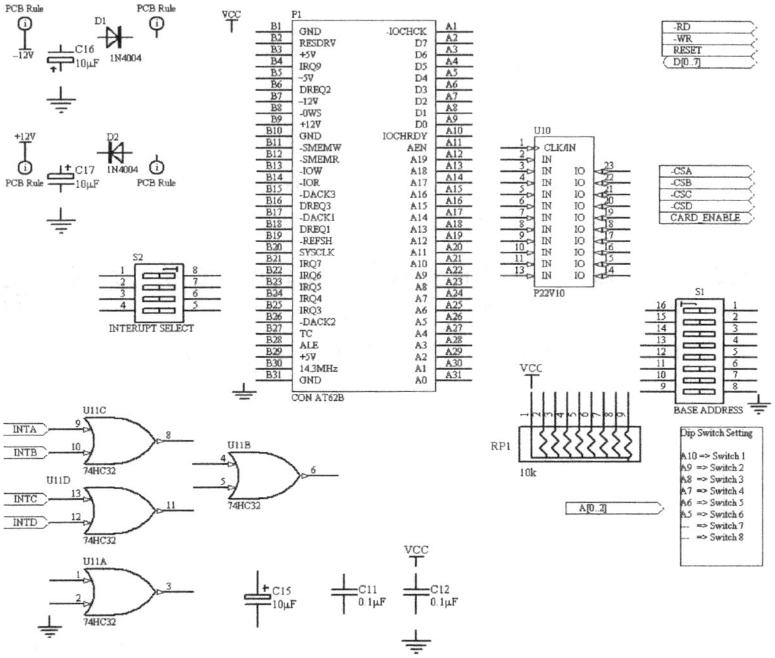

图 6.55 元件的布局

（8）连线。选择“放置”→“导线”菜单命令，或依次按P键和W键执行连线操作（在英文输入法下）；或单击鼠标右键，再选择“放置”→“导线”菜单命令，此外也可以单击原理图工作界面中的按钮，进行连线操作。结果如图6.56所示。

视频：连接导线

视频：放置网络标号

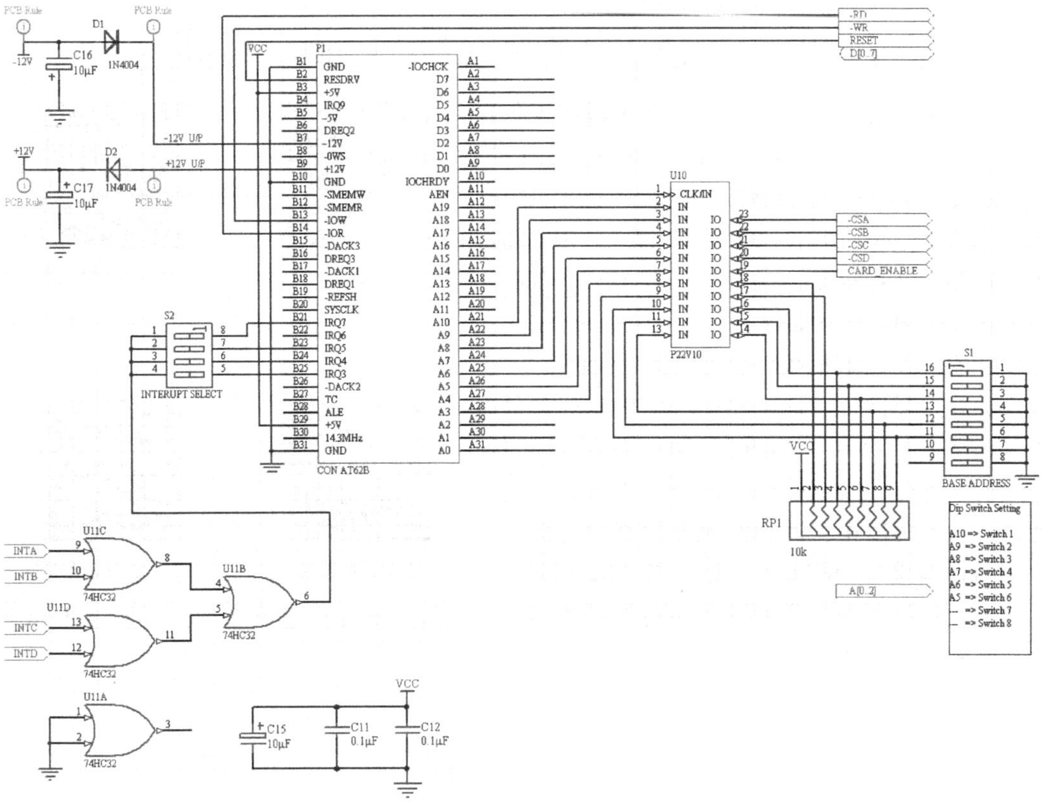

图6.56 连线后的原理图

（9）总线的放置。所谓总线（Bus）是指一组具有相关性的信号线。原理图中使用较粗的线条代表总线，其目的是简化原理图中的连线。

视频：放置总线端口

① 选择“放置”→“总线”菜单命令或者单击工具栏上的按钮进入放置总线状态。此时，指针上出现大十字，如图6.57所示。

② 按Tab键，打开“总线”对话框，设置总线的属性，如图6.58所示。

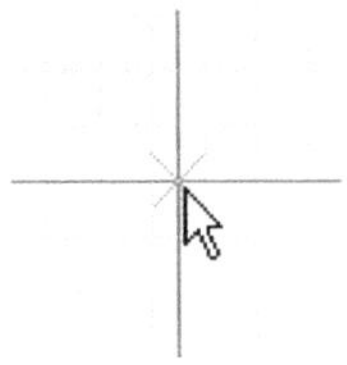

图6.57 放置总线状态

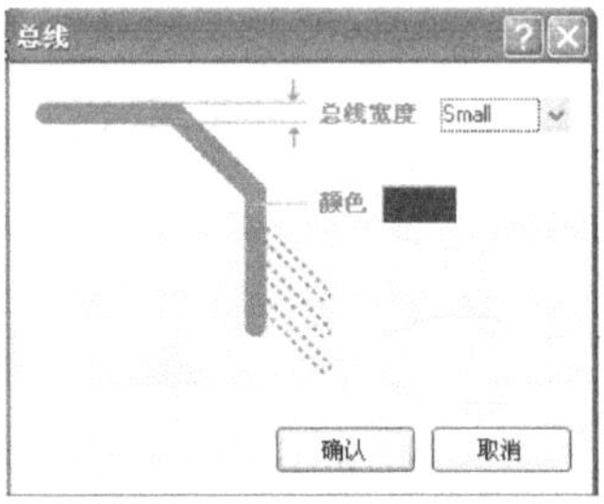

图6.58 “总线”对话框

③ 在“总线宽度”列表框中选择“Small”，在“颜色”框中设置总线的颜色为蓝色。最后单击“确认”按钮退出。

④ 将鼠标指针指向需要放置总线的起点，单击鼠标左键，拖动鼠标可以拉出总线，再次单击鼠标左键完成一段总线的放置。

⑤ 如果要以该总线的终点为新总线的起点，则继续拖动鼠标，绘出另一段总线。

⑥ 右击鼠标，放弃现在的起点，绘制另外的总线。

⑦ 按 Esc 键结束总线绘制。绘制总线后的原理图如图 6.59 所示。

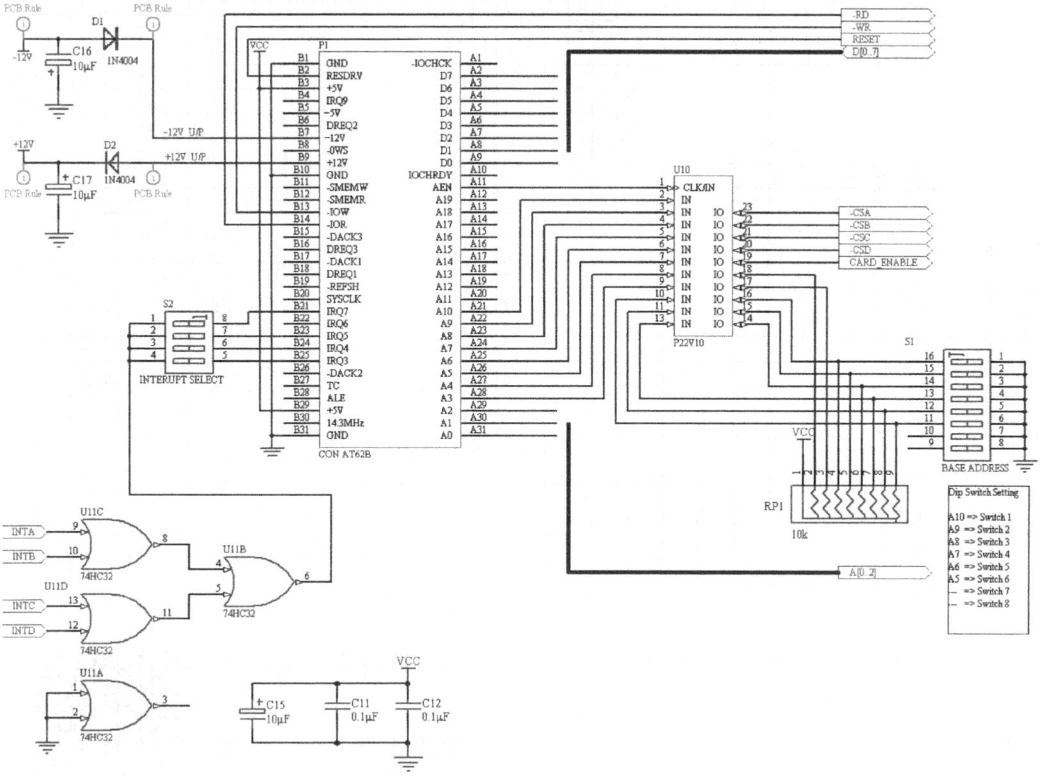

图 6.59　绘制总线后的原理图

⑧ 选择“放置”→“总线入口”菜单命令或者单击工具栏上的按钮，进入放置总线入口状态。此时，指针上出现一段斜线，如图 6.60 所示。

⑨ 按 Tab 键，打开“总线入口”对话框，设置总线入口的属性，如图 6.61 所示。

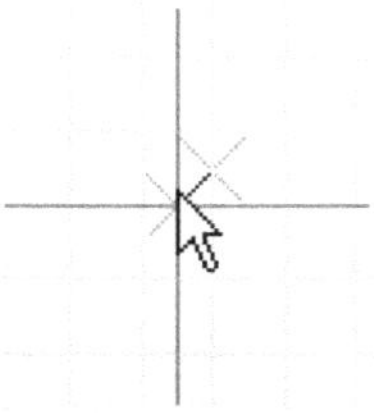

图 6.60　放置总线入口状态

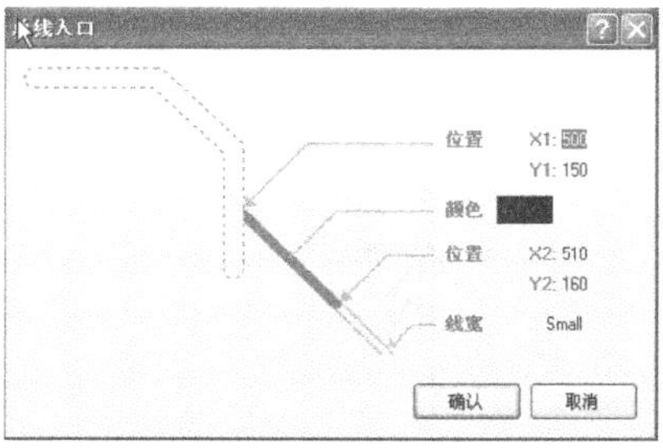

图 6.61　“总线入口”对话框

⑩ 设置总线入口的起点坐标、终点坐标、颜色、线宽，最后单击“确认”按钮退出。

⑪ 在放置状态下，可以按空格键改变总线入口的方向，也可以连续放置总线入口，直到放置完毕。按 Esc 键退出放置状态。

⑫ 绘制好的总线和总线入口如图 6.62 所示。

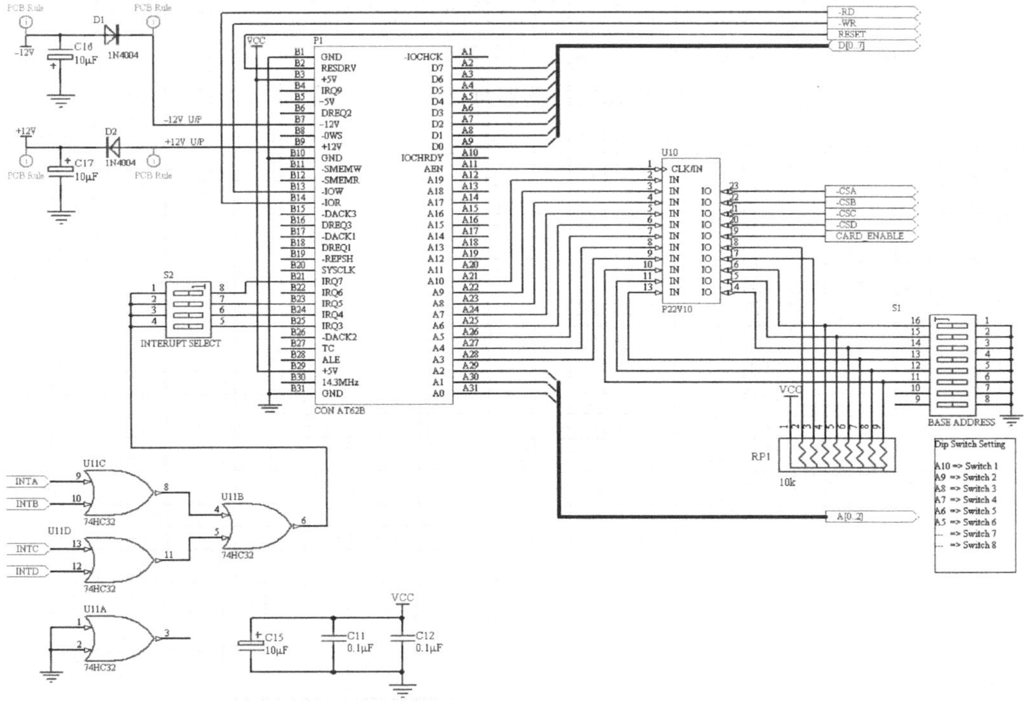

图 6.62 绘制好的总线和总线入口

(10) 网络标签的放置。网络标签在电路图中具有实际的电气连接功能，并且可以增加电路图的可读性，简化电路的连接。

① 选择“放置”→“网络标签”菜单命令，或单击原理图工作界面中的按钮，进入放置网络标签的状态，如图 6.63 所示。

视频：放置总线网络标签

② 按 Tab 键，打开“网络标签”对话框，如图 6.64 所示。

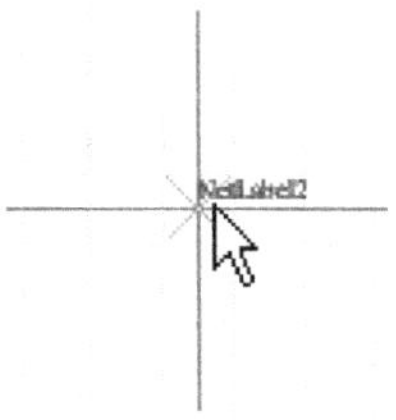

图 6.63 放置网络标签

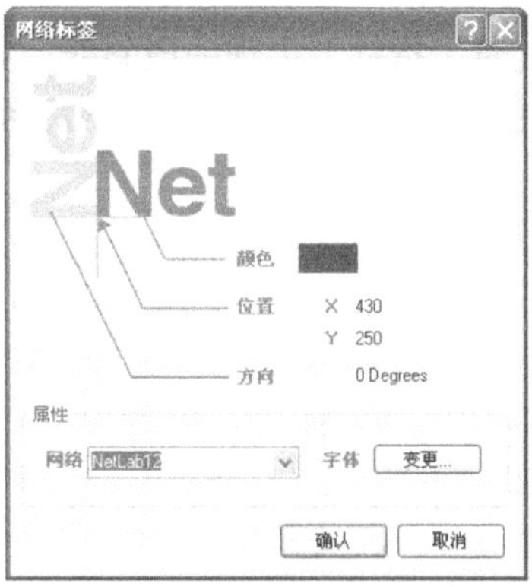

图 6.64 “网络标签”对话框

③ 在“网络”下拉列表中选择网络标签名称；通过“颜色”选项设置输入网络标签字体的颜色为暗红色；通过位置X、Y可以设置网络标签的位置；通过“方向”可以选择网络标签的放置方向，其选项有0、90、180和270；通过单击“字体”右边的“变更”按钮可以设置所要放置文字的字体。

④ 设置完属性后，将光标移到需要放置网络标签的导线或总线上，光标上会产生一个小圆点，表示光标已经捕捉到该导线，单击鼠标左键即可正确放置一个网络标签。

⑤ 将光标移到其他需要放置网络标签的地方，继续放置网络标签。单击鼠标右键可结束放置网络标签状态。放置网络标签后的图1和图2如图6.65和图6.66所示。

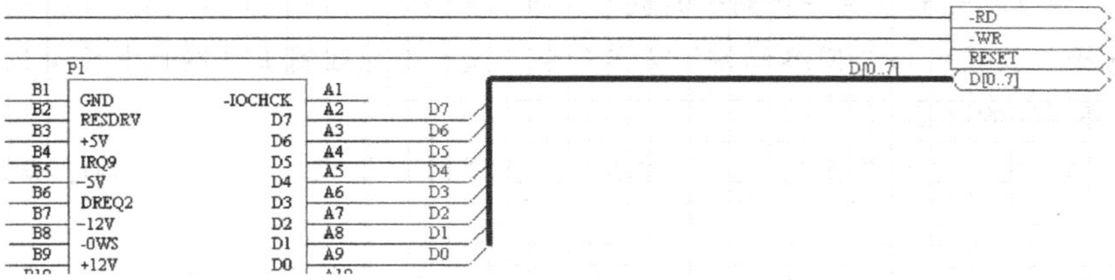

图6.65　放置网络标签后的图1

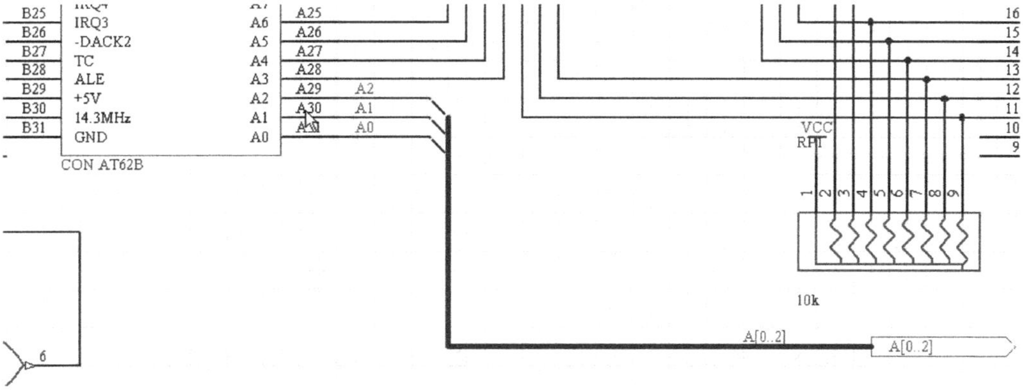

图6.66　放置网络标签后的图2

小技巧：网络标签的修改可以在放置默认网络的网络标签（如图6.67）后，统一双击标签进行修改，修改为如图6.65所示的结果；也可以直接在如图6.64所示的对话框中直接输入相应的网络，再进行放置。

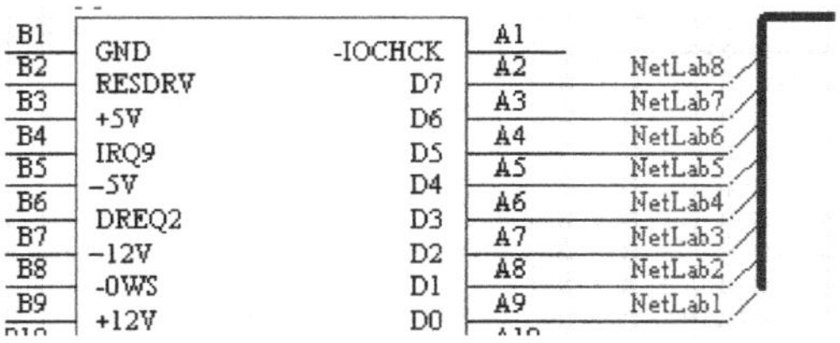

图6.67　放置默认网络的网络标签

注意：网络标签具有实际的电气连接意义，具有相同网络名称的导线不管在图上是否用导线连接在一起，都被视为同一条导线。通常，在以下场合使用网络标签。

① 简化原理图。在连接线路比较远或线路过于复杂而使走线困难时，利用网络标签代替实际走线可使原理图简化。

② 连接时表示各导线间的连接关系。通过总线连接的各个导线必须标上相应的网络标签，才能达到电气连接的目的。

③ 层次式电路或多重式电路。在这些电路中表示各个模块电路之间的连接。

小技巧：除了用上述方法放置网络标签外，还可以用“阵列式粘贴”的方法来放置，而且可以实现让标号和位置一步到位的放置，步骤如下：

① 选择“放置”→“网络标签”菜单命令，或单击原理图工作界面中的按钮，进入放置网络标签的状态。

② 按 Tab 键，打开“网络标签”对话框，在“网络”文本框中输入 D0，如图 6.68 所示。

③ 单击“确认”按钮，结束设置，光标变为如图 6.69 所示的状态。

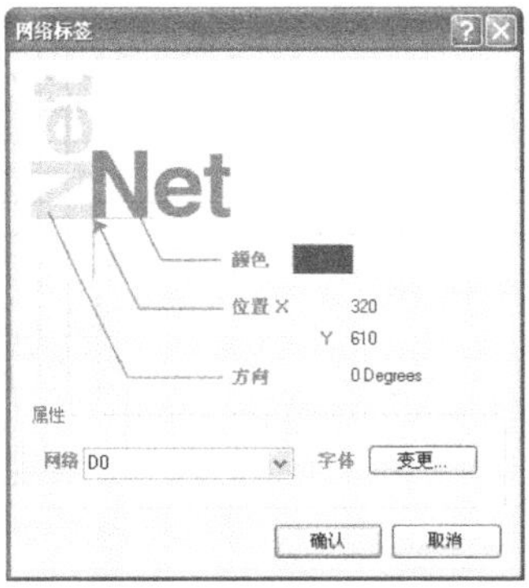

图 6.68 “网络标签”对话框

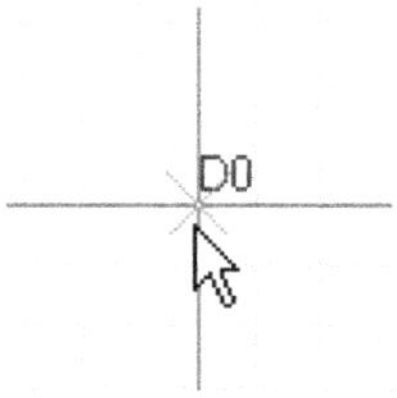

图 6.69 放置网络标签的状态

④ 将光标放到相应的位置，单击鼠标左键，放置网络标签，再单击鼠标右键退出放置状态。

⑤ 选中刚放置的“网络标签 D0”，选择“编辑”→“复制”菜单命令。

⑥ 选择“编辑”→“粘贴队列”菜单命令，如图 6.70 所示，会弹出“设定粘贴队列”对话框，如图6.71 所示。

图 6.70 粘贴队列菜单命令

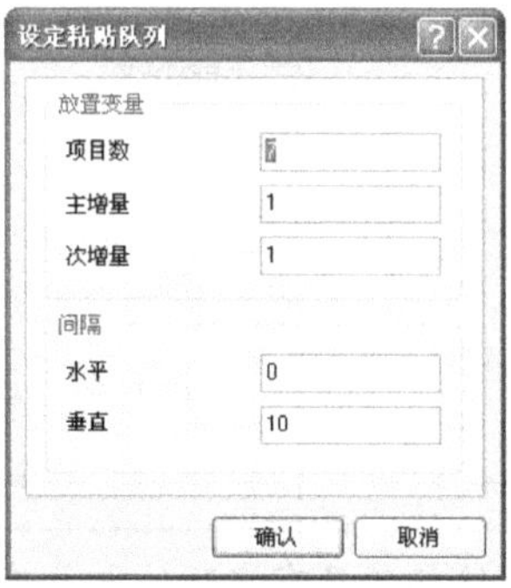

图 6.71 “设定粘贴队列”对话框

"设定粘贴队列"对话框中的选项说明如下。

"项目数"：表示要粘贴的个数，因为对于本例中的网络标签 D0 ～ D7，已经放置了 D0，所以还需要7个，在"项目数"文本框中输入"7"。

"主增量"：表示网络标签的标号顺序的增量的多少。若步长为"1"，则只需在"主增量"框中输入"1"，网络标签的序号为D0、D1、D2、D3、D4、D5、D6、D7。若步长为"2"，则网络标签的序号为D0、D2、D4、D6、D8、D10、D12、D14。

"次增量"：一般不使用。

"水平"：表示各个网络标签之间的水平间隔的大小。因本例中是垂直放置，故将"水平"设为"0"。

"垂直"：表示各个网络标签之间的垂直间隔的大小。本例中将"垂直"设为"10"。

⑦ 单击"确认"按钮，光标变为十字状态。

⑧ 把十字状态的光标移到需要放置网络标签 D1 的位置，本例中移到 A8 引脚处，单击鼠标，完成 D1 ～ D7 的所有网络标签的放置，如图 6.72 所示。

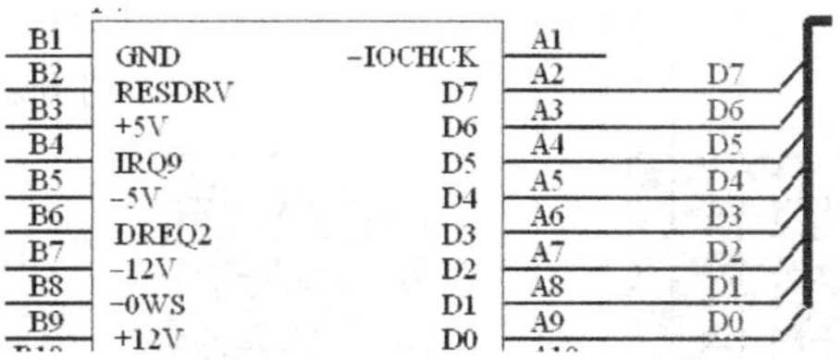

图 6.72 阵列式粘贴法放置的网络标签

提示：阵列式粘贴对象是 Protel DXP 2004 非常有特色的粘贴操作。除了本例中用来粘贴网络标签外，在绘制原理图时经常需要在图纸中放置大量相同的元器件，如电阻、电容等。使用阵列式粘贴即可一次完成粘贴多个对象的操作，可大大提高工作效率。

(11) 绘制好的完整的 ISA 总线和地址译码电路原理图如图 6.1 所示。选择"文件"→"保存"菜单命令保存原理图文件。

2. 异步串行通信驱动电路的设计

(1) 打开母图"串行接口电路.SchDoc"文件，在母图工作界面中执行"设计"→"根据符号创建图纸"菜单命令，光标变为十字状态。单击名为"异步串行通信驱动电路"的方块电路内部，弹出如图 6.73 所示的"Confirm"对话框。

(2) 单击"No"按钮，生成一个新建的子原理图文件，该文件的名称就是在方块电路属性设置中的文件名。

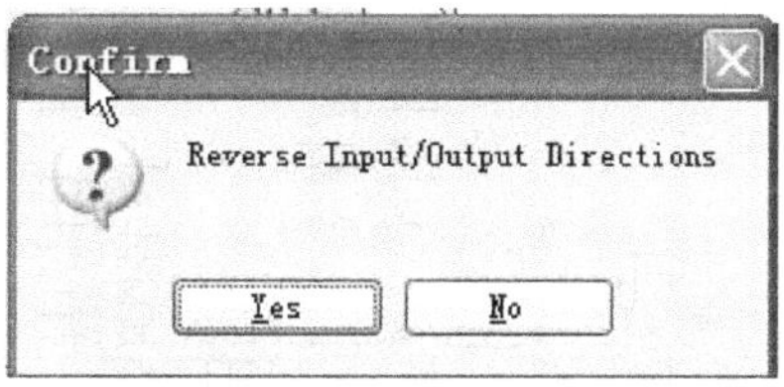

图 6.73 "Confirm"对话框

(3) 打开该文件，如图 6.74 所示。Protel DXP 2004 已经为该子原理图布局了输入、输出端口。

(4) 设置图纸大小。选择"设计"→"文档选项"菜单命令，将图纸标准风格设置为 A4、横向，网格和电气网格采用默认设置。

(5) 装载元件库。将该原理图中所需元件所在的元件库进行加载，加载的元件库有 Miscellaneous Devices. LntLib、Miscellaneous Connectors. LntLib，还有 ST Logic Gate. IntLib（DIP14 和 DIP16 的封装库）、ST Logic Switch. IntLib（DIP24 的封装库）、ST Analog Comparator. IntLib（DIP8 的封装库）、ST Interface Peripheral Driver. IntLib（SIP9 的封装库）以及自己设计的

“串行通信接口 . SCHLib” 元件库。

图 6.74　打开新建的子原理图文件

视频：放置元件　　视频：放置电源和地

（6）放置元器件。该电路模块中用到的元件有 TL16C554、1488、1489、DB37 和一些阻容元件。将通用的元件库 Miscellaneous Devices. LntLib 中的阻容元件放入原理图中，其他的元器件都在之前设计的“串行通信接口 . SCHLib”元件库中选择放置。

（7）元件的布局。分别对元件的各项属性进行设置，对元件进行布局，以便连线和读图。元件布局如图 6.75 所示。

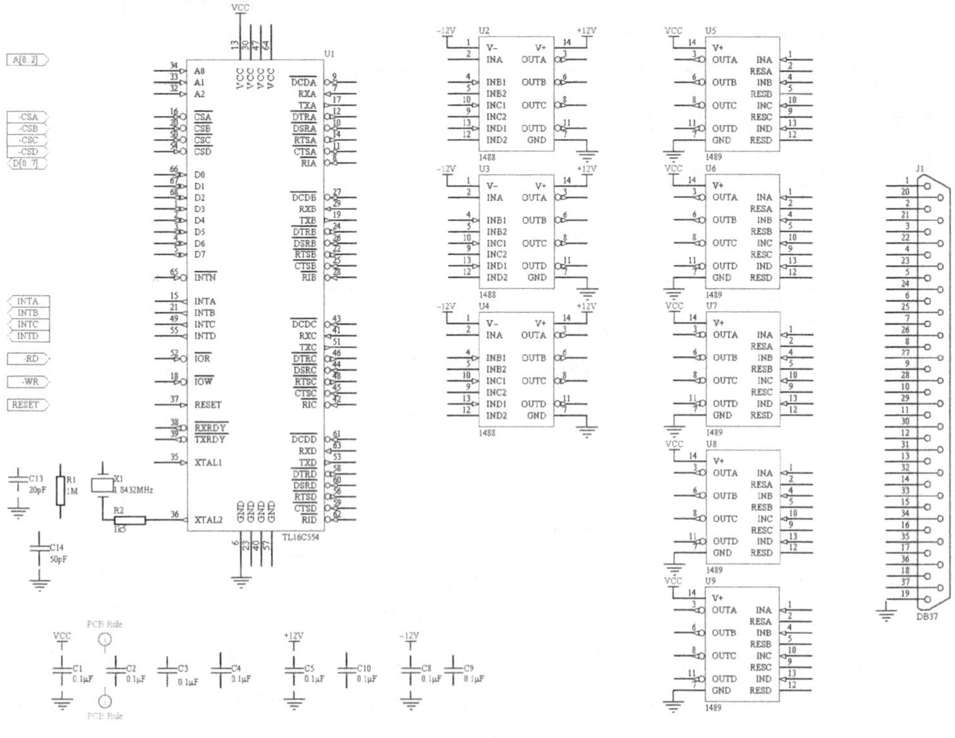

图 6.75　元件布局

（8）连线。选择“放置”→“导线”菜单命令，或依次按P键和W键执行连线操作（在英文输入法下）；或单击鼠标右键，再选择“放置”→“导线”菜单命令，此外也可以单击原理图工作界面中的按钮，进行连线操作。结果如图6.76所示。

视频：放置导线　　视频：连接导线

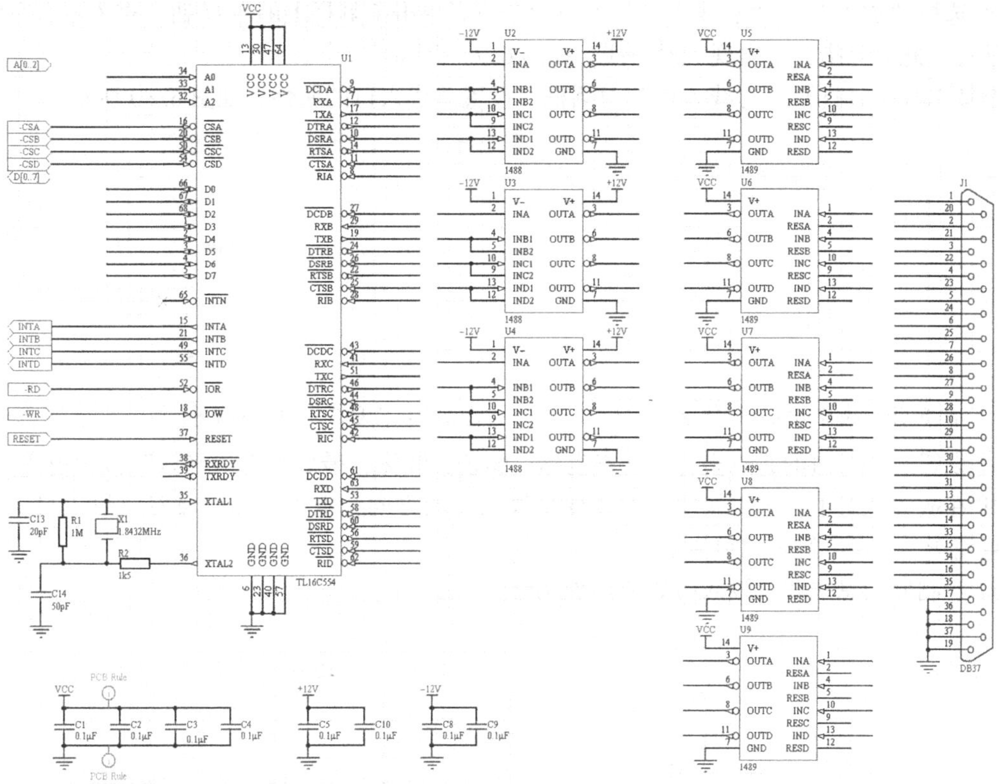

图6.76　连线操作后的原理图

（9）总线的放置。

① 选择“放置”→“总线”菜单命令或者单击工具栏上的按钮进入放置总线状态。此时，指针上出现大十字，如图6.77所示。

② 按Tab键，打开“总线”对话框，设置总线的属性，如图6.78所示。

视频：放置端口

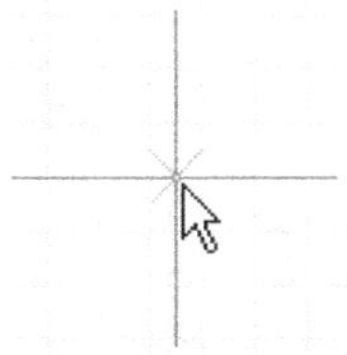

图6.77　放置总线状态

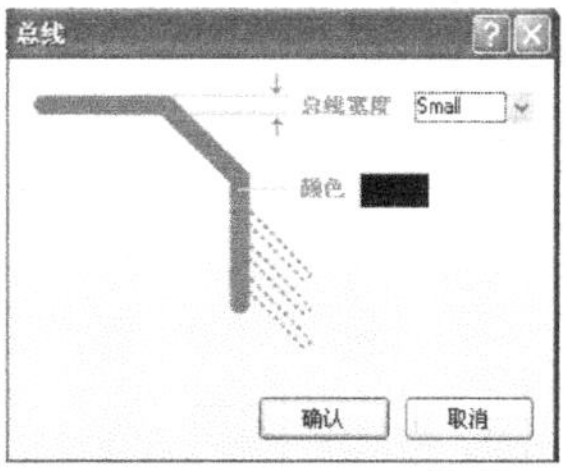

图6.78　“总线”对话框

③ 在“总线宽度”列表框中选择“Small”，在“颜色”框中设置总线的颜色为蓝色。最后单击“确认”按钮退出。

④ 将鼠标指针指向需要放置总线的起点，单击鼠标左键，拖动鼠标可以拉出总线，再次单击鼠标左键完成一段总线的放置。

⑤ 如果要以该总线的终点为新总线的起点，则继续拖动鼠标，绘出另一段总线。

⑥ 右击鼠标，放弃现在的起点，绘制另外的总线。

⑦ 按 Esc 键结束总线绘制。

⑧ 选择“放置”→“总线入口”菜单命令或者单击工具栏上的 按钮，进入放置总线入口状态。此时，指针上出现一段斜线，如图 6.79 所示。

⑨按 Tab 键，打开“总线入口”对话框，设置总线入口的属性，如图 6.80 所示。

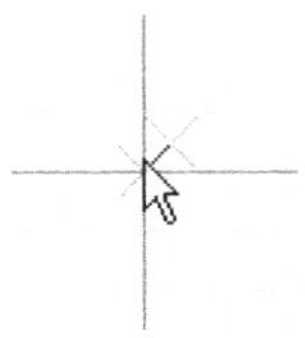

图 6.79　放置总线入口状态

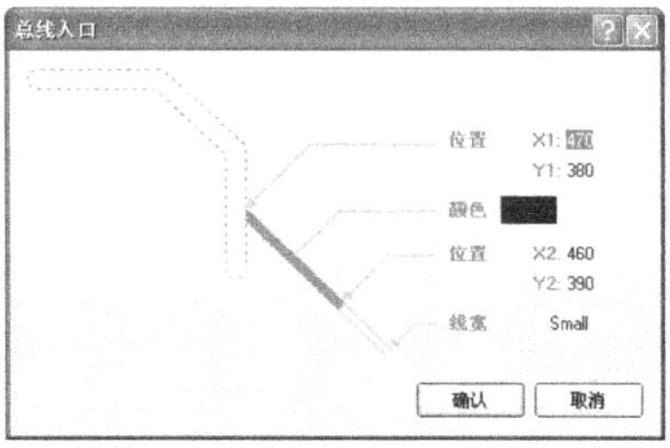

图 6.80　“总线入口”对话框

⑩ 设置总线入口的起点坐标、终点坐标、颜色、线宽，最后单击“确认”按钮退出。

⑪ 在放置状态下，可以按空格键改变总线入口的方向，也可以连续放置总线入口，直到放置完毕。按 Esc 键退出放置状态。

⑫ 绘制好的总线和总线入口如图 6.81 所示。

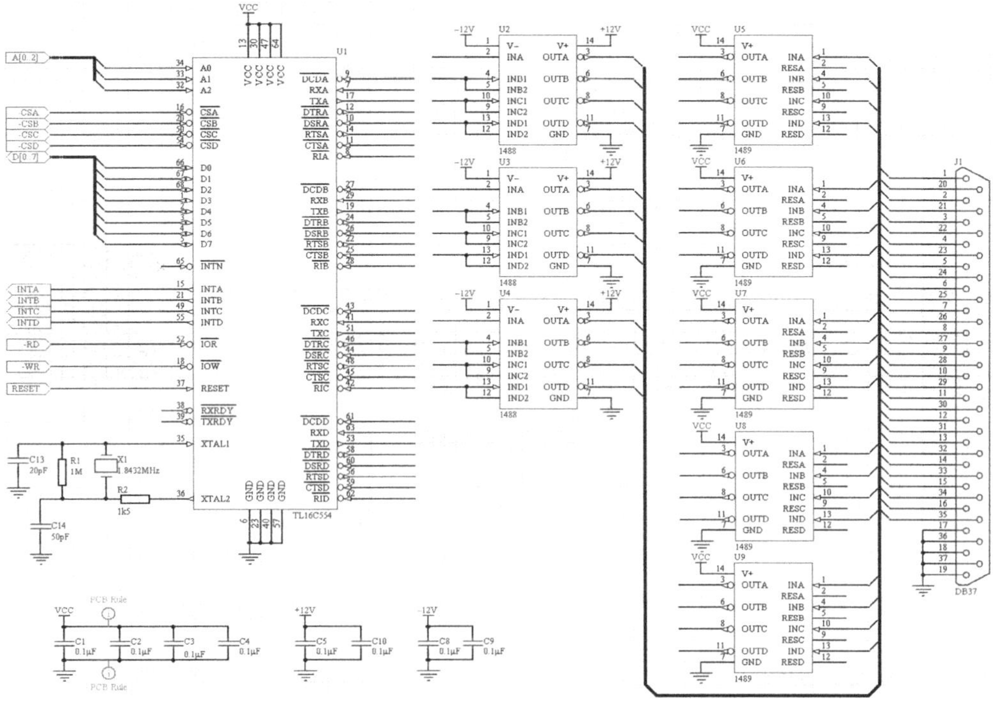

图 6.81　绘制好的总线和总线入口

(10) 网络标签的放置。网络标签在电路图中具有实际的电气连接功能，并且可以增加电路图的可读性，简化电路的连接。

视频：放置接口总线网络标签

视频：放置总线网络标签

① 选择“放置”→“网络标签”菜单命令，或单击原理图工作界面中的按钮，进入放置网络标签的状态，如图6.82所示。

② 按Tab键，打开“网络标签”对话框，如图6.83所示。

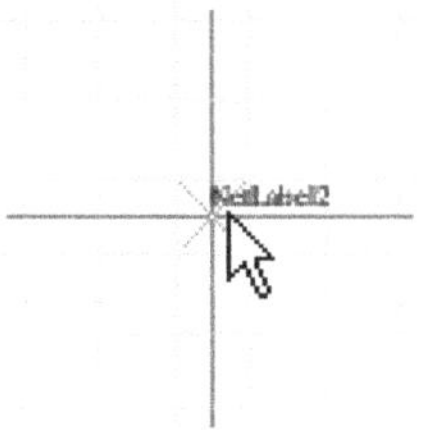

图6.82　放置网络标签的状态

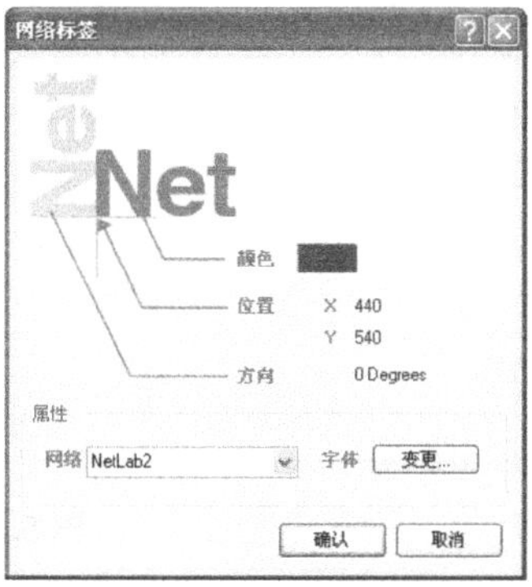

图6.83　“网络标签”对话框

③ 在“网络”下拉列表中选择网络标签名称；通过“颜色”选项设置输入网络标签字体的颜色为暗红色；通过位置X、Y可以设置网络标签的位置；通过“方向”可以选择网络标签的放置方向，其选项有0、90、180和270；通过单击“字体”右边的“变更”按钮可以设置所要放置文字的字体。

④ 设置完属性后，将光标移到需要放置网络标签的导线或总线上，光标上会产生一个小圆点，表示光标已经捕捉到该导线，单击鼠标左键即可正确放置一个网络标签。

⑤ 将光标移到其他需要放置网络标签的地方，继续放置网络标签。单击鼠标右键可结束放置网络标签状态。放置完网络标签，就完成了异步串行通信驱动电路的设计，如图6.2所示。

(11) 选择“文件”→“保存”菜单命令，保存原理图文件。

3. 原理图元件的自动标注

(1) 在该项目文件的任一子原理图中，单击“工具”→“注释”菜单命令，弹出如图6.84所示的“注释”对话框。

(2) 在“处理顺序”的下拉列表中可以选择标注的顺序，选择了“Across Then Down”(从左到右、从上到下的顺序)后，其下方会出现相应的图示，如图6.85所示。在“原理图纸注释”栏中可以看到子图的标注顺序，也可以修改子图的标注顺序。单击“更新变化表”按钮，弹出标注信息框，如图6.86所示。

(3) 单击“OK”按钮，确认标注变化。

(4) 单击“接受变化（建立ECO）”按钮，接受系统对元件标注的改变，同时弹出如图6.87所示的对话框。

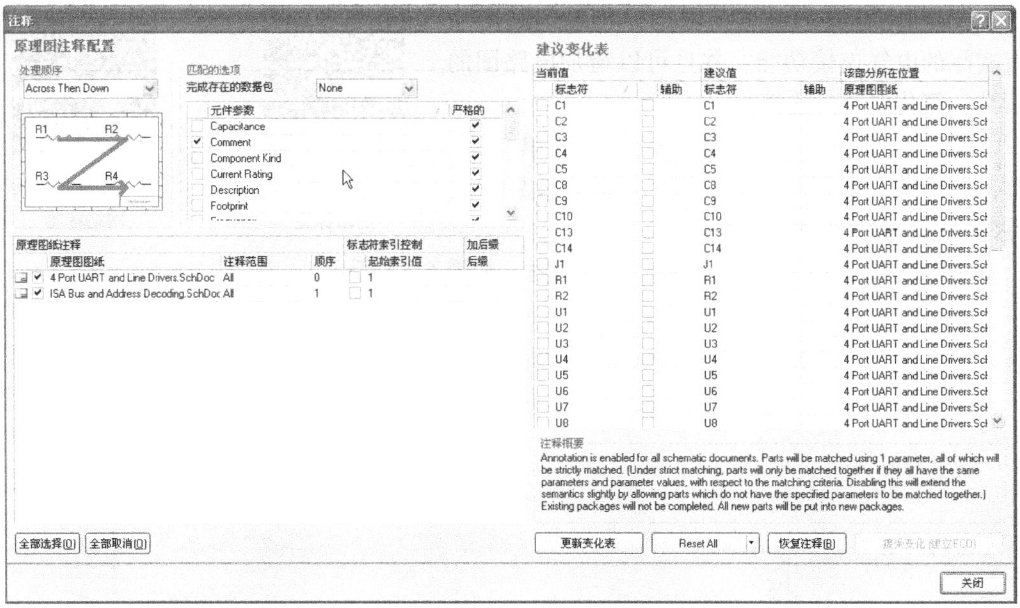

图 6.84 “注释”对话框

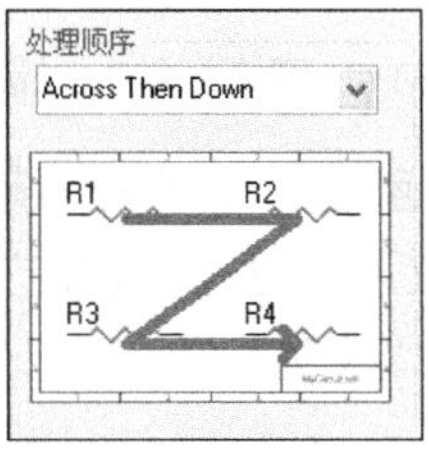

图 6.85 处理顺序图示

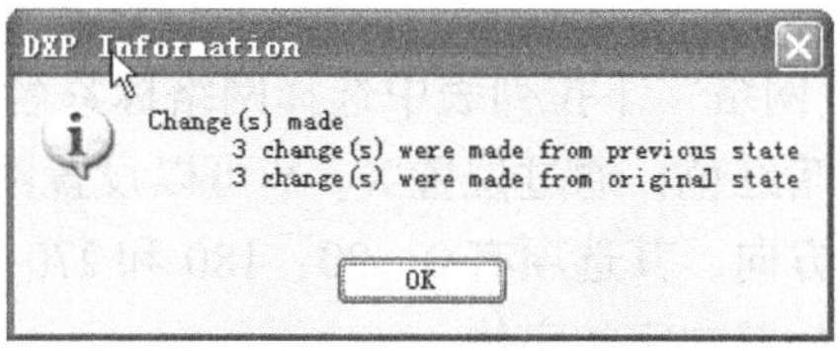

图 6.86 标注信息框

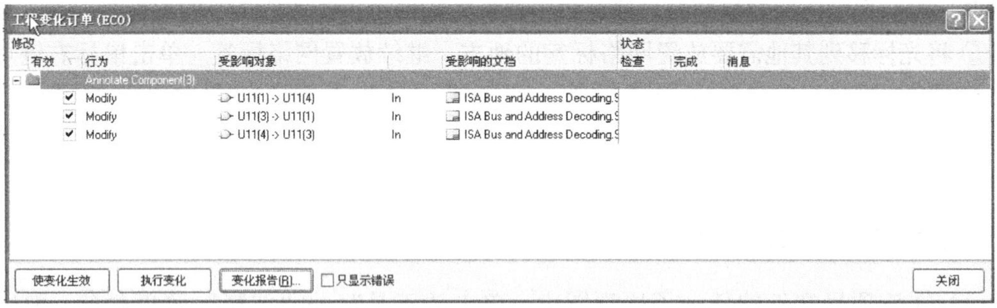

图 6.87 “工作变化订单（ECO）”对话框

（5）单击“执行变化”按钮，系统将执行自动标注。元件标注修改栏将变为灰色，如图 6.88 所示。

（6）完成自动标注后，单击“变化报告”按钮，查看元件的标注信息，如图 6.89 所示。

（7）单击“关闭”按钮，关闭对话框，完成自动标注。

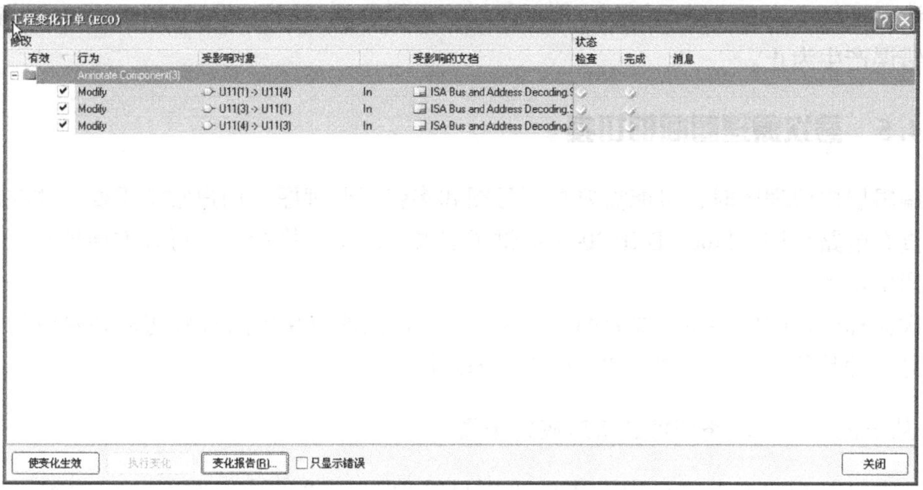

图 6.88　系统执行自动标注的状态

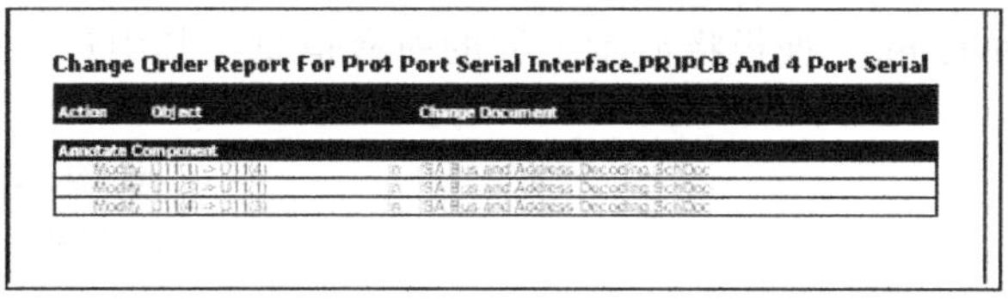

图 6.89　元件的标注信息

自动标注可以对母图中的所有子图进行统一标注，使整个原理图更加清晰明了。自动标注后的电路如图 6.1 和图 6.2 所示，可以看出，图中的器件是按先“异步串行通信驱动电路”后“ISA 总线和地址译码电路”的顺序进行统一编号标注的。

6.4.4　编译原理图

1. 设置电气连接检查规则

（1）选择“项目管理”→“项目管理选项”菜单命令。

（2）在弹出的对话框的“Error Reporting”（错误报告）选项卡中可以设置设计草图的错误报告类型。在“违规类型描述”列表中罗列了网络构成、原理图层次、设计错误类型等信息。在“报告模式”列表中可以设置违反规则的严重程度，即可以设置错误报告类型：无报告、警告、错误和致命错误。本例采用默认设置。

2. 编译工程并检查电气连接

（1）选择“项目管理”→“Compile PCB Project”菜单命令。

（2）执行该命令后，系统弹出“Messages”对话框。如果电路没错，该对话框应该是空白的。如果给出错误报告，则需要检查电路并确认所有导线和连接的正确性。

视频：编译原理图

（3）双击“Messages”对话框中显示的错误，系统将弹出“Compile Errors”对话框。

在该对话框中将显示错误信息，根据这些错误信息就可以方便地对原理图进行修改，直到没有错误产生为止。

6.4.5 层次原理图间的切换

在编辑层次原理图时，可能需要打开母图和多张子原理图，用户常常需要在这些图之间切换以查看电路结构。Protel DXP 2004 提供了层次原理图切换命令，可以方便地在复杂的层次原理图中切换。

层次原理图之间的切换主要有两种：一种是从母图的方块电路符号切换到对应的子原理图中，另一种是从某一层原理图切换到上层原理图。

1. 从母图的方块电路切换到所对应的子图

(1) 在已打开的工程项目中，选择“项目管理”→“设计工作区”→“编译全部项目”菜单命令，如图 6.90 所示。

(2) 编译后，“Navigator”面板将显示工程的所有信息，其中包括层次原理图的层次结构，如图 6.91 所示。

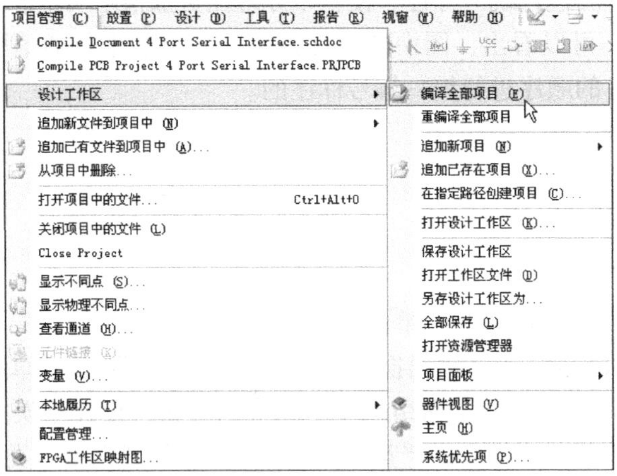

图 6.90 编译全部项目菜单命令

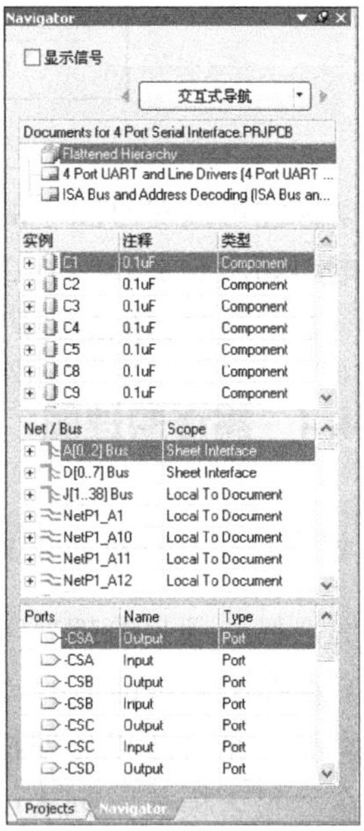

图6.91 “Navigator”面板

(3) 选择“工具”→“改变设计层次”菜单命令，如图 6.92 所示，光标变为十字状态。将光标移至母图中方块电路上任意一个端口上，如图 6.93 所示。

(4) 双击鼠标就可以完成从母图到子图的切换。

2. 从子图切换到母图

(1) 编译项目后，选择“工具”→“改变设计层次”菜单命令，光标变为十字状态。

(2) 移动光标到子图中任意一个端口上，单击鼠标，系统自动完成从子图到母图的切换。

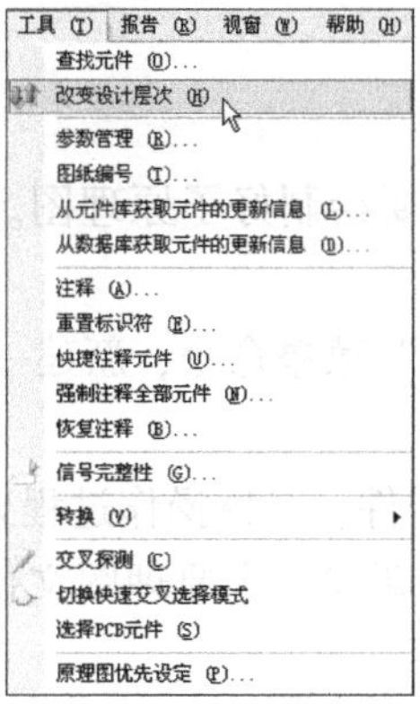

图 6.92 改变设计层次菜单命令

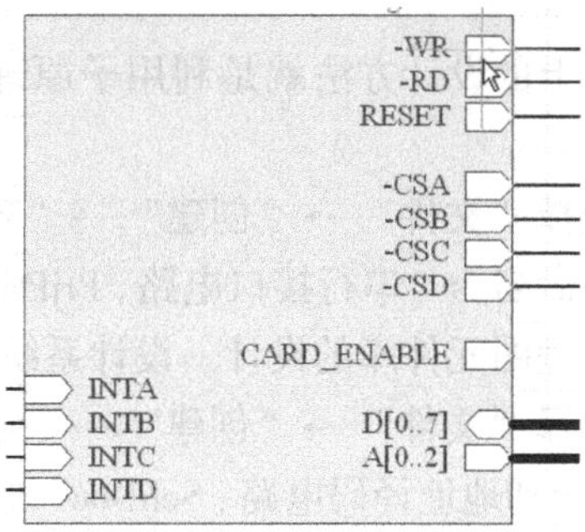

图 6.93 将光标移至母图中

6.4.6 生成报表

1. 生成元件报表

(1) 在原理图编辑界面中，选择“报告”→“Bill of Materials”菜单命令。

(2) 在弹出的对话框中选择保存文件的目录和保存类型。本例选择 EXCEL 类型。元件报表如图 6.94 所示。

2. 生成网络表

(1) 选择“设计”→“设计项目的网络表”→“Protel”菜单命令。

(2) 执行该命令后，系统将生成网络表文件，如图 6.95 所示。

Description	Designator	Footprint	LibRef	Quantity
Capacitor 0.2 pitch	C1	RAD0.2	CAP 2M	1
Capacitor 0.2 pitch	C2	RAD0.2	CAP 2M	1
Capacitor 0.2 pitch	C3	RAD0.2	CAP 2M	1
Capacitor 0.2 pitch	C4	RAD0.2	CAP 2M	1
Capacitor 0.2 pitch	C5	RAD0.2	CAP 2M	1
Capacitor 0.2 pitch	C8	RAD0.2	CAP 2M	1
Capacitor 0.2 pitch	C9	RAD0.2	CAP 2M	1
Capacitor 0.2 pitch	C10	RAD0.2	CAP 2M	1
Capacitor 0.2 pitch	C11	RAD0.2	CAP 2M	1
Capacitor 0.2 pitch	C12	RAD0.2	CAP 2M	1
Capacitor 0.2 pitch	C13	RAD0.2	CAP 2M	1
Capacitor 0.2 pitch	C14	RAD0.2	CAP 2M	1
Electrolytic Capacito	C15	TANT 2M/2M	ELECTRO RB	1
	C16	TANT 2M/2M	ELECTRO1	1
	C17	TANT 2M/2M	ELECTRO1	1
	D1	DIODE0.4	DIODE	1
	D2	DIODE0.4	DIODE	1
	J1	DB37RA/F	DB37	1
	P1	ECN-IBMXT	CON AT62B	1
	R1	AXIAL0.4	RES1	1
	R2	AXIAL0.4	RES1	1
RESISTOR NETWO	RP1	SIP9	RESPACK 8COMM	1
	S1	DIP16	SW DIP-8	1
	S2	DIP8	SW DIP-4	1
	U1	PGA68X11_SKT	TL16C554	1
TTL-RS232 DRIVE	U2	DIP14	1488_1	1
TTL-RS232 DRIVE	U3	DIP14	1488_1	1
TTL-RS232 DRIVE	U4	DIP14	1488_1	1
1489 RS232-TTL C	U5	DIP14	1489_1	1
1489 RS232-TTL C	U6	DIP14	1489_1	1

图 6.94 元件报表

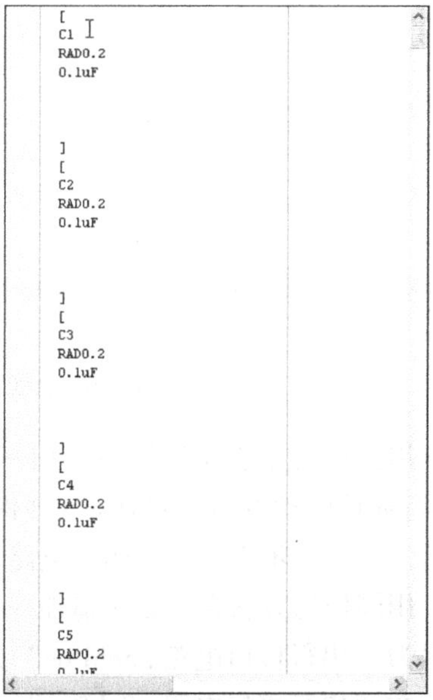
```
[
C1
RAD0.2
0.1uF

]
[
C2
RAD0.2
0.1uF

]
[
C3
RAD0.2
0.1uF

]
[
C4
RAD0.2
0.1uF

]
[
C5
RAD0.2
```

图 6.95 网络表文件

6.4.7 自下而上的层次原理图设计方法

自下而上的设计方法就是利用子原理图产生母图，首先要绘制好子原理图。具体步骤如下：

（1）选择“文件”→“创建”→“项目”→“PCB 项目”菜单命令，新建一个 PCB 项目文件，并命名为“串行接口电路 . PrjPCB”后保存。

（2）原理图元件库的设计。设计系统自带库中没有的元器件，具体操作过程见 6.3 节。

（3）选择“文件”→“创建”→“原理图”菜单命令，新建一个原理图文件，并命名为“ISA 总线和地址译码电路 . SchDoc”后保存。

（4）根据需要放置元器件，绘制 ISA 总线和地址译码电路 . SchDoc 子原理图，并将需要与其他模块相连的端口用 I/O 端口的形式表示出来。设计好的 ISA 总线和地址译码电路 . SchDoc 子原理图如图 6.96 所示。

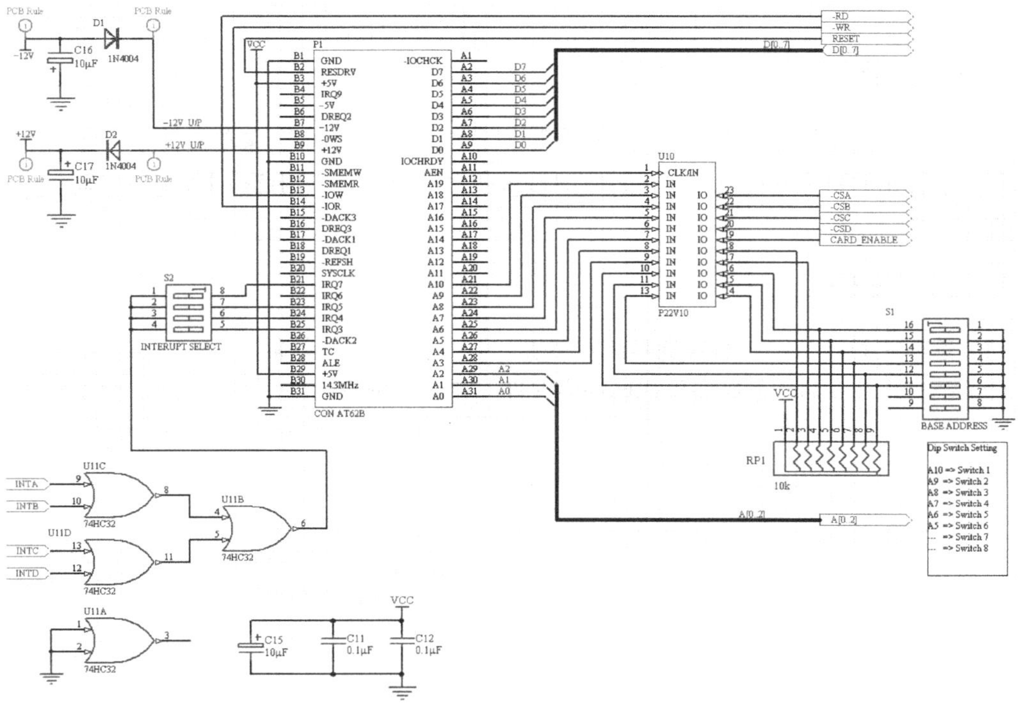

图 6.96 ISA 总线和地址译码电路 . SchDoc 子原理图

（5）用同样的方法在项目中追加一个新的原理图文件，作为第二个子原理图，命名为“异步串行通信驱动电路 . SchDoc”并保存。完成该子原理图的绘制，设置相应的端口，绘制完成后保存。异步串行通信驱动电路子原理图如图 6.97 所示。

（6）用同样的方法在项目中追加一个新的原理图文件，作为层次原理图的方块电路原理图，命名为“串行接口电路 . SchDoc”并保存。

（7）在“串行接口电路 . SchDoc”工作界面中，选择“设计”→“根据图纸建立图纸符号”菜单命令，弹出如图 6.98 所示的对话框。

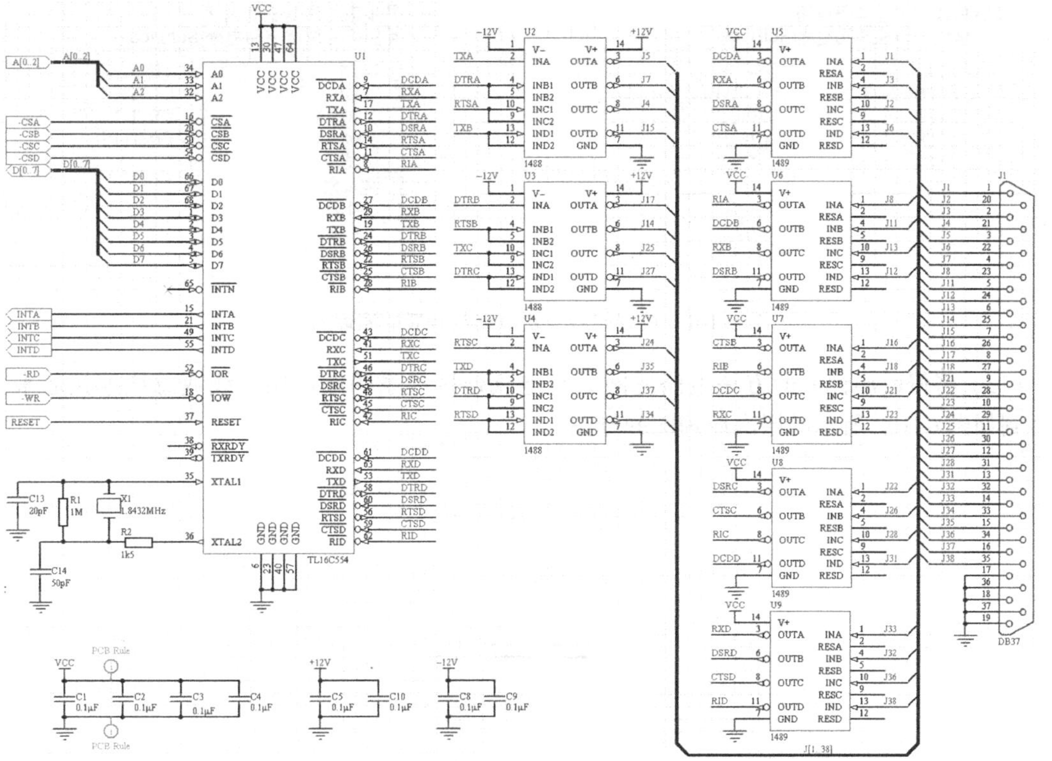

图 6.97 异步串行通信驱动电路 . SchDoc 子原理图

(8) 选择对话框中的任意一个子原理图，单击“确认”按钮，系统弹出如图 6.99 所示的对话框。

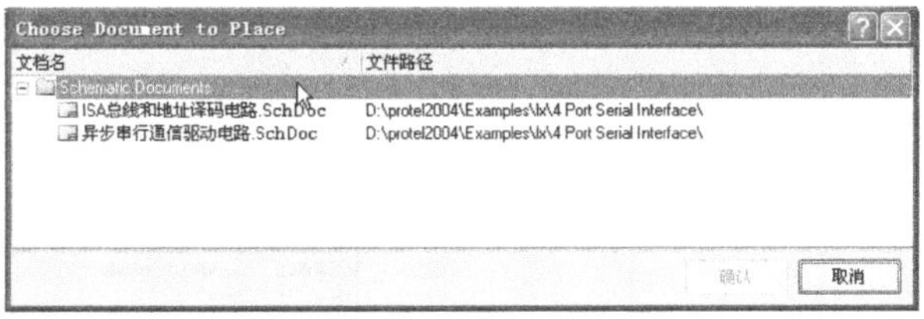

图 6.98 “Choose Document to Place”（选择子原理图）对话框

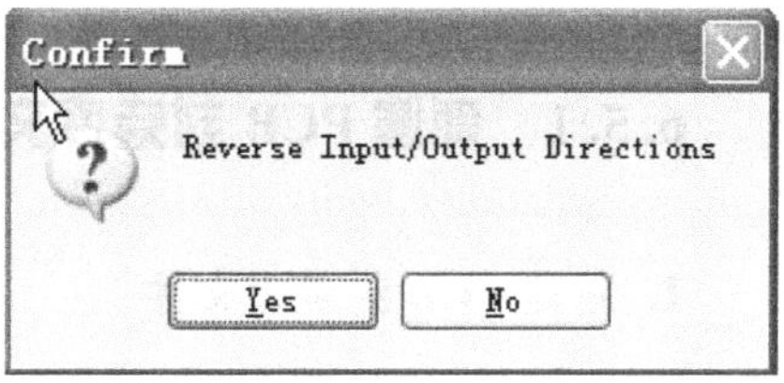

图 6.99 “Confirm”对话框

(9) 单击“No”按钮，这时在“串行接口电路 . SchDoc”原理图中生成随光标移动的方块电路符号的虚影，如图 6.100 所示。

(10) 单击鼠标左键，将方块电路符号置于原理图中。

(11) 用同样的方法放置其他子原理图模块，放置好各方块电路符号后的原理图如图 6.101 所示。

(12) 分别对各个方块电路符号和 I/O 端口进行属性修改和位置调整。

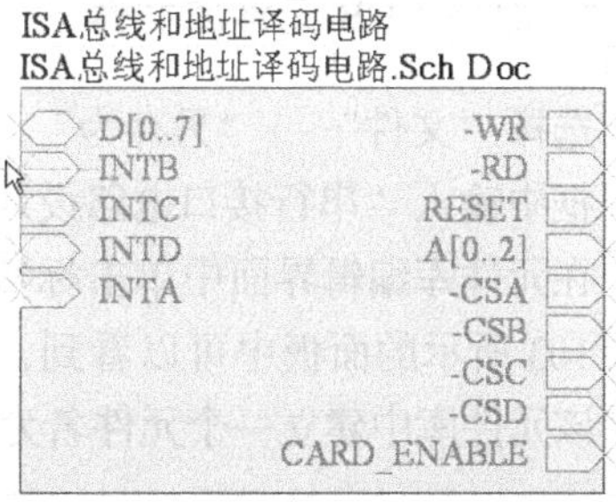

图 6.100 生成方块电路符号

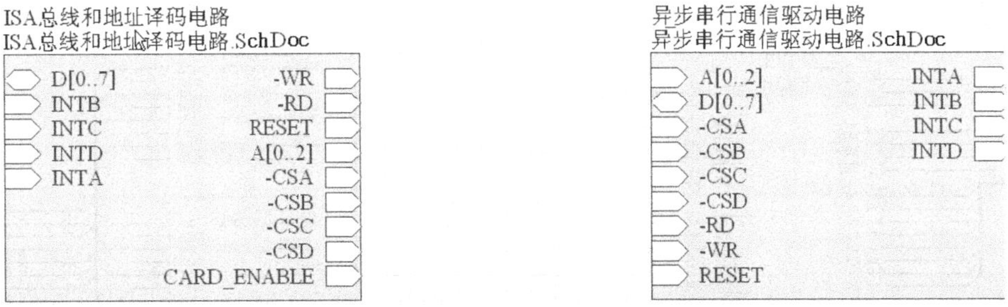

图 6.101　放置好各方块电路符号后的原理图

(13) 将修改属性后的方块电路之间具有电气连接关系的端口用导线或总线连接起来，就得到如图 6.102 所示的层次原理图的母图。

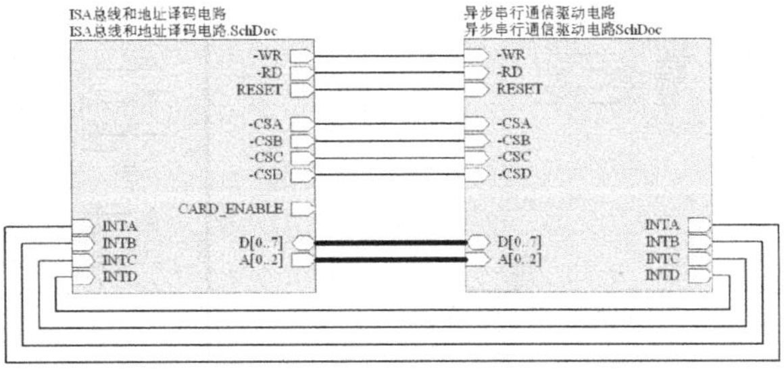

图 6.102　层次原理图的母图

6.5　PCB 封装库设计

6.5.1　新建 PCB 封装库文件

1. 新建 PCB 封装库文件

选择“文件”→“创建”→“库”→“PCB 库”菜单命令。

2. 保存 PCB 元件库文件

选择“文件”→“另存为”菜单命令，在弹出的对话框的“文件名”框中输入“串行接口电路设计”，然后单击“保存”按钮。

在元件库编辑界面中单击标签栏中的“PCB Library”标签，在如图 6.103 所示的面板中可以看到，新建一个元件库文件后，系统将自动在该元件库中建立一个元件名为 PCBCOMPONENT_1 的元件。

图 6.103　“PCB Library”面板

6.5.2　制作元件

本项目中需要制作 DB37 元件封装、CON AT62B 元件封装和 TL16C554 元件封装。

1. 制作 DB37 元件封装——DB37RA/F

(1) 单击系统自动在该元件库中建立的元件名为 PCBCOMPONENT_1 的元件，进入该元件编辑界面。

(2) 双击 PCBComponent_1，系统将弹出如图 6.104 所示的“PCB 库元件”对话框，在“名称”框中输入“DB37RA/F”，然后单击“确认”按钮，即可完成元件封装的重命名操作。

视频：制作 DB37 封装一

(3) 选择“工具”→“库选择项”菜单命令，如图 6.105 所示，或在元件封装编辑区中右击鼠标，在系统弹出的快捷菜单中选择“库选择项”命令，如图 6.106 所示。

图 6.104　“PCB 库元件”对话框

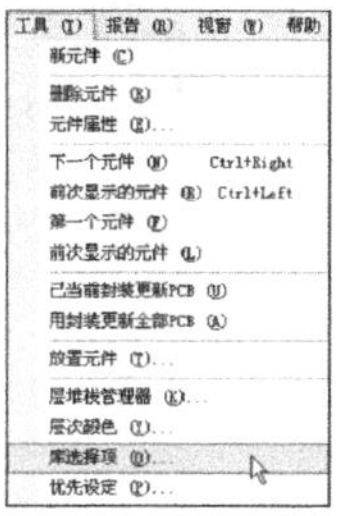

图 6.105　库选择项菜单命令

图 6.106　库选择项快捷菜单命令

(4) 执行以上命令后，系统将弹出如图 6.107 所示的“PCB 选择项”对话框，本例采用默认设置。

(5) 选择“编辑”→“跳转到”→“参考”菜单命令，光标将会跳转到元件封装编辑区的坐标原点，如图 6.108 所示。

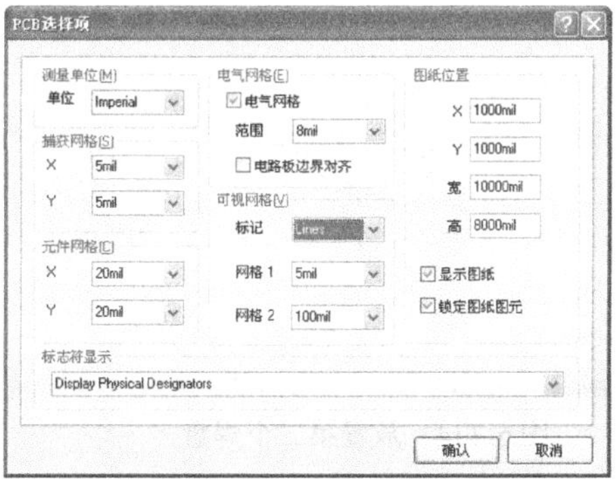

图 6.107　“PCB 选择项”对话框

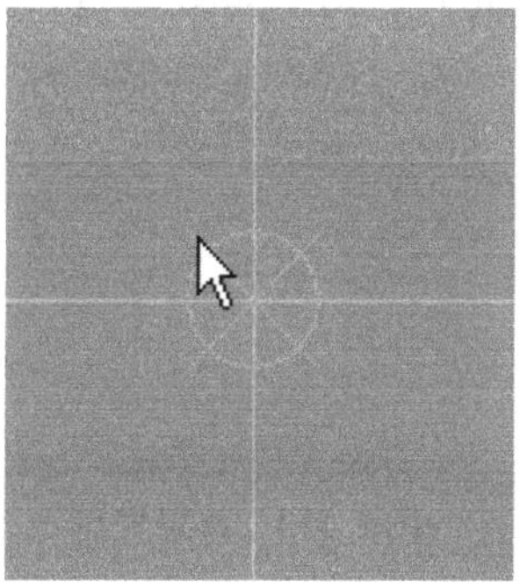

图 6.108　坐标原点

(6) 选择“放置”→“焊盘”菜单命令，如图 6.109 所示，或在元件封装编辑区中右击鼠标，在系统弹出的快捷菜单中选择“放置”→“焊盘”菜单命令，如图 6.110 所示，或按 J 键和 L 键，或单击图标 ，激活放置焊盘命令。此时，光标处于放置焊盘的状态，如图 6.111 所示。

(7) 按 Tab 键，将弹出“焊盘”对话框，在该对话框中设置焊盘相关参数。本例的属性设置如图 6.112 所示，然后单击“确认”按钮，结束属性设置。注意：标识符为“1”的焊盘的形状选择“Rectangle”。

视频：制作 DB37 封装二

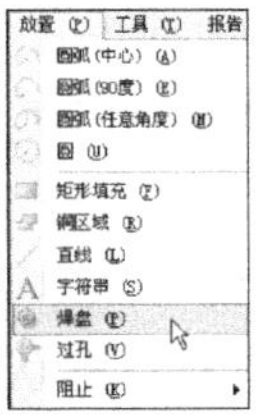

图 6.109　放置焊盘菜单命令

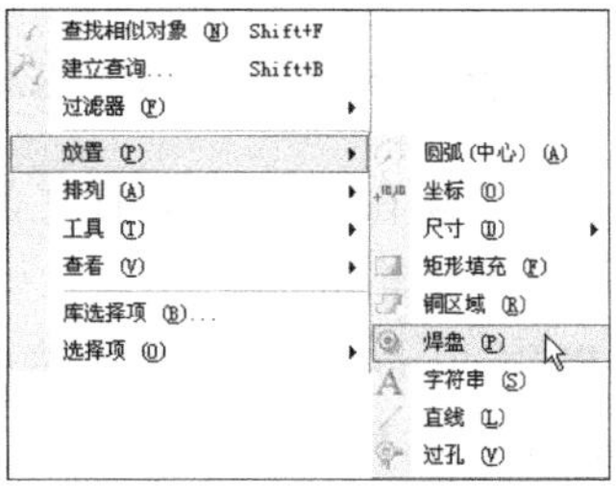

图 6.110　鼠标放置焊盘快捷菜单命令

（8）移动鼠标到原点处，单击鼠标左键完成该焊盘的放置，如图 6.113 所示。

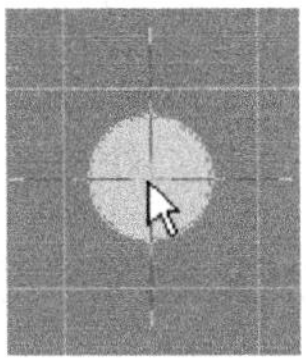

图 6.111　光标处于放置焊盘的状态

图 6.112　“焊盘”对话框

（9）用同样的办法在坐标（109，0）处放置第二个焊盘，将标识符修改为“2”，形状选为“Round”，结果如图 6.114 所示。

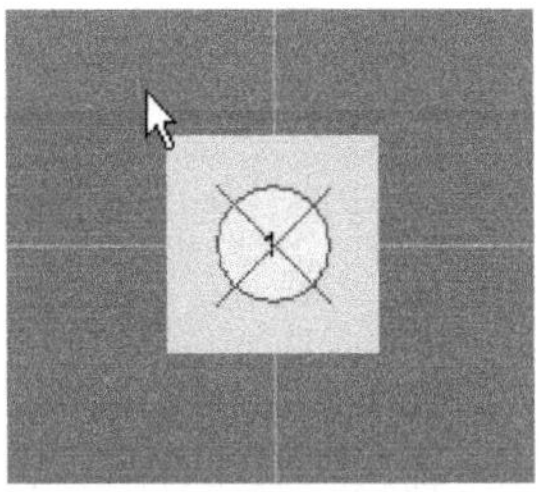

图 6.113　放置焊盘

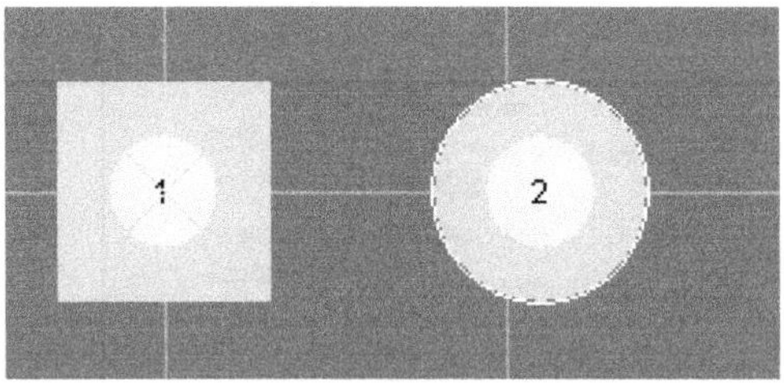

图 6.114　放置第二个焊盘

（10）用同样的办法在坐标上放置其他的焊盘，焊盘的横向间隔为 109mil，两排的焊盘间隔为 100mil，放置所有焊盘后的结果如图 6.115 所示。

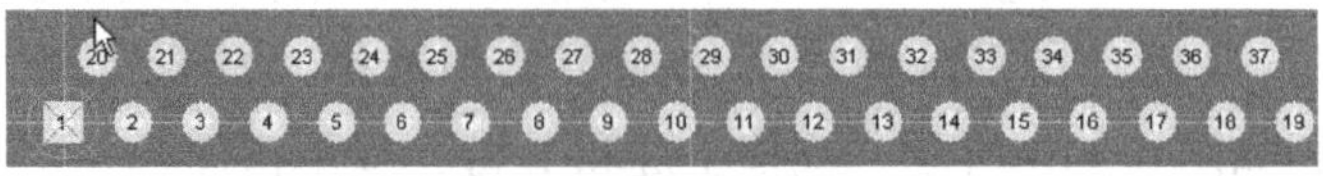

图 6.115　放置所有焊盘后的结果

（11）由于 DB37 两端需要有固定的位置，所以在（−275，50）、（2237，50）两个坐标处分别放置两个焊盘作为固定孔位。属性设置如图 6.116 所示。加固定孔位的焊盘如图 6.117 所示。

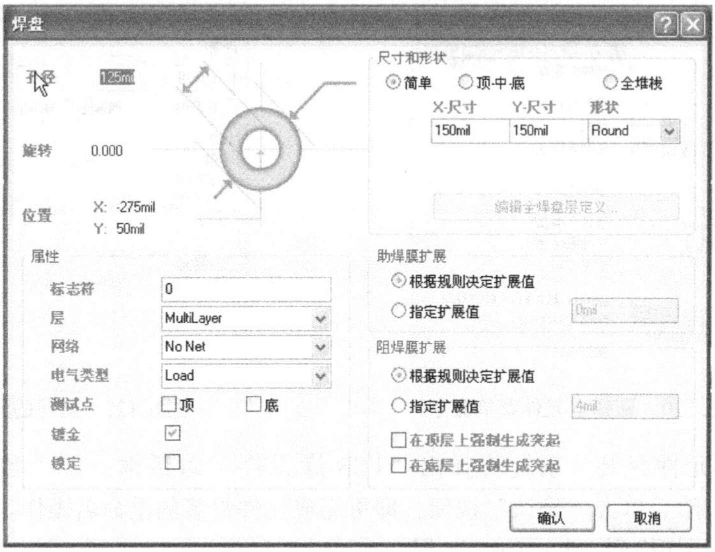

图6.116　“焊盘”对话框

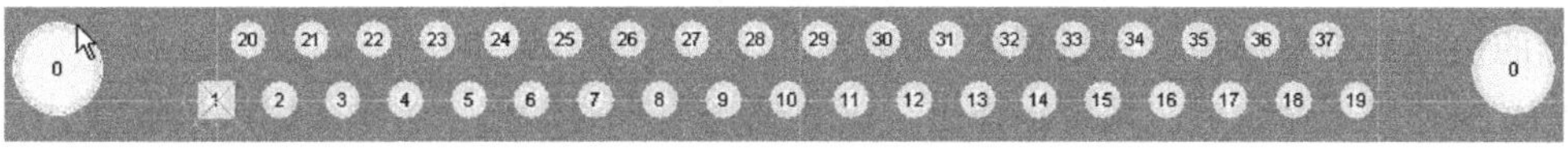

图6.117　加固定孔位的焊盘

（12）单击“Top Overlay”标签，将工作面板切换到“顶层丝印层”（Top Overlay层）。

（13）选择“放置”→“直线”菜单命令，如图6.118所示，或单击 图标，激活放置直线命令。

（14）此时，光标处于画直线的状态，在前面放置的焊盘和固定孔位周围画一个矩形框。结果如图6.119所示。

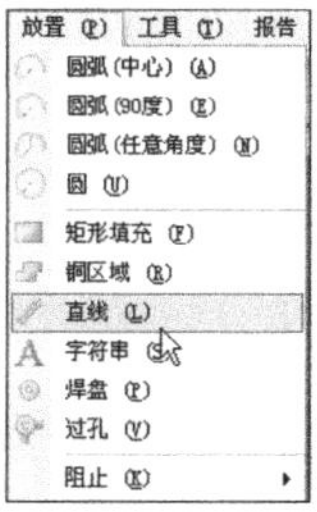

图6.118　放置直线菜单命令

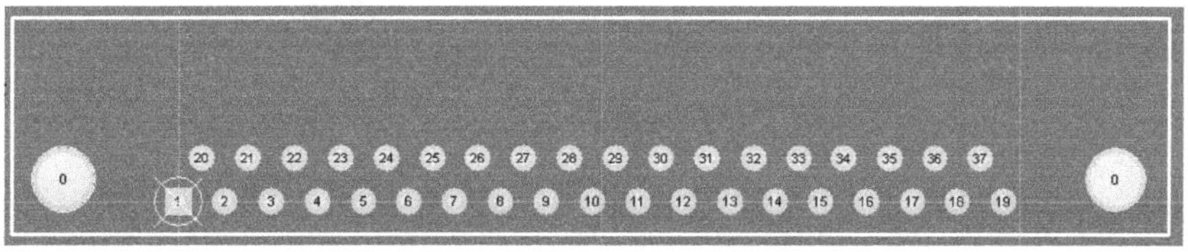

图6.119　完成的DB37封装

（15）保存，结束该元件封装设计。

2. 制作CON AT62B的封装——ENC-IBMXT

该器件封装要求在“Top Layer”和“Bottom Layer”两层都放置焊盘。

（1）在“PCB Library”面板中单击鼠标右键，弹出如图6.120所示的菜单。

（2）选择“新建空元件”菜单命令，此时“PCB Library”面板中出现一个新建的元件，如图6.121所示。

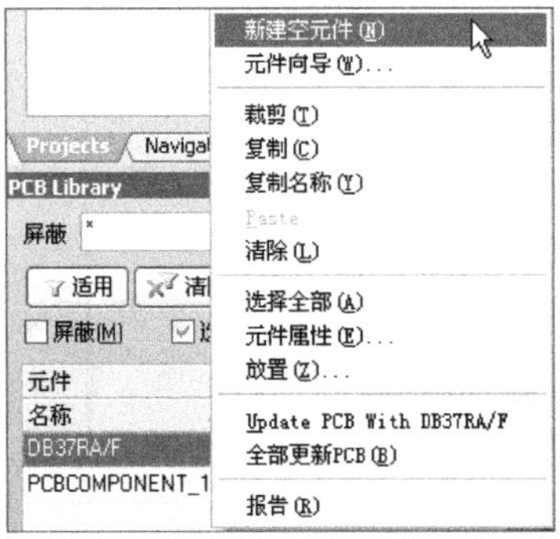

图 6.120　新建空元件菜单命令

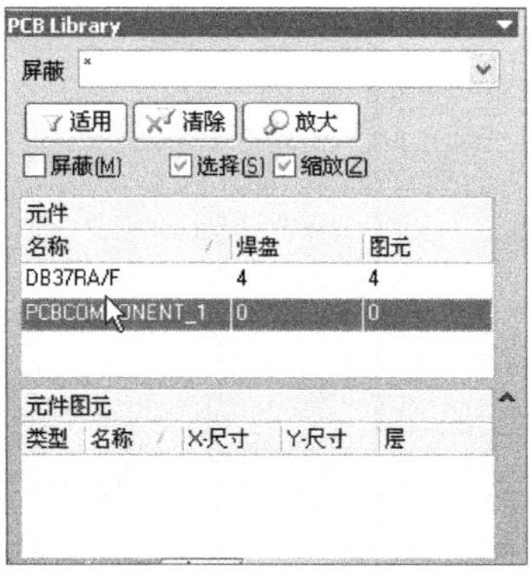

图 6.121　新建的元件

（3）双击该元件封装，系统将弹出“PCB 库元件”对话框，在“名称”框中输入“ENC-IBMXT”，然后单击“确认”按钮，即可完成元件封装的重命名操作。

（4）把工作层切换到“Top Layer”层。

（5）选择“工具”→“库选择项”菜单命令，或在元件封装编辑区中右击鼠标，在系统弹出的快捷菜单中选择“库选择项”命令。

（6）执行以上命令后，系统将弹出“PCB 选择项”对话框，本例采用默认设置。

（7）选择“编辑”→“跳转到”→“参考”菜单命令，光标将会跳转到元件封装编辑区的坐标原点。

（8）选择“放置”→“焊盘”菜单命令，或在元件封装编辑区中右击鼠标，在系统弹出的快捷菜单中选择“放置”→“焊盘”菜单命令，或按键盘 J 键和 L 键，或单击 ◎ 图标，激活放置焊盘命令。此时，光标处于放置焊盘的状态。

（9）此时按 Tab 键，将弹出“焊盘”对话框，在该对话框中设置焊盘相关参数，设置参数如图 6.122 所示，然后单击“确认”按钮，结束属性设置。

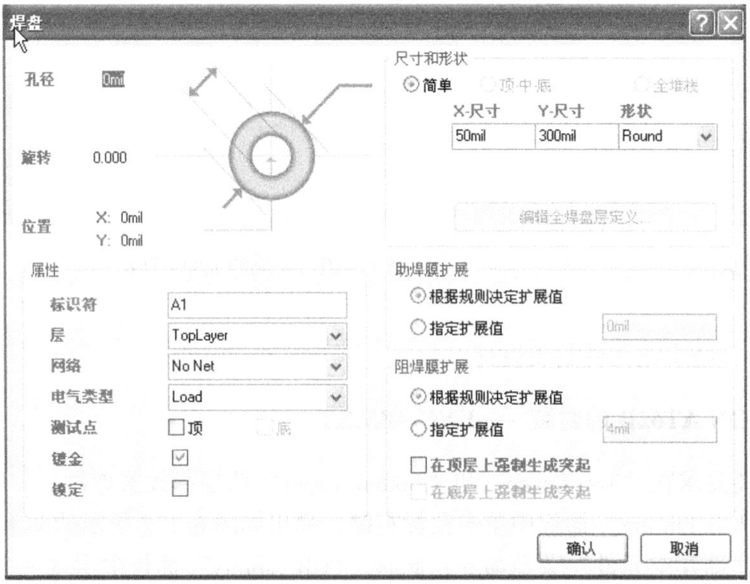

图 6.122　“焊盘”对话框

(10) 移动鼠标到原点处，单击鼠标左键完成该焊盘的放置，如图6.123所示。

(11) 用同样的方法在坐标（100，0）处放置第二个焊盘，将标识符修改为“A2”，结果如图6.124所示。

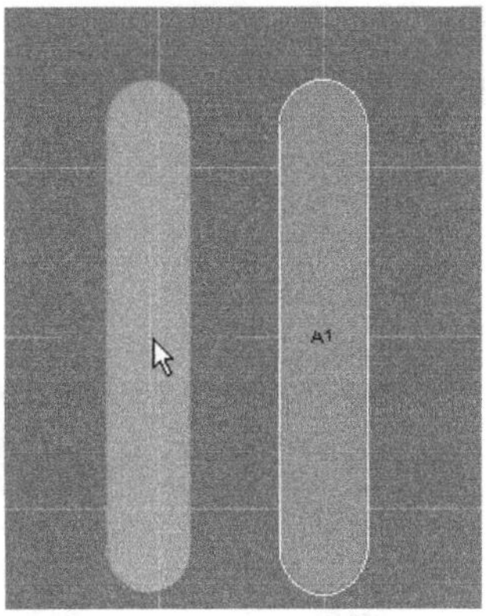

图6.123　放置焊盘

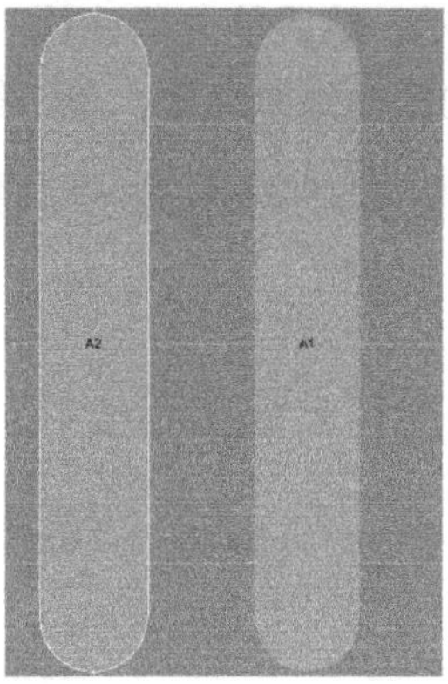

图6.124　放置第二个焊盘

(12) 用同样的办法在坐标上放置其他的焊盘，焊盘的横向间隔为100mil，放置后的结果如图6.125所示。

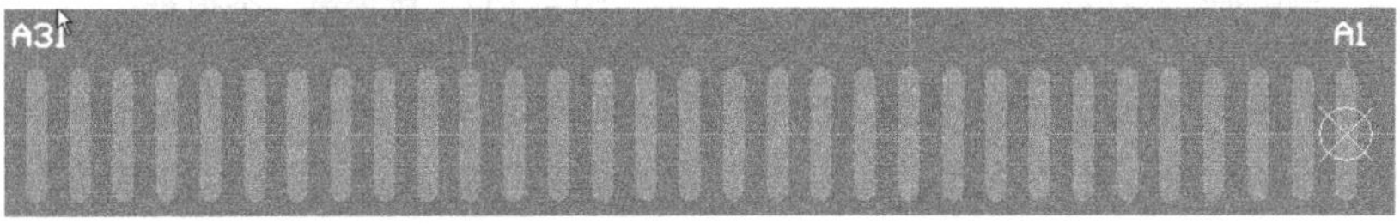

图6.125　Top Layer层“金手指”

视频：制作AT62B一

(13) 把工作层切换到“Bottom Layer”层。重复（5）～（12）的步骤，并把焊盘的标识符改为“B1”～“B31”。

视频：制作AT62B二

(14) 保存，结束该元件封装设计。

3. 制作TL16C554的封装——PGA68X11_SKT

(1) 在“PCB Library”面板中单击鼠标右键，在弹出的菜单中选择“新建空元件”命令。

(2) 此时“PCB Library”面板中出现一个新建的元件。

视频：制作AT62B三

(3) 双击该元件封装，系统将弹出“PCB库元件”对话框，在“名称”框中输入“PGA68X11_SKT”，然后单击“确定”按钮，即可完成元件封装的重命名操作。

(4) 把工作层切换到“Top Layer”层。

(5) 选择“工具”→“库选择项”菜单命令，或在元件封装编辑区中右击鼠标，在系统弹出的快捷菜单中选择“库选择项”命令。

(6) 执行以上命令后，系统将弹出“PCB选择项”对话框，本例采用默认设置。

(7) 选择“编辑”→“跳转到”→“参考”菜单命令，光标将会跳转到元件封装编辑区的坐标原点。

(8) 选择“放置”→“焊盘”菜单命令，或在元件封装编辑区中右击鼠标，在系统弹出的快捷菜单中选择“放置”→“焊盘”命令，或按键盘 J 键和 L 键，或单击 图标，激活放置焊盘命令。此时光标处于放置焊盘的状态。

(9) 按 Tab 键，将弹出“焊盘”对话框，在该对话框中设置焊盘相关参数，设置参数如图 6.126 所示，然后单击“确认”按钮，结束属性设置。

(10) 移动鼠标到原点处，单击鼠标左键完成该焊盘的放置，如图 6.127 所示。

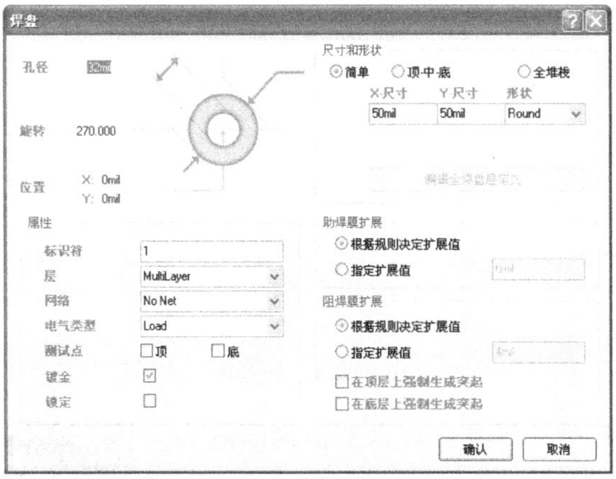

图 6.126 “焊盘”对话框

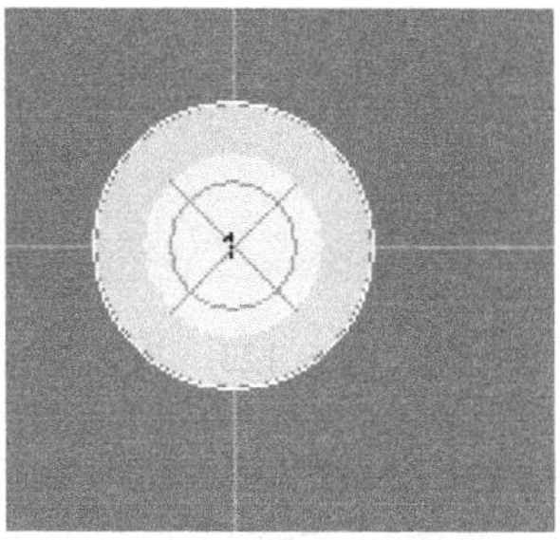

图 6.127 放置第一个焊盘

(11) 用同样的方法放置其他的焊盘，如图 6.128 所示。焊盘 1 和焊盘 2 的间隔是 100mil，焊盘 1 和焊盘 3 的间隔是 100mil，焊盘 2 和焊盘 36 的间隔是 800mil。

视频：制作 TL16C554

(12) 单击“Top Overlay”标签，将工作面板切换到“顶层丝印层”(Top Overlay 层)。

(13) 选择“放置”→“直线”菜单命令，或单击 图标，激活放置直线命令。

(14) 此时光标处于画直线的状态，在前面放置的焊盘和固定孔位周围画一个矩形框。结果如图 6.129 所示。

视频：绘制边框

(15) 保存，结束该元件封装设计。

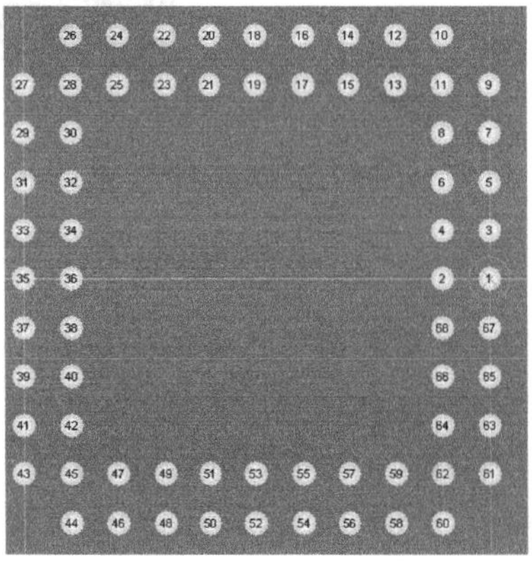

图 6.128 放置好所有的焊盘

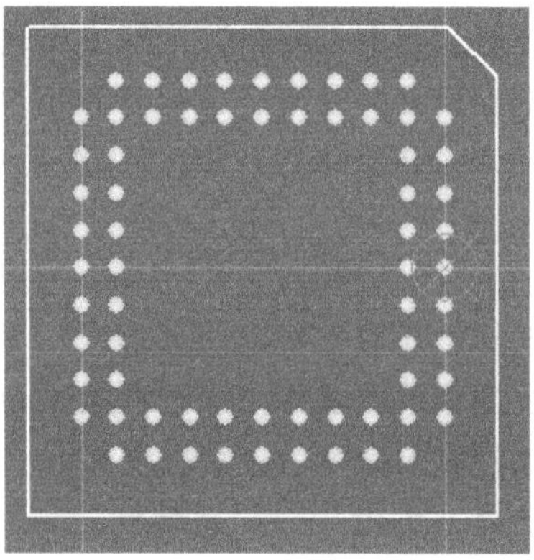

图 6.129 完成的 PGA68X11_SKT 封装

6.6　PCB设计

6.6.1　新建PCB文件

1. 新建一个PCB文件

选择“文件”→“创建”→“PCB文件”菜单命令，建立一个PCB文件。

2. 保存PCB文件

选择“文件”→“另存为”菜单命令，保存新建的PCB文件（也可以单击图标）。执行以上命令后，系统将弹出“另存为”对话框，在该对话框中输入文件名为“串行接口电路设计”，并在选择保存路径为d:\Protel 2004\Examples\lx后，单击“保存”按钮，保存该PCB文件。

6.6.2　加载封装库

除在原理图中添加的两个常用的集成库外，本例中需要加载之前设计的“串行接口电路设计.PcbLib”库文件。

(1) 选择“设计”→“追加/删除库文件”菜单命令，如图6.130所示。

(2) 弹出“可用元件库”对话框，如图6.131所示。

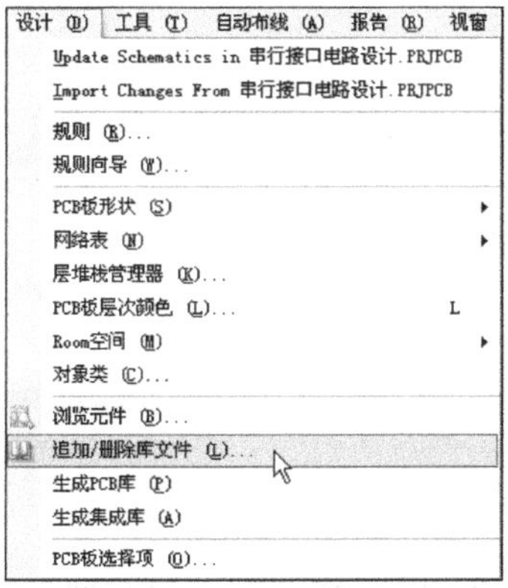

图6.130　追加/删除库文件菜单命令

图6.131　“可用元件库”对话框

(3) 单击“安装”按钮，按存储“串行接口电路设计.PcbLib”库文件的路径找到该文件，如图6.132所示。

(4) 选中该文件，单击“打开”按钮，此时，在“可用元件库”对话框中显示已经加载成功，如图6.133所示。单击“关闭”按钮退出。

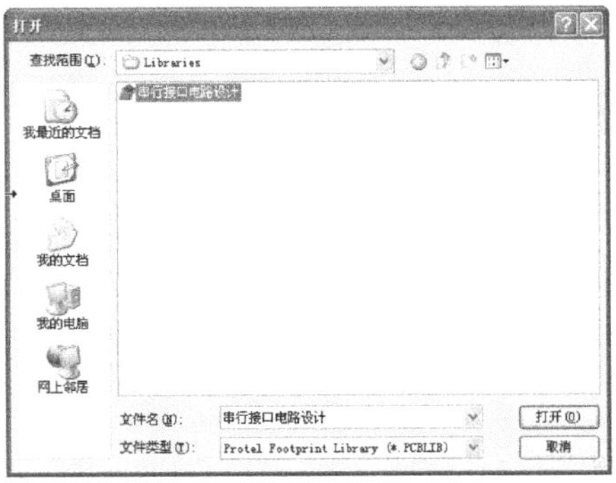

图 6.132　按路径找到“串行接口电路设计.PcbLib”库文件

图 6.133　“串行接口电路设计.PcbLib”库文件加载成功

6.6.3　设置 PCB 编辑系统参数

(1) 选择“设计”→“PCB 选择项”菜单命令。

(2) 在弹出的对话框中设置单位、网格等参数。本例设置如图 6.134 所示。

图 6.134　“PCB 选择项”对话框

(3) 单击“确认”按钮，完成设置。

6.6.4　规划电路板

1. 选择结构模板

(1) 选择“设计”→“层堆栈管理器”菜单命令，弹出“图层堆栈管理器”对话框，如图 6.135 所示。

(2) 单击“菜单”按钮，选择“图层堆栈范例”→“双层（镀金）”菜单命令，如图 6.136 所示。

(3) 单击“确认”按钮，退出。

2. 显示原点标志

(1) 选择“工具”→“优先设定”菜单命令。

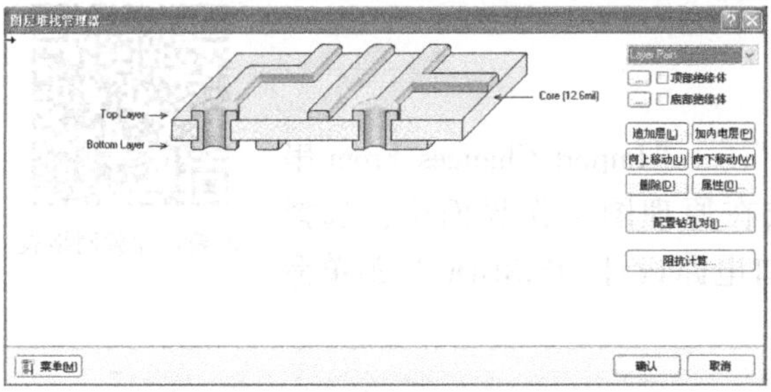

图 6.135　“图层堆栈管理器”对话框

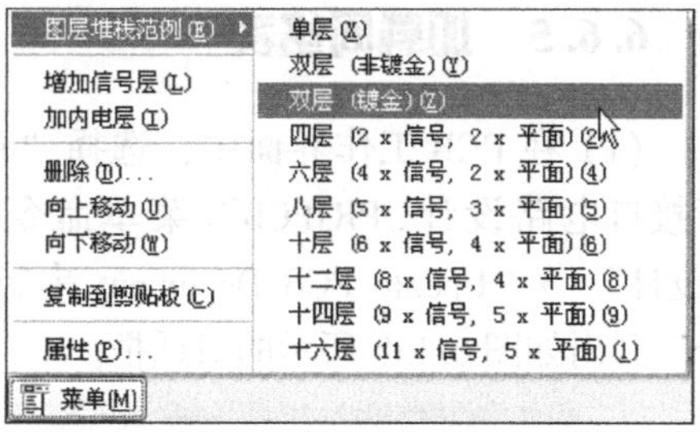

图 6.136　双层（镀金）菜单命令

（2）在弹出的对话框的左边一栏里选择“Display”，在右边的“表示”选项组中选中“原点标记”复选框，然后单击“确认”按钮，在 PCB 设计界面中将出现原点标记，即坐标为（0，0）。

3. 设置物理边界

（1）单击“Mechanical 1”标签，选择第一个机械层来确定物理边界。

（2）单击“放置”→“直线”菜单命令，或单击“实用工具”工具栏中的 按钮，或分别按 P 键和 L 键，激活绘制导线命令，在 Mechanical 1 中绘制电路板矩形边框。

视频：设置物理边界

4. 设置电气边界

（1）在 PCB 工作界面下方单击“Keep-Out Layer”标签，将当前工作层设置为“Keep-Out Layer”层。

（2）进入“Keep-Out Layer”层后，与设置物理边界方法一样，设置电气边界。在一般情况下，电气边界和物理边界大小一样。如果需要加固定的孔位，则可以设定电气边界比物理边界稍小一些，如图 6.137 所示。

视频：设置电气边界

图 6.137　设定 PCB 的电气和物理边界

6.6.5 加载网络表

视频：加载网络表

（1）在 PCB 工作界面中，选择“设计”→“Import Changes From 串行接口电路设计.PRJPCB”菜单命令，或在原理图工作界面中，选择“设计”→“Update PCB Document 串行接口电路设计.PCBDOC”菜单命令，弹出如图 6.138 所示的对话框。

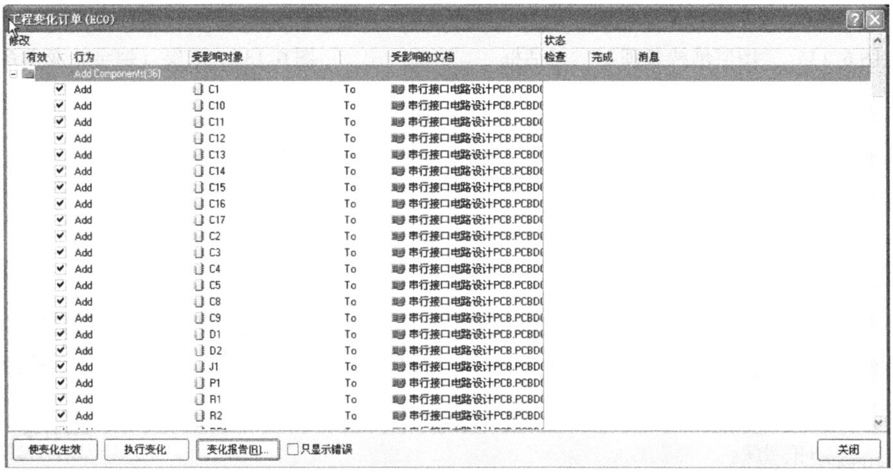

图 6.138 “工程变化订单（ECO）”对话框

（2）在该对话框中单击“使变化生效”按钮，确定所有元件装入，并检查是否有网络表和元件封装不能装入，确认没问题后单击“执行变化”按钮，装入网络表和元件封装。

（3）单击“变化报告”按钮，可以查看装入的元件封装和网络表，此时系统将弹出“报告预览”对话框，如图 6.139 所示。

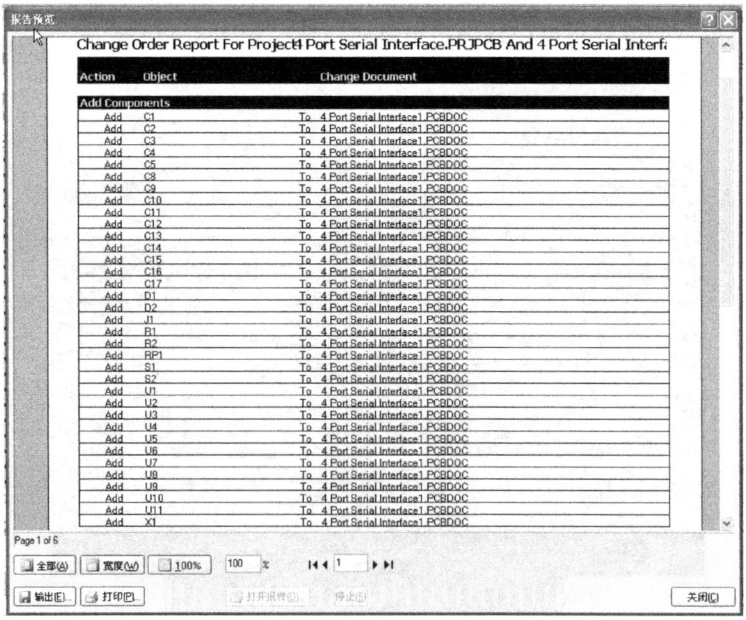

图 6.139 “报告预览”对话框

（4）单击“关闭”按钮，将看到PCB工作界面如图6.140所示。

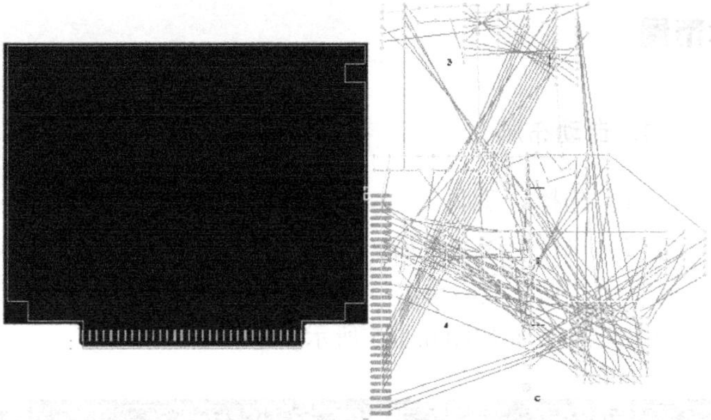

图6.140　载入网络表后的PCB工作界面

6.6.6　设置PCB设计规则

视频：设置PCB设计规则

（1）在PCB工作界面中，选择“设计”→“规则”菜单命令。

（2）在弹出的对话框中打开“Electrical”（电气特性设置）中的“Clearance”（安全间距设置）选项，如图6.141所示，将最小间距设置为0.3mm。

（3）打开“Routing”（布线规则设置）中的“Width”（布线宽度设置）选项，如图6.142所示。在对话框的“约束”中将最小宽度设置为0.5mm，优选宽度设置为1.5mm，最大宽度设置为2mm。

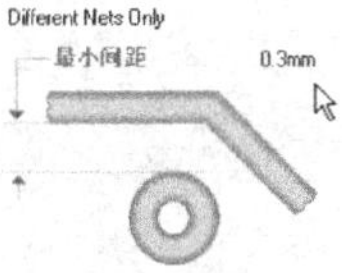

图6.141　设置电气安全距离

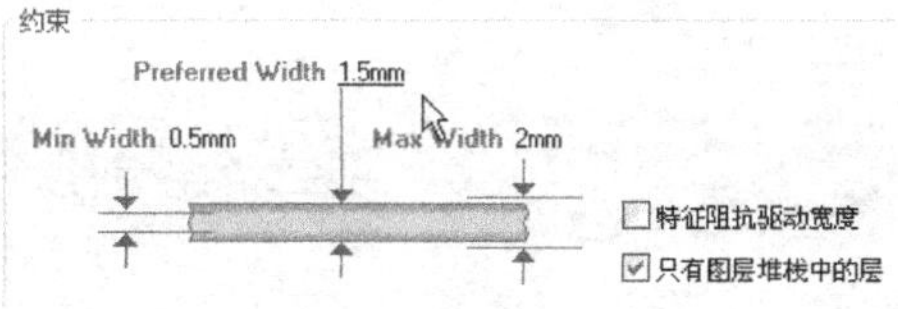

图6.142　设置布线宽度

（4）打开“Routing”（布线规则设置）中的“Routing Layers”（布线工作层设置）选项，如图6.143所示。在该对话框中可以设置自动布线过程中哪些信号层可以用。因为本例是双面板，要进行双层布线，所以在“有效的层”中选中所有的复选框（允许布线）。

（5）打开“Routing”（布线规则设置）中的“RoutingCorners”（布线转角设置）选项，如图6.144所示。在该对话框中可以设置45°转角，其他采用默认设置。

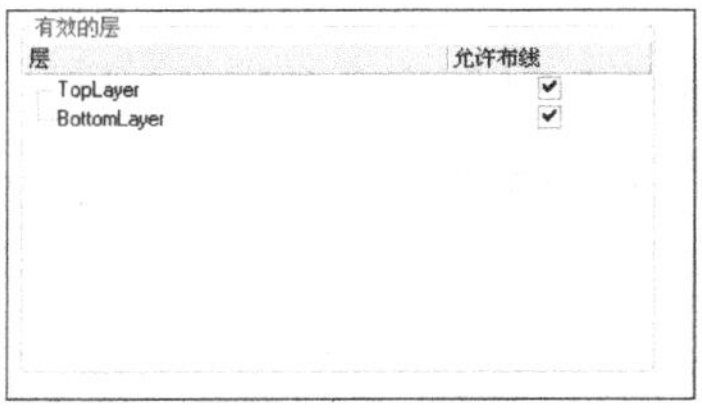

图6.143　有效层的设置

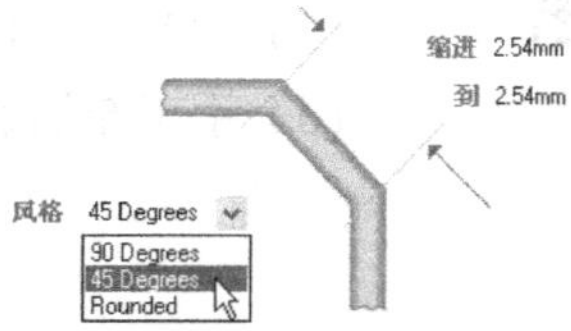

图6.144　布线转角设置

（6）其他采用默认设置，单击“确认”按钮完成设置。

6.6.7 元件布局

视频：自动布局

1. 自动布局

（1）选择“工具”→“放置元件”→“自动布局”菜单命令。

（2）执行上述命令后，系统将弹出“自动布局”对话框，选中“分组布局”单选钮，然后单击“确认”按钮，系统将对元件自动布局，布局后的 PCB 工作界面如图 6.145 所示。

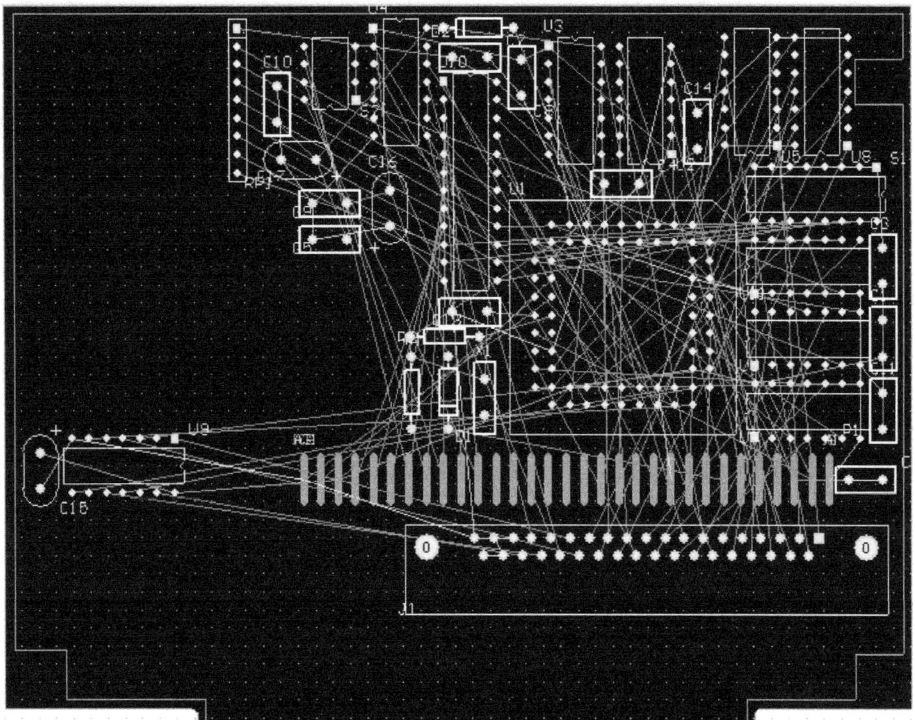

图 6.145 布局后的 PCB 工作界面

视频：手工调整布局

2. 手工调整布局

（1）与原理图里的方法类似，通过选择、移动、翻转元件来实现手工布局。

（2）修改元件标号到合适的位置和合适的方向。

（3）手工布局后的 PCB 如图 6.146 所示。

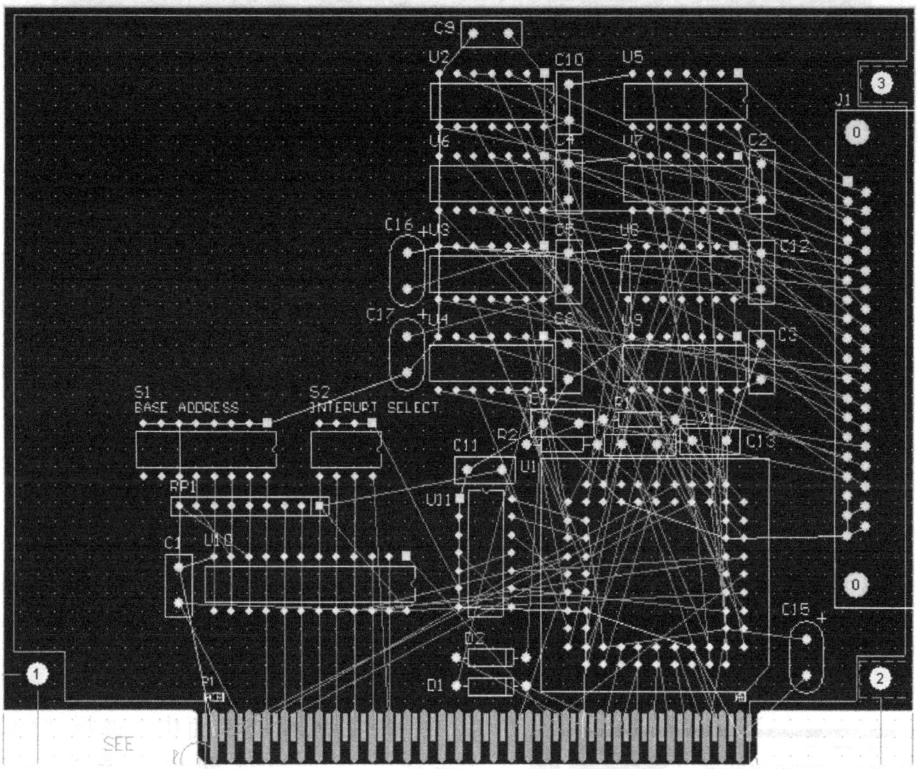

图 6. 146　手工布局后的 PCB

6. 6. 8　元件布线

1. 自动布线

(1) 选择“自动布线”→“设定”菜单命令，完成设定（本例采用默认设置）。

(2) 选择“自动布线”→“全部对象”菜单命令，执行自动布线。

视频：自动布线

2. 手工调整布线

通过手工调整布线，使布线更合理、美观，结果如图 6. 147 所示。

6. 6. 9　PCB 高级处理

在导线与焊点或导孔的连接处有一段过渡区，过渡区呈泪滴状，称为“泪滴”，如图 6. 148 所示。泪滴的作用是在钻孔时避免力集中在导线和焊点的接触点，而使接触处断裂。

视频：添加泪滴

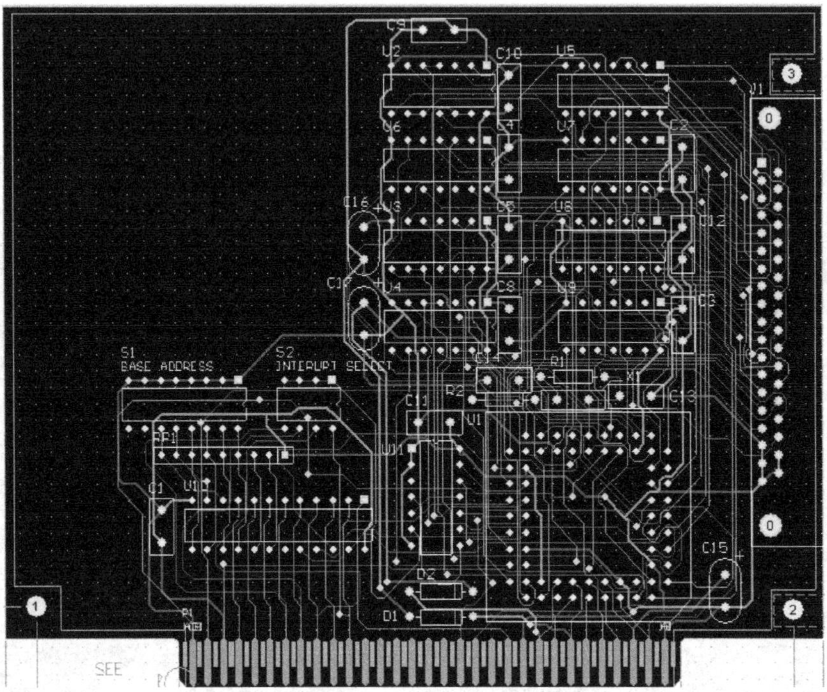

图 6.147 手工调整布线后的 PCB

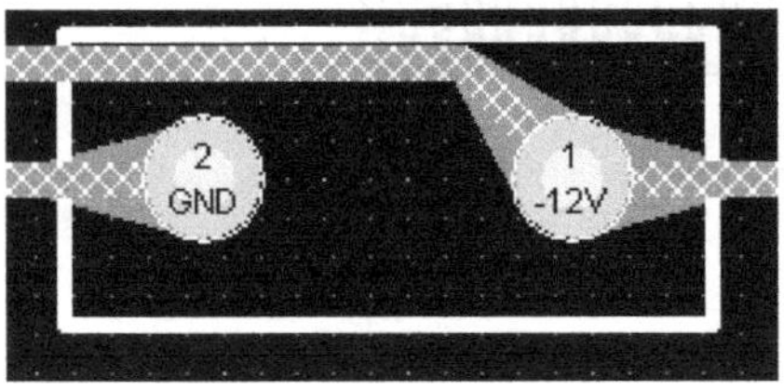

图 6.148 泪滴

(1) 在 PCB 的界面中，选择“编辑”→“选择”→“元件网络”菜单命令，如图 6.149 所示。光标变成十字状态，用光标选中某一个焊盘，选择需要放置泪滴的网络。

(2) 选择“工具”→“泪滴焊盘”菜单命令，如图 6.150 所示，弹出“泪滴选项”对话框，如图 6.151 所示。

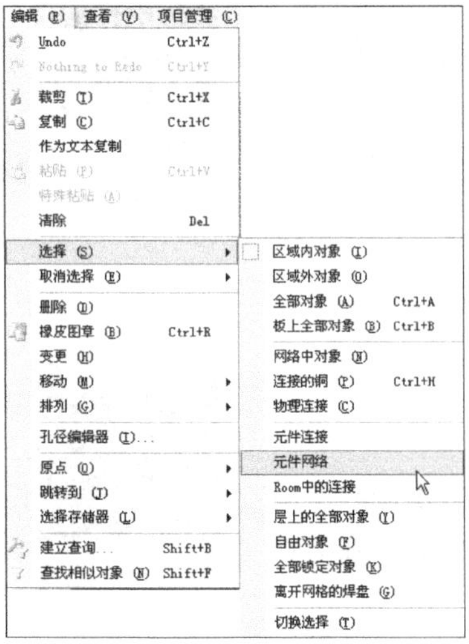

图 6.149 元件网络菜单命令

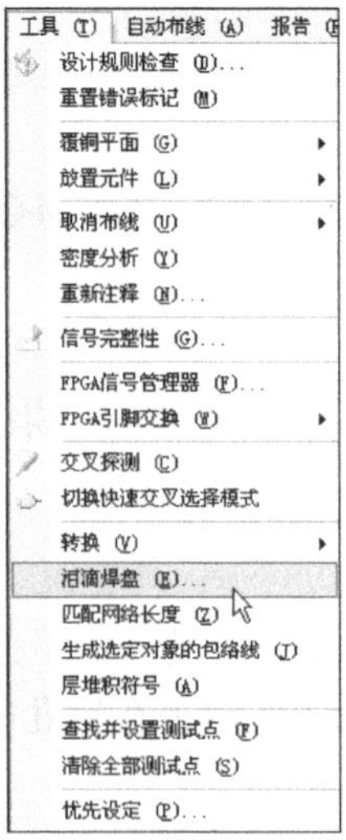

图 6.150 泪滴焊盘菜单命令

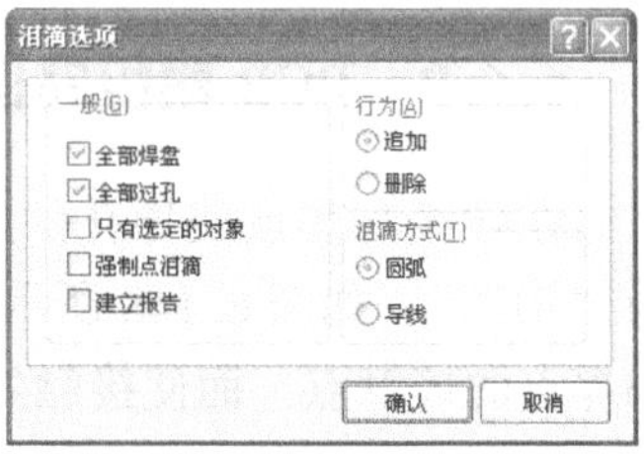

图 6.151 “泪滴选项”对话框

(3) 在“泪滴选项”对话框中，选中“全部焊盘”和“全部过孔”复选框，为所有的焊盘和过孔放置泪滴。

(4) 在“行为”选项组中选择“追加”单选钮，添加泪滴。

(5) 在“泪滴方式”选项组中选择“圆弧”单选钮，执行结果如图6.152所示；选择“导线”单选钮，执行结果如图6.153所示。

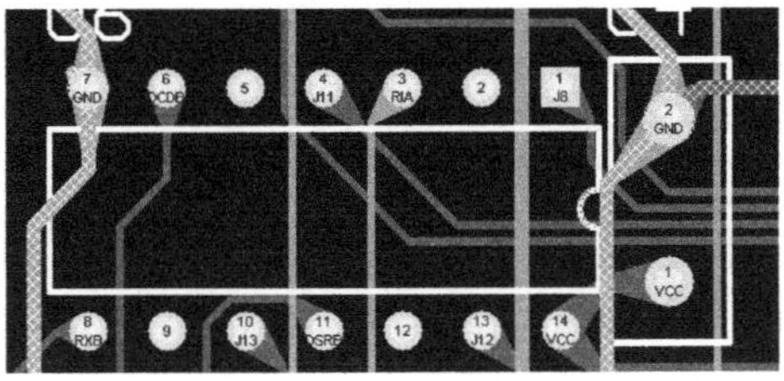

图6.152　导线形状的泪滴

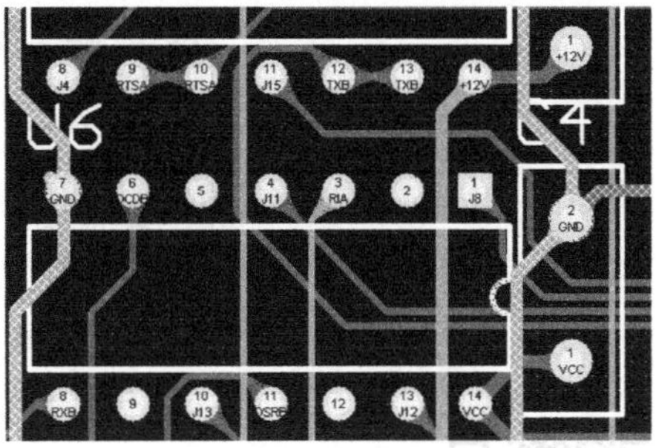

图6.153　圆弧形状的泪滴

6.6.10　PCB设计规则检查

视频：PCB设计规则检查

(1) 选择“工具”→“设计规则检查”菜单命令。

(2) 执行上述命令后，系统将弹出“设计规则检查器”对话框（本例采用默认设置）。

(3) 单击“运行设计规则检查”按钮，开始进行设计规则检查。检查结束后，系统将产生一个设计规则检查报表。

6.6.11　3D效果图

视频：生成3D效果图

(1) 选择“查看”→“显示三维PCB”菜单命令。

(2) 执行以上命令后，系统将弹出该PCB的3D效果图，如图6.154所示。

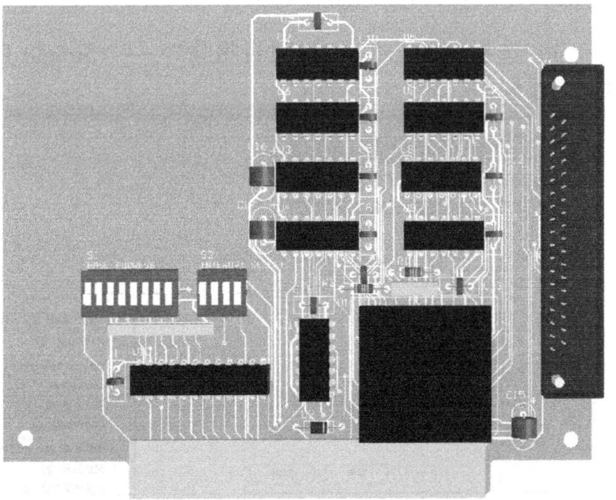

图6.154　PCB的3D效果图

6.6.12 生成报表

选择“报告”→“项目报告”菜单命令，将出现如图6.155所示的菜单，通过此菜单可以获取关于项目的报告，可以根据需要选择相应的报告输出。下面以“PCB信息”和“输出简单的元件清单报表”为例介绍报表的输出。

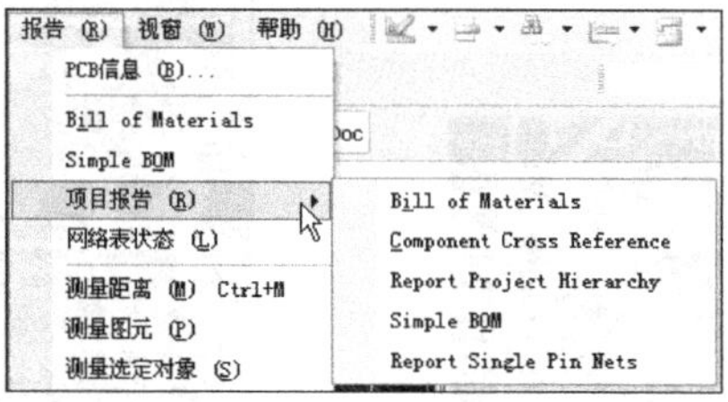

图6.155 项目报告菜单命令

1. PCB信息

视频：生成PCB信息

(1) 选择“报告”→“PCB信息”菜单命令，如图6.156所示，弹出“PCB信息”对话框，如图6.157所示。

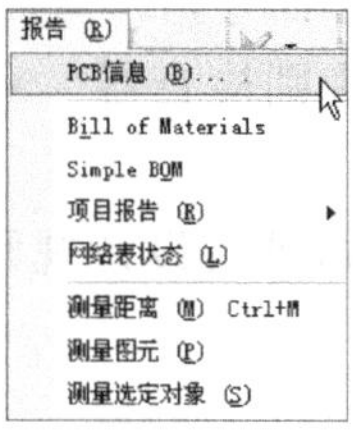

图6.156 PCB信息菜单命令

图6.157 “PCB信息”对话框

(2) 单击“报告”按钮，弹出如图6.158所示的对话框。

(3) 根据要求选择需要报告的内容，然后单击“报告”按钮，将弹出对应的报告。

2. 输出简单的元件清单报表

视频：生成元件清单报表

(1) 选择“报告”→“项目报告”→“Simple BOM”菜单命令，如图6.159所示。

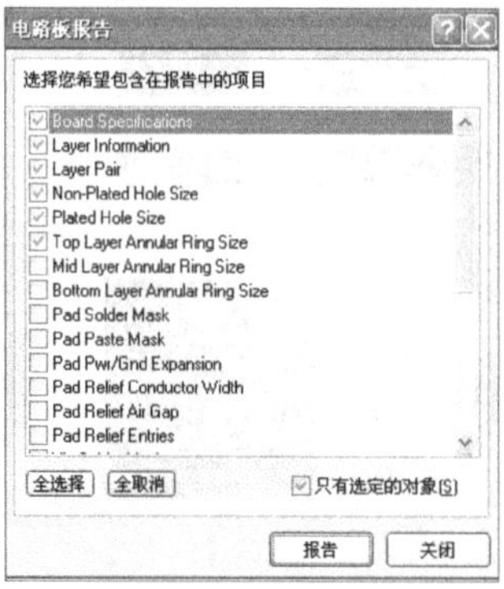

图6.158 “电路板报告”对话框

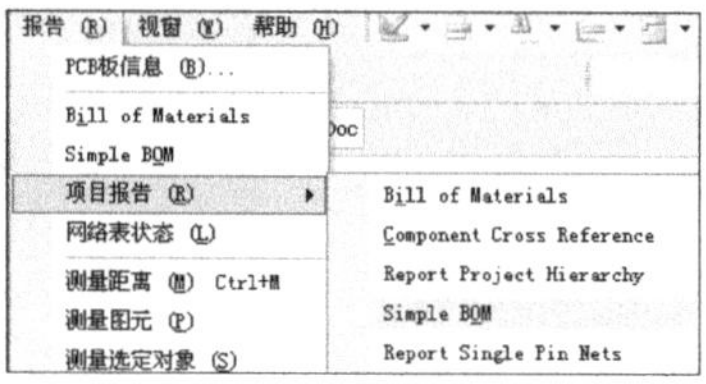

图6.159 Simple BOM菜单命令

(2) 执行上述命令后，将弹出简单的元件清单报表，如图 6.160 和图 6.161 所示。

```
串行接口电路设计.BOM | 串行接口电路设计.CSV

Bill of Material for 串行接口电路设计.PRJPCB
On 2009-4-2 at 14:33:35

Comment             Pattern      Quantity  Components
--------------------------------------------------------------------------------
0.1uF               RAD0.2       10        C1, C2, C3, C4, C5, C8, C9   Capacitor 0.2 pitch
                                           C10, C11, C12
1.8432Mhz           XTAL1        1         X1
10K                 SIP9         1         RP1                          RESISTOR NETWORK 8 COMMON RESISTORS
10uF                TANT 2M/2M   3         C15, C16, C17                Electrolytic Capacitor RB mount
1488                DIP14        3         U2, U3, U4                   TTL-RS232 DRIVER
1489                DIP14        5         U5, U6, U7, U8, U9           1489 RS232-TTL CONVERTOR
1K5                 AXIAL0.4     1         R2
1M                  AXIAL0.4     1         R1
1N4004              DIODE0.4     2         D1, D2
20pF                RAD0.2       1         C13                          Capacitor 0.2 pitch
50pF                RAD0.2       1         C14                          Capacitor 0.2 pitch
74HC32              DIP14        1         U11                          Quad 2-IN Pos Or G
BASE ADDRESS        DIP16        1         S1
CON AT62B           ECN-IBMXT    1         P1
DB37                DB37RA/F     1         J1
INTERUPT SELECT     DIP8         1         S2
P22V10              SDIP24       1         U10                          24-PIN TTL VERSATILE PAL DEVICE
TL16C554            PGA68X11_SKT 1         U1
```

图 6.160　简单的元件清单报表 1

```
串行接口电路设计.BOM | 串行接口电路设计.CSV

"Bill of Material for 串行接口电路设计.PRJPCB"
"On 2009-4-2 at 14:33:35"

"Comment","Pattern","Quantity","Components"

"0.1uF","RAD0.2","10","C1, C2, C3, C4, C5, C8, C9, C10, C11, C12","Capacitor 0.2 pitch"
"1.8432Mhz","XTAL1","1","X1",""
"10K","SIP9","1","RP1","RESISTOR NETWORK 8 COMMON RESISTORS"
"10uF","TANT 2M/2M","3","C15, C16, C17","Electrolytic Capacitor RB mount"
"1488","DIP14","3","U2, U3, U4","TTL-RS232 DRIVER"
"1489","DIP14","5","U5, U6, U7, U8, U9","1489 RS232-TTL CONVERTOR"
"1K5","AXIAL0.4","1","R2",""
"1M","AXIAL0.4","1","R1",""
"1N4004","DIODE0.4","2","D1, D2",""
"20pF","RAD0.2","1","C13","Capacitor 0.2 pitch"
"50pF","RAD0.2","1","C14","Capacitor 0.2 pitch"
"74HC32","DIP14","1","U11","Quad 2-IN Pos Or G"
"BASE ADDRESS","DIP16","1","S1",""
"CON AT62B","ECN-IBMXT","1","P1",""
"DB37","DB37RA/F","1","J1",""
"INTERUPT SELECT","DIP8","1","S2",""
"P22V10","SDIP24","1","U10","24-PIN TTL VERSATILE PAL DEVICE"
"TL16C554","PGA68X11_SKT","1","U1",""
```

图 6.161　简单的元件清单报表 2

6.7 小　　结

对于复杂的电路原理图，一般需要采用层次原理图的设计方法，即将一个复杂的电路原理图分解成一个个子图的形式分别设计，然后用一个系统总框图把子图联系起来。层次原理图可以在很大程度上将电路的功能模块分解得比较清楚，便于工程设计人员检查电气连接并修改电路。本项目通过“串行接口电路版图设计”详细介绍了层次原理图自上而下和自下而上的设计方法；同时，在原理图设计中介绍了总线的应用、网络标签的设置、元器件的自动标注、阵列式粘贴和多组件元件的设计等；在 PCB 图设计中介绍了泪滴的设置。

参 考 文 献

[1] 柯长仁. 精通 Protel DXP 系统设计篇. 北京：中国青年出版社，2005.

[2] 黎文模，段晓峰. Protel DXP 电路设计与实例精解. 北京：人民邮电出版社，2006.

[3] 老虎工作室. Protel 2004 电路设计与制板习题精解. 北京：人民邮电出版社，2006.

[4] 姜沫岐，林伟等. Protel 2004 原理图与 PCB 设计实例. 北京：机械工业出版社，2005.

[5] 张松，张霆等. Protel 2004 电路设计教程. 北京：清华大学出版社，2006.

[6] 赵景波，王劲松等. Protel 2004 电路设计从基础到实践. 北京：电子工业出版社，2007.

[7] 谈世哲. Protel DXP 2004 电路设计基础与典型范例. 北京：电子工业出版社，2007.

反侵权盗版声明